精致图文·全新版

VISUAL BOOKS

[法] 法布尔 / 著　文心 / 编译

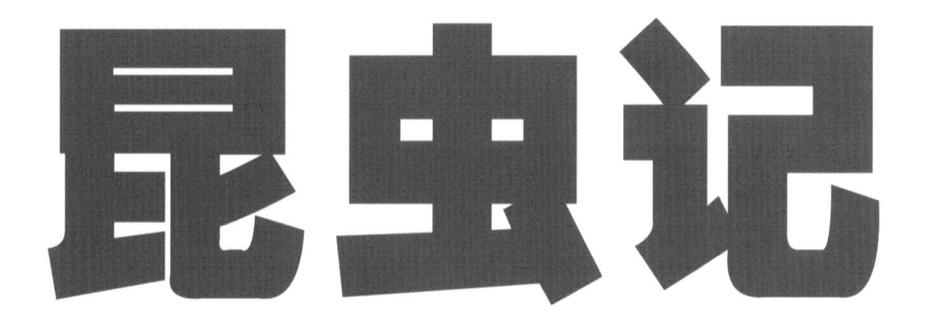

泥蜂·石蜂·黑胡蜂·红蚂蚁·狼蛛·步甲蜂·樵叶蜂·天牛·圣甲虫

天 地 出 版 社 | TIANDI PRESS

图书在版编目（CIP）数据

昆虫记 /（法）法布尔著；文心编译. —成都：
天地出版社，2022.9
（精致图文）
ISBN 978-7-5455-6831-8

Ⅰ. ①昆… Ⅱ. ①法… ②文… Ⅲ. ①昆虫学—儿童读物 Ⅳ. ①Q96-49

中国版本图书馆CIP数据核字（2021）第258014号

精致图文
KUNCHONG JI
昆虫记

出品人 杨 政
著 者 [法]法布尔
编 译 文 心
责任编辑 李红珍 江秀伟
责任校对 张月静
责任印制 董建臣

出版发行 天地出版社
（成都市锦江区三色路238号 邮政编码：610023）
（北京市方庄芳群园3区3号 邮政编码：100078）
网 址 http://www.tiandiph.com
电子邮箱 tianditg@163.com
经 销 新华文轩出版传媒股份有限公司

印 刷 水印书香（唐山）印刷有限公司
版 次 2022年9月第1版
印 次 2022年9月第1次印刷
开 本 889mm×1194mm 1/16
印 张 26
字 数 416千字
定 价 168.00元（全4册）
书 号 ISBN 978-7-5455-6831-8

咨询电话：(028) 86361282（总编室）
购书热线：(010) 67693207（营销中心）

前言

FOREWORD

这是一套经过时间积淀的世界经典名著，是法国著名昆虫学家法布尔耗费毕生精力的呕心之作，其丰富的内涵、优美的笔触，影响了无数的科学家、文学家以及青少年读者。

全套书分为四册，其中三册选编了《昆虫记》原著中的精华部分并配以精美插图，原汁原味地呈现法布尔用充满爱的语言，向人们所描绘的那个异彩纷呈的昆虫世界。在这里，各种昆虫纷纷登场：蜜蜂、圣甲虫、螳螂……它们的习性、劳作、繁衍、死亡等活灵活现，充满了灵性与智慧！另一册为精美图鉴。图鉴以大图的方式展现各种昆虫，它们或是振翅飞舞，或是捕食觅物，或是结茧产卵，这些精彩瞬间一一呈现，为少年儿童们带来全新的视觉冲击，引领他们享受一场视觉上的饕餮盛宴。

本套书内容丰富多彩，融科学性、文学性和趣味性于一体。现在就请你打开它，跟我们一起展开一段精彩的昆虫探秘之旅吧！

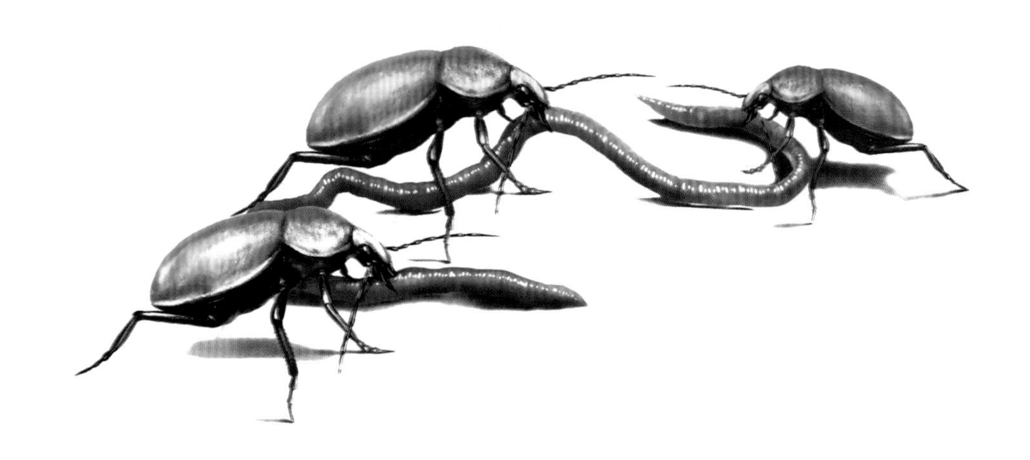

目录

CONTENTS

朗格多克飞蝗泥蜂

今天我要探访的对象是膜翅目昆虫中的朗格多克飞蝗泥蜂。天刚亮，我便埋伏在一个山谷里的石头后面等待着它的出现。

朗格多克飞蝗泥蜂性格孤僻，这在它造窝时表现得就很明显——并非成群结队地聚集到同一个地点，而是稀稀拉拉地进行漫长的迁徙，顺其自然地来到某个地方安家。它的同行黄足飞蝗泥蜂则喜欢与同伴为伍，喜欢热闹的劳动工地，而它则更钟情于孤独，喜欢离群索居的安静生活。

除此之外，与黄足飞蝗泥蜂相比，朗格多克飞蝗泥蜂的步态更加庄重，同时也更加慎重，它的身材更为健壮，衣着也更暗淡，它始终独自生活而不去理会别人在干什么。它瞧不起同伴，是飞蝗泥蜂族中真正的愤世嫉俗者。

这同时也意味着，观察朗格多克飞蝗泥蜂会更困难。对于这种飞蝗泥蜂，不能进行长时间的实验，因为一旦最初的尝试失败，你就不可能在同样的情景下对第二只、第三只一刻不停地进行实验。假如你事先准备了观察器材，并准备了一个猎物——用它来作为朗格多克飞蝗泥蜂的猎物，那么恐怕，甚至差不多可以肯定，那捕猎者不会出现。

而当它好不容易出现在你的面前时，你的器材已经来不及使用了。一切都得在关键时刻临时准备出来，而我并不完全具备所要求的条件。

我们应当承认，这个地点选得不错，我已经好几次在这里看到朗格多克飞蝗泥蜂在洒满阳光的葡萄叶上休息了。它平躺着，享受着温暖的阳光带来的乐趣。它不时地发出嗡的一声，仿佛喜不自禁似的。它懒洋洋地扭动着身子，用腿尖飞快地拍打着叶子，发出击鼓般的声音，好像一阵狂风骤雨猛击着树叶，让人在几步路外都能听见这种欢快的击鼓声。接着，它会一动不动地休息一会儿，接着又是一阵跗节的乱摆和神经质的动弹，以表达它的快乐心情。

对于这些热爱阳光者，我十分了解。比如为幼虫挖的穴刚刚挖了一半，它们会突然将工作扔下，到附近的葡萄架上进行一场日光浴，然后再心不甘情不愿地回到穴里，匆匆忙忙地一扫，就算完工了。对于它们来说，葡萄叶上的快乐是无法抵挡的诱惑。

这个惬意的休息地可能还是朗格多克飞蝗泥蜂的一个观察站，它在这儿认真察看四周，寻找猎物。事实上，它最爱的野味是吃葡萄的距螽。这些距螽分散在葡萄藤或荆棘丛上，朗格多克飞蝗泥蜂专门挑满肚子都是卵的雌距螽吃，对于它来说，这种猎物真是肥美极了。

我不想把时间浪费在之前的奔波、研究和无聊的等待上，还是直接向读者介绍朗格多克飞蝗泥蜂是如何出现在观察者面前的吧。

看！朗格多克飞蝗泥蜂出现在凹陷的道路上，两旁是高耸的陡坡。它徒步走来，同时扇动着翅膀，拖着沉重的猎物——距螽。距螽是朗格多克飞蝗泥蜂最爱的野味，那些肚子满是卵的雌

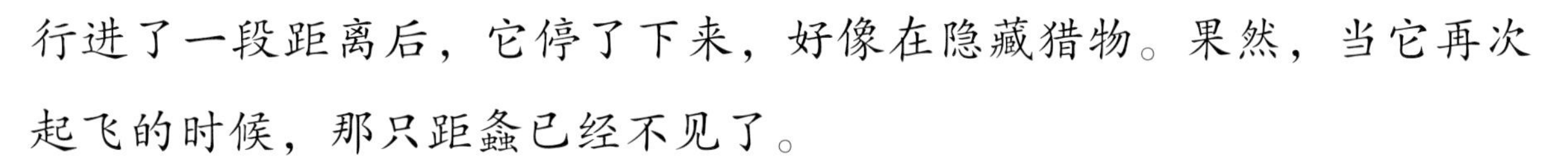

距螽，对它来说是世间美味。距螽的触角又细又长，像线一般，对于狩猎者来说，这正好是不错的缰绳，可以用来拖着猎物走。

如果地面过于坎坷，不适宜“拖”的运输方式，朗格多克飞蝗泥蜂就会将这庞大的猎物抱起，飞上短短的一段路程。但是，在这个过程中，只要有可能它就会用脚前进。看，行进了一段距离后，它停了下来，好像在隐藏猎物。果然，当它再次起飞的时候，那只距螽已经不见了。

对于它来说，猎物距离住所远或近都无所谓，它完全可以把前人生活过的地方当作自己的住所。它所“继承”来的住所有深深的通道——那是前面几代人辛勤工作的成果，它只要稍微修缮一下，便可把那些通道作为通往新卧室的走廊。这样卧室很安全，要比自己每年从地面新挖掘的可靠许多。

朗格多克飞蝗泥蜂是先找到猎物，发动进攻，将它麻醉，然后才为找穴、挖穴的事操心。它会选择离被麻醉猎物尽可能近的一处地方，以最快的速度挖好卧室，以便安置已经到手的猎物和即将出生的卵。

此时，这只朗格多克飞蝗泥蜂正将自己的大颚作为挖掘的铲子，以跗节作为扫土的耙子，在一个现成的甬道里挖掘着。很快，它就挖好了卧室。接着，它飞了起来，不过飞得很慢，没有猛地张开有力的翅膀，这意味着它不打算长途飞行。

我们完全能够用眼睛追踪它，大多数情况下它会落到离洞穴十来米远的地方，有时，它也会做徒步远足。看到它匆忙从洞穴离开，朝一个地点走去，尽管我冒冒失失地跟着，却没有对它产生任何干扰。

朗格多克飞蝗泥蜂或步行或飞行来到目的地，它寻找了一会儿——这一点我们能够从它那犹豫不决的步态、四处张望的神态中看出来。它终于找到了，或者不如说，重新找到了。它重新找到的东西是那只已经半麻醉的距螽，此时距螽的跗节、触角、产卵管还在动着。

这只猎物就是不久前那只，看来这猎物曾被朗格多克飞蝗泥蜂刺过几下。在动了麻醉手术之后，朗格多克飞蝗泥蜂就把猎物安置起来，因为带着这个累赘到处寻找住所太不方便了。按照惯例，它也很可能干脆就把猎物留在捕猎现场，安置在某片显眼的草丛里，以便找好洞穴后再回来寻猎物。有时，这段带着猎物回“家”的路它会一口气跑完；而更多的时候，搬运工朗格多克飞蝗泥蜂会突然把它的猎物扔在半路，快速跑回家。可能它想起大门的入口宽度还不够，这个庞然大物无法进入；也可能它想到有些小地方还存在缺陷会影响储存。果然，这位搬运工开始对它的建筑物修修补补：将洞口扩大，使门口道路变得宽阔平整，并加固拱顶，这些只需要用跗节拍打几下就行了。然后它再去找距螽，那距螽正仰面朝天地躺在距离洞穴几步路远的地方。

搬运又开始了。途中，朗格多克飞蝗泥蜂那不大灵光的头脑好像又想起一件事：刚刚查看了大门，却没有看室内，不知道里面是否一切正常呢？于是，它又把距螽扔在半路，快速朝家飞去。检查完室内的情况，顺便还会用跗节这把抹刀将四壁抹几下，做最后的修葺。

当然，它并没有在这些细节上耽误太

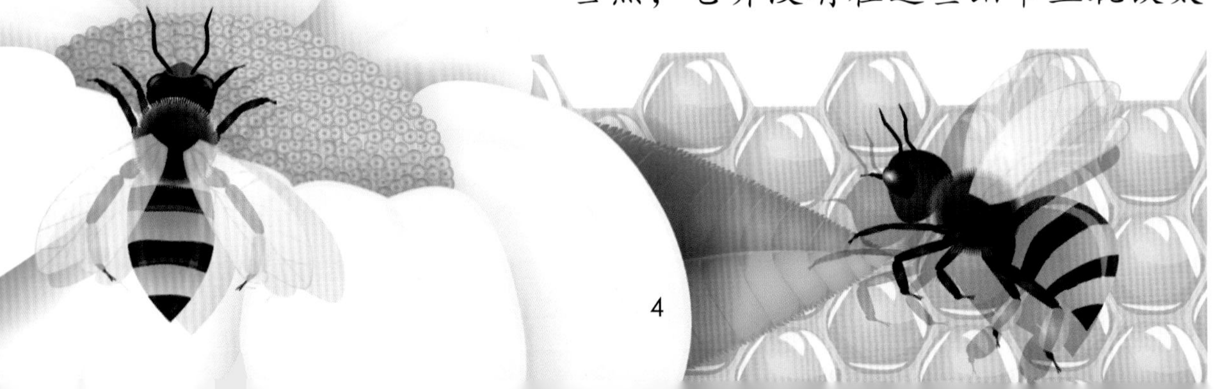

长时间，很快就回到猎物那儿，将猎物的触角抓起，继续前进了。这一次它会一次性走完全部路程吗？我不敢保证。

我曾见过两只朗格多克飞蝗泥蜂，可能比这只更加多疑，由于对建筑上的小事记性太差，为了消除疑惑，它们曾有五六次将猎物扔在半路上，自己跑回洞穴里去，不时做一些小修改，或者只是到屋里检查一番。当然啦，也有一些朗格多克飞蝗泥蜂会直接回到洞穴里，路上一点儿都不耽误。

在这里，我还要说一句，当朗格多克飞蝗泥蜂返回住所进行修葺时，它会经常从远处瞥一眼扔在路上的距螽，看看是否有别人碰它。这种谨慎的态度令人想起圣甲虫——它走出正在挖掘的大厅，摆弄摆弄它那亲爱的粪球，推一推，让粪球离自己近一点儿。

根据上面的叙述事实，我可以推导出一个很明显的结论：任何一只捕捉到猎物的朗格多克飞蝗泥蜂，无论是开始挖掘，还是用跗节简单地扫一下尘土整理好住所，它总要一会儿步行，一会儿飞行。而且，它还要时不时地从住所跑出来，看看猎物是否安然无恙。由此我们可以肯定，朗格多克飞蝗泥蜂首先干的是猎手的活儿，然后才开始干挖掘工的活儿，住所则依据捕猎的地点来进行选择。

原先我们看到的大多数昆虫是先有食品柜橱后有食物，而朗格多克飞蝗泥蜂却把准备食物的工作放在建造食品柜橱之前。我认为这种违反常规的做法是因为它的猎物很沉重，无法依靠飞行把猎物运到远处，而并非朗格多克飞蝗泥蜂的身体结构不适于飞行——事实上，它非常善于飞行。

不过，如果只靠翅膀来支撑，那么刚捕捉到的庞大猎物会让它没办法飞行。它必须以土地作为支撑，像搬运工那样工作，这种坚强的

毅力实在令人钦佩。

尽管飞行可以使它节省很多时间，还不会那么累，但它大部分时间仍会步行，抱着猎物，或者仅飞很短的路程。下面，我再举一个最近观察到的朗格多克飞蝗泥蜂的例子。

一只不知道从哪儿突然钻出来的朗格多克飞蝗泥蜂，拖着大概刚刚从附近抓到的距螽徒步行走着。在这种情况下，它最需要的是挖一个穴。它选择了一条人来人往的道路，土地像石头那样硬。朗格多克飞蝗泥蜂没有时间进行艰苦的挖掘，因为猎物已经抓到了，必须在最短的时间内储存起来，所以它需要一块好挖的地，能够在短时间内建好房间。

我知道，它偏爱那种岩石下的、隐蔽的、堆积着尘土的地方。然而，现在我眼前的朗格多克飞蝗泥蜂在一间乡村房屋的墙脚下停住了，房屋新涂的泥灰土墙足有两三米高。

本能告诉它，在屋顶瓦片下，能够找到堆满多年尘土的壁凹。它把猎物安置在房屋的墙脚下，只身飞到屋顶上。

它很随意地这儿找找，那儿看看，没过多久就找到了合适的地方。这地方在一块瓦片的弯曲处。它立刻干了起来，顶多有一刻钟，就盖好了住所。接着它又飞下来，很快找到了距螽，准备把猎物运到上面去。在人看来它要飞上去，是吧？但实际上完全不是。

朗格多克飞蝗泥蜂选择的是一条艰难的道路：在泥瓦匠用抹刀抹得很光滑、两三米高且垂直的墙面上攀登。只见它把猎物夹在两腿间准备在这墙面上爬行，我最初以为这是行不通的，然而，很快我就对

这种大胆尝试有了信心。虽然拖着沉重的负担行动有所不便，可强壮的朗格多克飞蝗泥蜂以那些星星点点的凹凸不平的灰浆作为支撑点，像在平地上那样步态稳健、轻盈敏捷地走在这垂直的墙面上。

它很轻松地到达了屋顶，把猎物暂时安置在屋顶边沿的一块瓦背上。当这只朗格多克飞蝗泥蜂对洞穴进行修补时，那猎物由于放得不稳而突然滑落，重新掉到了墙脚下。

一切不得不重新开始，采取同样的攀登方法。而第二次朗格多克飞蝗泥蜂还是不够小心，它又把猎物放在弯曲的瓦片上，导致猎物再次滑落，又掉到了地上。朗格多克飞蝗泥蜂并没有因此失去耐心，它第三次通过爬墙将距螽带到高处。这一次，它到底学乖了，直接将猎物拖到穴里去了。

在这样的条件下，朗格多克飞蝗泥蜂根本连试都没试一下就用飞行的方式来搬运猎物，很明显，因为沉重的负担不能让它飞得很远。也正因为这样，它形成了与同行不同的生活习性。

朗格多克飞蝗泥蜂的猎物太重了，无法长时间进行空中运输，因此它离群索居，对于与同类结伴做邻居所得到的好处也不屑一顾。由此可知，猎物的轻重决定了昆虫的基本特性。

天赋的技能

朗格多克飞蝗泥蜂是怎么让庞大的距螽老老实实任由它摆布的呢？毫无疑问，它使用了一点儿小伎俩——麻醉猎物，这是朗格多克飞蝗泥蜂特有的技能。为了麻醉猎物，朗格多克飞蝗泥蜂会用螫针刺几下距螽的胸部，以便击中胸部的神经节。它大概很熟悉破坏神经中枢的方法，这高明的手术做得既熟练又灵巧。所有的膜翅目杀手都对这种手法很熟悉，它们的螫针可不是白长的。不过，我得承认我还没有目睹过这种“谋杀”壮举，这种遗憾缘于朗格多克飞蝗泥蜂独自生活的习性，我只能靠碰运气。

因为朗格多克飞蝗泥蜂的这种习性很特殊，你无法事先准备好器材去专门寻找它。大多数情况下，即使你遇到它，也是它无所事事的时候，你从它那儿什么也得不到。可以说，我们总是在毫无准备的时候意外地看到朗格多克飞蝗泥蜂拖着它的猎物距螽。

通过更换猎物以便观察捕猎者怎

样使用螯针的时刻终于到来了，可我连一个像样的饵物都没有。尽管日思夜盼的观察材料就在我的眼皮底下，我却不能抓住这机会。如果不将朗格多克飞蝗泥蜂喜欢的猎物献给它，我就无法得知它的秘密！

在有限的几分钟内，我却要找到需要三天时间才能找到的距螽！尽管这种尝试毫无希望，我却进行了两次！我像发了疯一样在葡萄树下跑着，我不惜一切代价，我只想马上获得一只距螽。在这样匆忙的寻找中，我曾经找到过一只。我高兴极了，却没想到等待我的是痛苦的失望。

只要我在朗格多克飞蝗泥蜂还忙着搬运猎物的时候及时赶来，那我就成功了！眼下的一切情况都于我有利——朗格多克飞蝗泥蜂离它的穴还远，而且还在拖着猎物。我用镊子从后面轻轻地拉扯着猎物，猎手朗格多克飞蝗泥蜂的触角一阵乱动，始终不愿放弃。我更加用力地拉，拉得它直跟着往后退，但它仍然没有松口。于是，我用随身携带的小剪刀迅速一剪，将缰绳——距螽的长触角剪断了。

朗格多克飞蝗泥蜂继续朝前走，不过它很快停了下来，它感觉到拖着的重物突然变轻了。的确如此，它现在拉着的只是被我剪断的猎物触角，真正的重担——大腹便便的距螽被留在了后面，而这只距螽马上被我准备的另一只距螽所代替了。

朗格多克飞蝗泥蜂丢下光秃秃的触角，顺原路走了回来。它走到被调包的猎物跟前，满心疑虑地把它翻过来，翻过去，然后停下来，用唾沫沾湿一条腿，开始擦眼睛。我估计它的脑子里在想："哎呀，难道是我眼花了吗？我怎么觉得这东西不是我原来那个？！这是怎么回事呢？"总之，朗格多克飞蝗泥蜂并不急于用大颚去咬我给它准备的猎物，它只是站在一旁，完全没有想去抓的意思。为了刺激它，我用指头把距螽往它跟前推了推，我甚至让距螽的触角触碰到了它的大颚。我很了解它那大大咧咧的性格，我知道它会毫不犹豫地从我的手上夺下刚刚被我调包的猎物。

然而，朗格多克飞蝗泥蜂并没有去咬我放在它跟前的东西，而是往后退。我再次将距螽拿到它的面前，眼下的距螽已经一动不动，一点儿也没有感觉到自己的危险。可我并没有成功，朗格多克飞蝗泥蜂简直像个懦夫，又往后退了，最后竟然飞走了。之后，我再也没有看到它。就这样，我的实验令人遗憾地结束了。

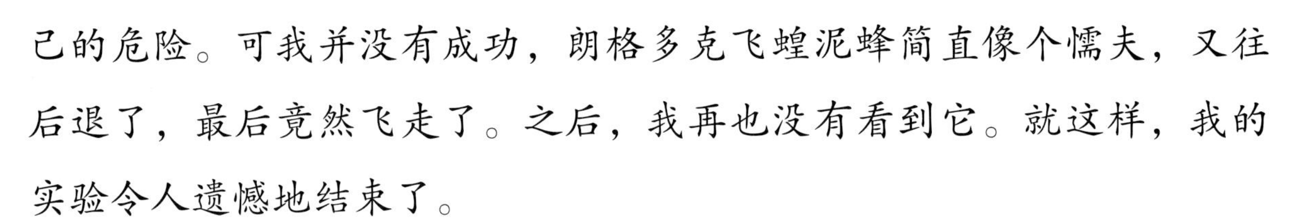

在参观了更多的洞穴之后，渐渐地，我终于明白了朗格多克飞蝗泥蜂顽固地拒绝我的猎物的原因。

作为特供食物，朗格多克飞蝗泥蜂找的一直都是雌距螽，因为它肚子里装满了丰盛美味的卵，这可能是朗格多克飞蝗泥蜂幼虫喜欢的食物。而我在匆忙间抓到的，却是一只雄性的。我为朗格多克飞蝗泥蜂提供的是雄距螽，在食物这个重大问题上，朗格多克飞蝗泥蜂的目光比我更加敏锐，所以它拒绝了我的猎物！它的判断如此精确，尽管雌雄距螽的形状和颜色一样，但它马上就能分辨出来！

雌距螽的肚尖上带着“刀”，那就是把卵埋到地下的产卵管，毋庸置疑，这就是从外表上区分它与雄性的唯一特征。这个性别特征根本逃不过朗格多克飞蝗泥蜂那敏锐的目光，这就是为什么在我的实验中，朗格多克飞蝗泥蜂看到我为它提供的猎物会揉眼睛的缘故。

现在，让我们再来看看关在穴里的猎物距螽吧！它仰面躺着，完全无法翻身，徒劳地挣扎着，腿在空中乱踢乱蹬。而作为家长的朗格多克飞蝗泥蜂将庞大的猎物与自己的幼虫放在了一起，不过它真是胆大心细，它巧妙地将幼虫放在距螽任何部位都碰不到的地方——无论是距螽的跗节、大颚、产卵管，还是触角，这些部位完全不会触碰到幼虫，甚至连幼虫的皮肤绒毛都不会触碰到。距螽根本无法移动，无法翻身，更无法站立起来。幼虫安全地待着，被麻醉的距螽不会对幼虫造成半点儿伤害，这绝对表明了父母对孩子用心良苦啊。

朗格多克飞蝗泥蜂一般在每个洞里只放一只猎物，它允许距螽身体的大部分可以动弹，只是不让它移动和站立，这样朗格多克飞蝗泥蜂可以节省使用螫针的次数，不过，这一点我并没有得到证实。

这么看来，半麻醉的距螽对朗格多克飞蝗泥蜂产于它身上的卵并没有危险，而对要把距螽运到住所去的朗格多克飞蝗泥蜂却并非没有一点儿危险。我猜想这一路上肯定困难重重，毕竟庞大的距螽还有那些灵活的触手。因为猎物还具有使用跗节的能力，它在被拖运的时候，有可能抓住路上遇到的草茎，这会对搬运造成无法克服的阻力。猎手原本就已经被重负拖得疲惫不堪了，若是猎物再死命抓住什么东西不放，那么猎手就只能绝望地放弃了。

在我看来这会造成运输中很大的阻碍，难道拥有娴熟精湛麻醉手术技巧的朗格多克飞蝗泥蜂会完全没有意识到这一点吗？这让我非常好奇。可以说我是不敢相信的，我觉得一名医术高超的外科大夫不会

连这一点头脑都没有。也许，它为距螽安排这样的半麻醉手术是另有目的吧？现在我还不得而知，希望这位优秀的外科大夫能够给我一个惊喜。

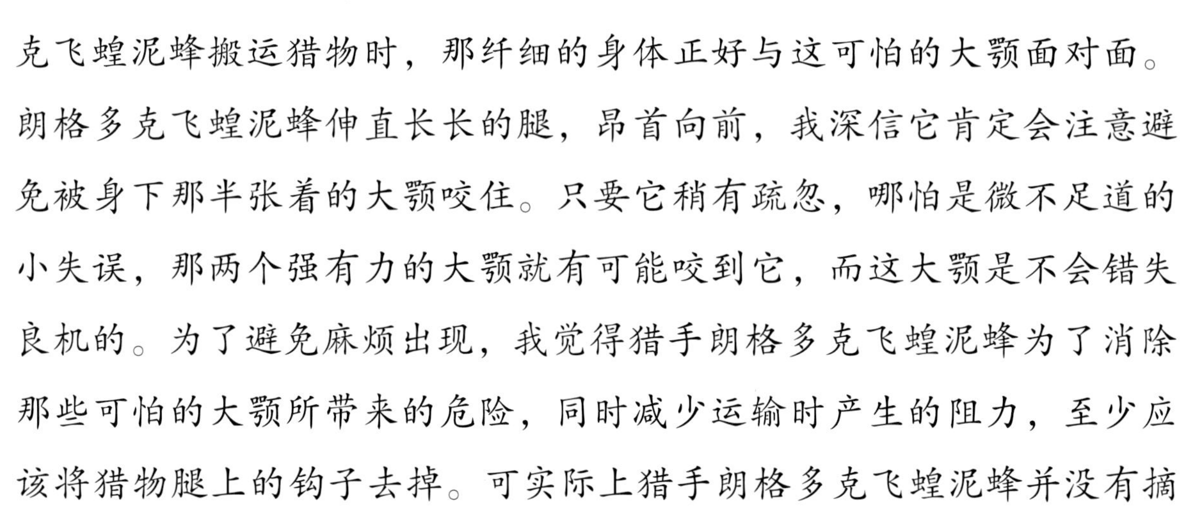

不过，距螽虽被麻醉，但其大颚完全能使用，它咬起东西来与平常一样有力。当猎手朗格多克飞蝗泥蜂搬运猎物时，那纤细的身体正好与这可怕的大颚面对面。朗格多克飞蝗泥蜂伸直长长的腿，昂首向前，我深信它肯定会注意避免被身下那半张着的大颚咬住。只要它稍有疏忽，哪怕是微不足道的小失误，那两个强有力的大颚就有可能咬到它，而这大颚是不会错失良机的。为了避免麻烦出现，我觉得猎手朗格多克飞蝗泥蜂为了消除那些可怕的大颚所带来的危险，同时减少运输时产生的阻力，至少应该将猎物腿上的钩子去掉。可实际上猎手朗格多克飞蝗泥蜂并没有摘掉距螽的那些“危险物”，那么它是如何做到避免那些麻烦的呢？在这方面，估计人类专家都无法做到，而朗格多克飞蝗泥蜂从未学习过，也从未见别人做过，却完全掌握了避免麻烦的技能。它了解神经生理学最微妙的奥秘，知道在猎物的头颅下有一处神经核，犹如高级动物大脑那样的东西；它还知道这是神经中枢，只有这儿发出命令，肌肉才会活动；它还懂得可以通过损坏这类神经，使猎物停止一切抵抗。至于如何动手，对于朗格多克飞蝗泥蜂来说，那真的是太容易了，我们完全可以试试它的方法。在这种拖拽猎物的情况下，朗格多克飞蝗泥蜂使用的工具不再是螫针，而是根据自己的智慧，决定使用按压的办法。

我们必须向它俯首致敬，因为我们很快就会明白，在昆虫的知识面前，承认自己的无知绝对是明智之举。我有幸观看了这幕精彩的场面，记得那是在它捉到一只猎物回洞的路上，我还当场作了记录。

朗格多克飞蝗泥蜂发觉它的猎物抓住路上的草茎拼命抵抗时，就会停下来，对猎物进行一种奇怪的手术，仿佛是给它致命一击，让它不再受罪。只见朗格多克飞蝗泥蜂跨在猎物身上，把猎物颈背处的关节拼命扳开，接着用大颚咬住脖子，极力在头颅下方进行搜索，同时不会在外部留下一点儿伤口。它将脑神经节抓住，按压再按压。

经过这个手术之后，猎物就彻底不能动了，不能做任何反抗。而在这之前，那些腿尽管无法行走，但至少还能使劲地拖拽住什么东西。

朗格多克飞蝗泥蜂的手术内容包括：用颚尖在猎物头颅里搜寻，然后将脑袋压住，同时不让纤细柔软的颈膜受到损伤。没有流血，没有伤口，仅仅在体外压一压而已。为了有时间的时候研究一下手术的结果，我把眼下那只一动不动的距螽保留了下来。同时，我按照朗格多克飞蝗泥蜂刚刚教给我的方法在另两只活距螽身上重复了实验。在

此，我要比较一下我的实验结果和朗格多克飞蝗泥蜂手术的结果有何不同。

我用镊子夹着两只距螽，压迫它们的脑神经节，它们很快陷入了与朗格多克飞蝗泥蜂的猎物相似的状况。不过，我要是用针尖刺它们，它们便会发出刺耳的声音，而且腿还会缓缓地动几下。

毫无疑问，这是因为我的手术对象——胸部的神经节之前没有受到伤害，不像朗格多克飞蝗泥蜂捕获的距螽那样，胸部事先被螫针刺过。除了这点明显差别，可以说我并不是一个很差的学生，在生理学方面，我从我的老师朗格多克飞蝗泥蜂那里得到了真传。

我自认为做得差不多跟昆虫一样好，就忍不住有点儿得意。但确实做得和老师一样好吗？还是等一等再说这样的话吧，我还需要向朗格多克飞蝗泥蜂学习很长时间呢。因为被我做过手术的那两只距螽很快就死了——四五天后，我的眼前出现了两具发臭的尸体。

而经朗格多克飞蝗泥蜂做过手术的距螽呢？它甚至在手术十天之后还是那样新鲜，并始终处于适合幼虫食用的状态。除此之外，在头颅手术后的几小时里，距螽的腿、唇须、触角、产卵管、大颚又开始乱动起来，仿佛什么事也没发生。总之，距螽又恢复了朗格多克飞蝗泥蜂咬它之前的状态，始终保持着这种乱动，只是日益衰弱罢了。

朗格多克飞蝗泥蜂的目的只是让它的猎物暂时处于麻醉的状态，这时间足以让它把猎物安全地拖到洞里去。而我充其量是个笨拙又莽撞的蹩脚外科医生而已，因为我将我的猎物杀死了。

朗格多克飞蝗泥蜂以它那难以

模仿的敏捷手法，熟练地压迫猎物的头部，使之在几个小时内处于麻木状态；而我可能因为无知而且动作粗鲁，导致我的镊子夹碎了某个致命的纤细器官，使猎物死掉了。

又经过千百次的观察，现在，我来解释朗格多克飞蝗泥蜂不用它的螫针伤害猎物脑部神经节的原因吧。

猎手的目的不是让猎物死亡，因为幼虫需要的不是没有生命的猎物，也不是因腐烂而发臭的尸体。

猎手朗格多克飞蝗泥蜂需要猎物处在一种麻木的状态，或者说暂时的昏迷状态，以便在搬运时猎物无法抵抗。它运用生理学实验室里所常用的压迫脑部神经的方法达到了这个目的——让动物的脑袋露出来，对其施压，瞬间就使动物失去了智力、意识、敏感、活动。

朗格多克飞蝗泥蜂的美味猎物距螽就受到了如此对待。随着巧妙的压迫，距螽的麻痹效果逐渐消失，残余的生命得到恢复。脑部神经受到大颚的按压，却没有受到致命的伤害，慢慢地恢复活动，结束了完全昏迷的状态。

我们不得不承认，这绝对是可怕的科学！

本能的无知

上文中的朗格多克飞蝗泥蜂向我们表明，它的行为大多为无意识的，或者说是在本能的指引下，其行动才如此准确无误，其技术才如此卓越。在此之外，它还将向我们表明，当发生哪怕只是与习惯稍有偏离的情况时，它的办法是如此匮乏，智慧又是如此局限，甚至是完全不合逻辑。这便是本能所具有的另一特征，这真是一对奇怪的矛盾：高深的技能与深深的无知集于一身。

比如蜜蜂在建造完全由六角形组成的蜂房时，相当精确地解决了空间最大化和材料最小化这样高深的问题——假如由人来解决，就需要非常深奥的代数学。

只要不超出动物沿袭的固定习惯，那么出于本能，没有什么事情是困难的。同样，假如超出了动物通常遵循的规律，那么在本能的指导下，任何事情都会变得困难。正如昆虫高度智慧的头脑令我们无比赞叹，然而，它们在面对最简单的不同于通常实践的事实时，又愚蠢得令人吃惊。在这方面，朗格多克飞蝗泥蜂将给我们提供一些例证。

接下来，我们来做一些实验，看看当我们给朗格多克飞蝗泥蜂创造一些新环境时，它会做些什么。

先看第一个实验。一只朗格多克飞蝗泥蜂把猎物拖到离它的洞仅有几厘米的地方，我没有打扰它，只是用剪刀将猎物的触角剪断了。

我们知道，朗格多克飞蝗泥蜂是用这些触角作为缰绳的，拖着的重担突然变轻，这令它感到惊奇。朗格多克飞蝗泥蜂马上回到猎物身边，毫不犹豫地抓住触角的底部。这触角的底部是剪刀剪剩下的那一小节，非常短，大概不到一厘米。不过不要紧，对于朗格多克飞蝗泥蜂来说，这已经足够了。很快，它抓住剩下的缰绳又开始搬运了。

为了不伤着猎手，我又非常小心地将剩下的那两节触角贴着猎物头顶盖剪掉了。朗格多克飞蝗泥蜂发现在它熟悉的部位没有东西可抓了，就抓起猎物长长的唇须中的一根，继续它的搬运工作，而对于这种捕猎方式的改变，它一点儿也不觉得奇怪。这一次，我让它一直把猎物带到了洞口，猎物的头被摆向洞口。接着，朗格多克飞蝗泥蜂独自走进洞里——在储存食物之前，它要对蜂房的内部再简单地视察一番。

我利用这个时间把被搁置于洞口的猎物拿起来，剪掉了它所有的唇须，然后把它放在离洞口一步远的地方。很快，朗格多克飞蝗泥蜂从洞里出来了，它发现猎物在洞口的不远处，便直奔猎物而来。

朗格多克飞蝗泥蜂在猎物的头部上下左右找了半天，也没找到可以抓住的东西。它只好进行了一次尝试，将大颚张得大大的，想要咬住距螽的头，然而，它的大颚开度不够，无法夹住如此大的头，从又圆又光滑的头颅上滑了下来。

它又进行了多次这样的尝试，可始终没有任何结果。于是，它知道自己是白费力气了。它走开了一点儿，好像要放弃努力了。只见它用后腿擦擦翅膀，把前跗节放到嘴上舔舔，接着揉了揉眼睛，在我看来，这就表示朗格多克飞蝗泥蜂要放弃作业了。

事实上，距螽除了触角和唇须，还有其他部位可以很轻易地被抓住并拖走。它有六条腿，还有产卵管，当然，这些器官都非常小，不适于整个抓住并作为拖拽的绳子。然而，拉一条腿，特别是前腿，猎物同样容易被拖动，因为洞口足够宽，过道也不长，甚至那根本就算不上是过道。

那么，为什么朗格多克飞蝗泥蜂完全没有尝试去抓六条腿中的某一条或者产卵管的末端，而是拼命地尝试做不可能的事——用它那十分短的大颚去咬猎物那大脑壳呢？抓腿这样的方法它难道连想也没想过吗？那么，就让我们想办法提醒它吧。

我把距螽的一条腿和产卵管的末端分别放到朗格多克飞蝗泥蜂的大颚下，它说什么也不肯去咬，尽管我一再诱惑它，却始终没有结果。它既不去抓猎物的产卵管，又不知道抓猎物的腿，就这样一直束手无策，这个猎手真的太奇怪了！

大概是我的存在和刚刚发生的事情使它的器官功能被打乱了吧，那么，我们就让朗格多克飞蝗泥蜂单独与它的猎物待在洞口，让它在

不受打扰的情况下认真思考，好想出某种办法来解决问题吧。于是，我不再管朗格多克飞蝗泥蜂，继续走我的路。

两小时后，我走了回来，朗格多克飞蝗泥蜂已经离开了，洞口始终打开着，而距螽依旧躺在我最初放置的地方。

由此我们可以得出结论：朗格多克飞蝗泥蜂完全没有试过我希望的那种办法。它放弃了，把住所和猎物都扔掉了，而事实上，只要它抓住猎物的一条腿，这一切就都归它所有。

之前我们还对它的技能瞠目结舌——会压迫猎物的大脑使之昏迷,而眼下这只朗格多克飞蝗泥蜂在应对不同于习惯的最简单的事时，却愚蠢得令人难以想象。它善于用螫针刺中猎物前胸的神经节，用大颚压迫猎物的脑神经节，对于带毒的螫刺会彻底杀死神经的生命力和压迫只会导致暂时昏迷这两点，也可以区分得很清楚，但它却不知道，假如无法抓住习惯的部位，还可以抓住别的部位。它想不到，除了抓触角还可以抓腿，它只懂得抓触角或头上别的须状物，比如唇须。假如没有这些“绳子”，它就不能解决搬运问题，它的种族就会出现繁衍危机。

再看第二个实验。洞里已经储存好食物，卵也已经产好，朗格多克飞蝗泥蜂正忙着封洞口。它边后退边用前跗节打扫门前，把土抛到门口。因为扫地的动作十分敏捷，土穿过它肚子底下，形成一道道抛物线。朗格多克飞蝗泥蜂经常用大颚挑选出几粒沙子或小石子插入土块中，先用头顶，再用大颚压，把它们垒成一道墙。这道墙垒好后，洞口便被封好了。

在它工作的过程中我插手了。我拿开朗格多克飞蝗泥蜂，用刀将那短短的过道小心地扫干净，然后将封洞口的材料拿走，使蜂房与外部变得畅通无阻。我没有破坏建筑物，只是用镊子把距螽从蜂房里取出来——原本距螽的头是朝洞里面的，产卵管是朝洞口的。朗格多克飞蝗泥蜂像往常那样将卵产在猎物的胸部，即一条后腿的根部。这说明朗格多克飞蝗泥蜂已经完成了最后的工作，以后再也不回来了。

我把拿来的猎物放在盒子里保存好后，便把地方还给了朗格多克飞蝗泥蜂，而朗格多克飞蝗泥蜂在它的家被如此“洗劫”时始终待在一旁注视着。它发现门开了，就走了进去，在里面待了一会儿，然后出来又继续之前被我打断的工作，一如既往地、认真地堵住蜂房的门口，重新倒退着往洞口扫土，搬运沙子，一直认真地堆砌着，好像在干着很有用的工作。洞口再次被堵好了。朗格多克飞蝗泥蜂掸了掸身上的土，好像还满意地看了一眼它完成的杰作，接着就飞走了。

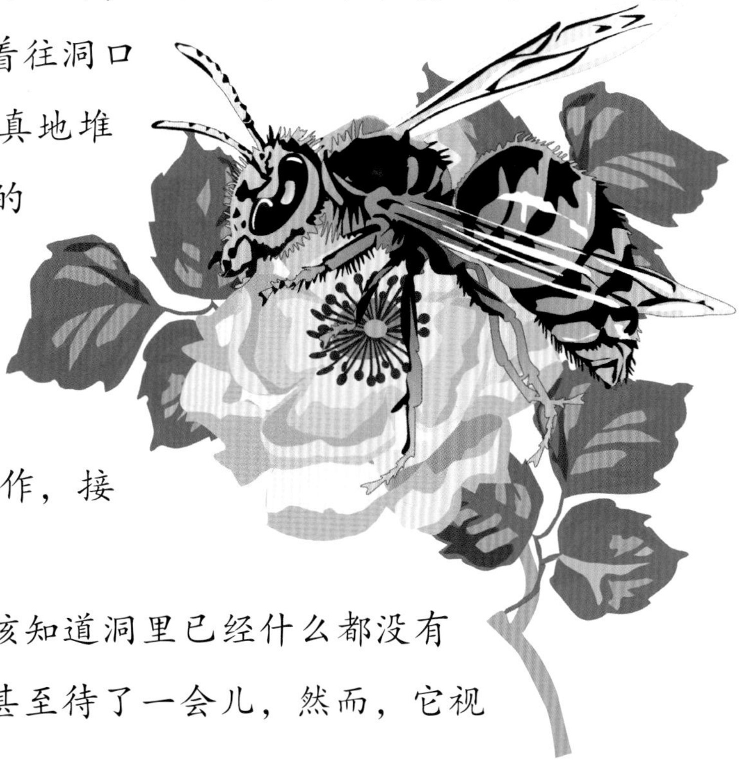

朗格多克飞蝗泥蜂应该知道洞里已经什么都没有了，因为它刚刚进去过，甚至待了一会儿，然而，它视

察了被抢劫一空的住所后，却仍然要把蜂房重新封起来，就好像没有发生任何异常的情况。

它是不是准备以后再使用这个洞，带另一只猎物回来，重新在那儿产卵呢？如果是这样，那么它封住洞口就是为了避免不速之客在它不在时闯入它的住所，这不失为一种谨慎的措施。事实上，某些膜翅目昆虫需要停工一段时间时，确实会临时封上洞口，以防别人进入。

这里我再给大家举一个例子。喜吃蜜蜂的大头泥蜂的窝是一个竖井，我曾看到它在准备去捕猎或者在太阳下山后，停工时会用一块平平的小石头把洞口封起来。

当然，那只是简单地封住，顶多用一块小石头盖住井口罢了。大头泥蜂回来时只需要将那块小石头搬开，入口就恢复畅通了，这是很快就能办成的事。

我猜想朗格多克飞蝗泥蜂将在其他地方重新捕捉猎物，也将在其他地方挖掘用来储存猎物的巢穴。当然，这毕竟只是我的推理，还是让我们来看实验的结果吧，实验比逻辑推理更具说服力。

将近一个星期，我一直没有参与这件事，是为了让朗格多克飞蝗泥蜂有足够的时间返回那已经封起来的洞里进行第二次产卵——假如这就是它事先封洞的意图的话。事实证明了我的推理是正确的：洞始终封闭得好好的，但里面没有猎物，没有卵，没有幼虫。这一切都证明，朗格多克飞蝗泥蜂没有再回来过。

被抢劫的朗格多克飞蝗泥蜂飞回洞里，不慌不忙地看了看空空如也的房间，它的表现是仿佛根本没有意识到刚才还在蜂房放着的庞大猎物现在已经不见了。它真的不知道猎物和卵已经消失了吗？

它在从事捕猎工作时，洞察力是那么敏锐，难道它的智慧竟如此有限，完全看不到蜂房里已经一无所有了吗？

我不敢说它有多么笨，它应该已经发现了，可它为什么还如此愚蠢、如此认真地去封一个已经什么都没有而且以后也不打算再回来的洞呢？封洞的工作是根本没有意义的，而且极其荒谬。然而，朗格多克飞蝗泥蜂仍以同样的热情完成了这一工作。

按照惯例，朗格多克飞蝗泥蜂会先捕捉猎物，再产卵，然后封洞。现在，捕猎、产卵这些工作都做过了，尽管猎物被我从蜂房里拿了出来，但它仍然坚持封洞口。

捕猎做过了，产卵做过了，接下来就是把洞封起来了。朗格多克飞蝗泥蜂就是如此做的，内心一点儿想法也没有，一点儿也没有怀疑它现在的工作是没有意义的。

最后，我要把开头所说的话作为结束语。在习惯这条道路上，本能令昆虫无所不知，而一旦偏离这条道路，本能便使它们一无所知了。在正常的条件下，昆虫会表现出高超的本领，而在突发意外的条件下行事，它又会逻辑混乱、蠢得惊人，这两者恰恰全都是昆虫的天赋。

勤劳的泥蜂母亲

在炽热的平原上，只能看见稀稀拉拉的油橄榄树，根本找不到树影婆娑、凉气袭人的隐蔽所。我喜欢的观察点——伊萨尔森林里只有一人高的绿色矮橡树，树丛稀疏，少得可怜的树荫一点儿也不能消减太阳的暑气。在七八月份的三伏天里，我连续几个下午坐在矮树林中进行观察时，只能躲在一把大伞下。要是我粗心地忘记了带这把伞，那么，唯一可以抵御太阳的办法就是直挺挺地躺在某个沙丘后面。而当太阳穴被晒得血管都鼓胀了的时候，我不得不把头伸到兔子窝的入口处——在伊萨尔森林中这就是最好的纳凉办法。

这里被松松的、干干的细沙覆盖着，在被树根和树桩挡住的地方，风把沙堆成了小沙丘。然而，在地下深处，由于下过雨，沙还有点儿潮湿，利用湿沙的这一黏性，可以挖小洞，洞壁和洞顶也不容易塌下来。

灼热的阳光下，勤劳的泥蜂母亲用它的耙子一耙，沙坡就会很轻易地塌下来，而且这里几乎没有人来打搅。在这块乐土上，泥蜂母亲可以说是万事俱备了。下面，就让我们看看这种勤劳、

灵巧的膜翅目昆虫的杰作吧！

七月末，不知道从哪儿突然冒出来一只泥蜂，它事先没有进行任何勘察，便毫不犹豫地在一个地方落了脚，而在我看来，那儿与沙地的其他地方没有一点儿差别。只见它用那长着一排排纤毛的强有力的前脚，认真地挖着地下室。

泥蜂靠后面的四只脚支撑着身子，为了更加稳定，它会把最后那两只脚叉开些，用前脚交替扫着流动的沙，其动作精确而迅速。沙子从它的肚子下滑过，又从后腿拱起的缝隙穿过去，形成一道抛物线，落到足有两米那么远的地方。在五到十分钟内，抛射出来的沙子始终那么密集，这充分说明泥蜂的速度有多快。而这种敏捷的动作一点儿也不影响泥蜂轻松优美的姿态。它一会儿往这边进进退退，一会儿又往那边进进退退，而抛出的沙子却一直不断。

泥蜂挖掘的地方十分疏松，它一边挖，旁边的沙子一边塌下来填满漏洞。在塌落的沙子中还包含着细木屑、烂叶根、石粒等。泥蜂后退着用大颚把这些杂物搬到远点儿的地方，再回来把洞扫干净，不过始终扫得不深，它并不想深入到地里去。

它为什么要做这种完全在地面上的工作呢？经过几天的观察，我认为我已经大概了解了它这么做的目的。

这种膜翅目昆虫肯定是把窝安在了那里，小窝里或许有一枚卵，也说不定有一只幼虫，泥蜂母亲每天用蝇喂养它。蝇是泥蜂幼虫固定的食物，因此泥蜂母亲需要用脚抱着孩子的口粮随时飞进这个窝，如同猛禽抓着麋鹿、野猪这些美味进入它们的巢穴喂食幼禽那样。

然而，猛禽要返回它的巢穴，除捕获的猎物过于重或不方便搬运外，并不会遇到其他困难，可泥蜂要进入它的窝却很麻烦，每次都需要重新开辟道路。因为泥蜂刚一进入窝内，沙子就会塌下来，路就会自动被堵塞住。在这个地下室里，只有一个房间的洞壁不会塌落，那就是幼虫住着的宽敞蜂房，这蜂房位于幼虫半个月来享受美味后所排出来的废物中间。泥蜂母亲要走进房间或出去打猎，都必须经过狭窄的前厅，前厅每次都因泥蜂的经过而坍塌下来，因此它出入时，都要在坍塌物中重新开辟一条道路。

即使是第一次破沙而出，也并不困难。起初，沙子也许有点儿坚固，可泥蜂仍可以活动自如，它安全地躲在遮蔽物下，可以不慌不忙地运用它的跗节和大颚。回去的时候就完全不一样了：泥蜂用前脚抱着猎物紧贴在肚子上，它不能自由使用它的工具，十分不方便。

更为可怕的情况是，会有一些可恶的寄生虫强盗赶来。它们躲在窝的四周，待泥蜂母亲千辛万苦地挖掘通道、身影马上就要从洞中消失的那一刻，匆忙把卵产到猎物身上。假如强盗得逞了，那么，泥蜂的子女就会因为这些贪食的竞争者而饿死。泥蜂母亲好像知道这一危险，因此它采取了一些预防措施，以便

可以迅速进入窝里再及时返回——堵住洞口的沙子只要用头一拱，同时前脚迅速一扫就可以扒开了。

正如我们根据泥蜂母亲的行为所猜测的那样，住所里果真没有什么值得担心的事。卵已经产下，粮食也根据二十四小时后孵化出来的幼虫所需按比例准备好了。接下来，在一段时间内，泥蜂母亲都不会回来，只是默默地守护在窝周围，也可能会挖另一个窝继续产卵——它是一个窝一个窝地产卵的，每枚卵都产在一个单独的蜂房里。

两三天之后，幼虫孵化出来，就靠母亲为它准备的食物度日了。在这期间，母亲就在附近待着。它一会儿舔着别的蜂头上渗出的甜汁，一会儿欢快地躺在炽热的沙子上，很明显，它是在守护着住所。有的时候，它筛选完洞口的沙子就会飞走，大概是忙着去挖另一些洞穴并且用同样的方式储备粮食。然而，无论飞走多久，它都不会忘了幼虫，因为它为幼虫准备的食物都是精打细算的。

泥蜂母亲的本能告诉它孩子的食物什么时候会吃完，当需要新的食物时，它肯定会及时回到住所。它知道如何找到别人看不到的入口，这实在令人佩服。这一次，它又重复着上一次的工作，只不过这次捕到的猎物要大一点儿。把猎物放进住所后，它再次离开，在外面等待第三次供应食物的时间。幼虫一直在狼吞虎咽地进食，所以很快就到了第三次供应食物的时间，母亲又一次重复——带着新的食物再次回到了住所。

在差不多两周的幼虫发育期间，食物就这样根据需要一趟趟地相继送来。幼虫长得越大，送饭间隔的时间越短。半个月后，为了满足幼虫贪婪的食欲，泥蜂母亲开始忙个不停，此时的幼虫则将爪子和腹部的角质不断蜕下，并在这些残骸中笨拙地拖动着它的肚子。

泥蜂母亲不断地带回新鲜的猎物，又不断地出去捕猎。总之，它并没有事先存积足够的粮食，而是像鸟儿一口一口地给雏鸟带食物那样，一天一天地喂养它的幼虫。

每次捕猎归来时，泥蜂母亲仅带一只蝇。假如我们根据幼虫完成发育时在蜂房里留下的角质残屑等的多少，判断幼虫食用了多少只猎物，那么就可以推断出从卵降生以来泥蜂母亲又回来探视了多少次。

然而很遗憾，蜂房里的这些“残羹剩饭”在幼虫饿肚子的时候被

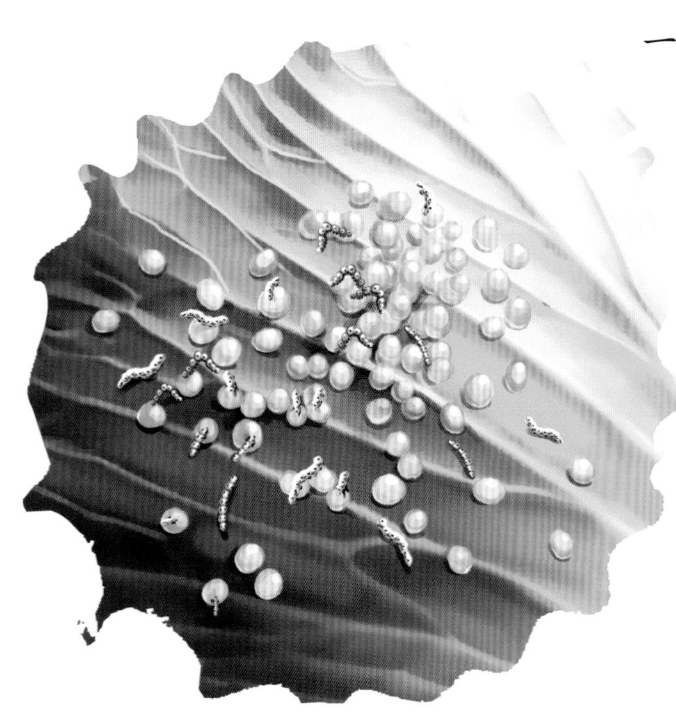

一次次地咀嚼，大多数已经无法辨认了。不过，假如我们打开还没有长大的幼虫的蜂房，还是可以看出来食物数量的，因为有些猎物还是完整的或差不多完整的。最为常见的是，食物被咬成一段段的，不过保存得很好，能够很清晰地辨认出来。

在如此条件下得出的统计数字虽然不完全，却令人无比惊奇。那泥蜂母亲要怎样地积极奔走才能够满足如此多的食物供应啊！下面是我经过一番观察后列出的一份幼虫食物清单。

九月末，泥蜂幼虫的身体已差不多有成虫的三分之一大小了，我在幼虫身旁发现了以下这些猎物：六只弥寄蝇，其中两只完整，四只断肢残骸；两只粉蝇，一只完好无损，一只被咬过；四只彩色食蚜蝇，其中两只完整，两只残碎；还有一只压得稀巴烂的卵蜂虻和两只变成碎片的中带寄蝇；三只完整的黑服寄蝇，其中有一只是母亲新运回来的——正是这次送食之举让我发现了蜂房；最后还有两只碎成片的花粉蝇。一共是二十只昆虫！

这绝对是一份丰富多样的菜单。而幼虫现在只有成虫的三分之一大，因此完整的盛宴菜单上，昆虫个数估计会高达六十只。

食物如此多样化，说明泥蜂母亲并没有单一的食谱，只要在捕猎时遇到双翅目昆虫，它就会捉来。不过，不同种类的泥蜂也会有不同的食物偏好，这就像我们人类一样，有人喜欢番茄，也有人不喜欢。

忙碌的“泥瓦匠”

“石蜂”，希腊语的原意是“以石子、混凝土、灰浆建筑房子的蜂”，用这个名称来命名某些膜翅目昆虫十分形象，除那些没有掌握希腊语精华的人会觉得奇怪之外，这种形容真的是再好不过了。这些昆虫的建筑作品就像泥瓦匠的成果，当然，它们是一些水平不高的泥瓦匠，更擅长打垒而不是砌石。但由于在科学的分类中没有提到过它们，而且其他文章对它们的说明也不多，于是人们干脆根据它们的建筑作品为其命名，将这些垒土的建筑者称为“筑巢蜂”。这真的太妙了，用一个词就表达出了这种昆虫的特征。

我的家乡有两种石蜂：一种是高墙石蜂，另一种是西西里石蜂。雌雄高墙石蜂的颜色完全不一样，如果一个观察新手看到它们从同一个窝里出来一定会感到非常惊奇，会以为两者并非同类的昆虫。看，雌蜂身披黑绒，两翅深紫；而雄蜂身上没有黑绒，有的是非常鲜艳的铁红色绒毛。

与高墙石蜂相比，西西里石蜂的个子要小得多，雌雄的颜色差别也不

是很大，只是有的混杂着棕色、深红色和灰色。在翅膀的末端，深色的底色上装饰着一点儿淡紫，多少有点儿像高墙石蜂那种鲜艳的紫红色。这两种石蜂开始工作的时间都是接近五月初的时候。

北方的高墙石蜂喜欢把没有涂泥灰的墙选作窝的支座，因为泥灰会剥落，蜂房如果建在泥灰墙面上就会很不牢固，所以它只会把窝建在坚固的支座之上，比如裸露的石头上。高墙石蜂的这种选择，也许跟这儿有很多这样的卵石有关系。凡是不太高的高原，长着百里香植物的干旱土地上，都堆满了这种卵石。假如没有卵石，高墙石蜂就干脆把窝砌在任意一块什么石头上，砌在田边，或者砌在一堵围墙上。

相对来说，西西里石蜂选择筑窝的地点范围更广，它尤其热衷于把窝筑在屋顶飞檐的瓦片下面。每年春天，它们会成群地聚在那儿筑窝，筑好的窝一代一代地传承下去，而且一年年地扩大，最终将会占据一大片地方。我曾在一个大棚的瓦下面看到一个大窝，有五六平方米。正在筑窝的石蜂成百上千，它们飞来飞去，一边干活儿，一边嗡嗡叫，那声音可以说是震耳欲聋。

这两种石蜂筑窝使用的材料相同，都是石灰质黏土，“泥瓦匠”会在土中加一点儿沙子，然后用唾液粘住。石蜂不喜欢把窝建在潮湿的地方，尽管潮湿的地方方便操作并且可以节省拌泥浆用的唾液；它也不喜欢用新鲜的泥土来造房子，如同我们的建筑工人不使用开裂的石膏和长期受潮的熟石灰一样，因为这种水分饱和的材料凝固得不够结实。它需要的是干燥的土粉，这种土粉能够充分吸收吐出来的唾液，由于唾液里含有蛋白质，可以使土粉变得像一种速凝水泥，与我们用生石灰和蛋清制成的油灰相似。

尽管路面在炙热的阳光照射下已经泛着白光，可西西里石蜂还在积极地工作着。在作为建筑工地的农场和砂浆搅拌场的公路之间，西西里石蜂发出嗡嗡的声音，一个接一个地不停地飞来飞去，十分热闹。

飞走的西西里石蜂带着如同射击兔子的铅砂那么大的沙子离开，飞来的马上停到最硬最干的地方。它们全身颤动，用大颚刨着，用前腿扒拉，把采来的泥沙放在牙齿间不断翻动，再用唾液搅和成一团均匀的砂浆。西西里石蜂的劳动热情是如此之高，哪怕会被行人踩死，它们也不愿放弃工作。

与西西里石蜂完全不同，高墙石蜂喜欢远离人类居住的地方，一般不在人来人往的路上出现，这大概是因为这些地方离它们筑窝地太远吧。它们只要在附近找到适合作为窝的支座的卵石，然后再找到含有许多砾石的干土就可以了。

高墙石蜂能够在还没有筑过窝的地方建造一个全新的窝，或者修补一下旧窝，充分利用原有的蜂房。我们先来研究一下前一种情况。选好卵石后，高墙石蜂会用嘴衔来一团砂浆，放在卵石上做成一个圆垫子。它用前腿，最主要还是用作为“泥瓦匠”首要工具的大颚来加工材料，一点点吐出唾液使这材料保持黏性。为了把黏土建筑物加固，高墙石蜂把一粒粒扁豆大的带棱角的砾石镶上去——只在外面镶，镶在软土块上。然后以这第一层石子为基础，一层层往上垒，直到蜂房达到所要求的二至三厘米的高度为止。

我们人类的砌石工程是垒砌石头，然后用砂浆粘住，而高墙石蜂的作品完全能媲美我们人类的建筑物。为了节省劳动力和砂浆，高墙石蜂选用了体积很大的卵石。它所挑选的这些石头非常硬，差不多都有棱角，相互咬合，彼此支撑，从而使整个建筑非常牢固。一层层砂浆被精心细致地浇在上面，使得卵石非常平整。如此一来，尽管蜂窝的外观看起来是个粗糙的建筑物，凹凸不平的天然石头凸露出来，可内部为了避免伤害幼虫的娇嫩皮肤，涂上了一层纯浆的泥灰，使内壁表面变得相对比较精细。不过，这内部的涂层可以说是用抹刀很随意地涂上去的，因此当吃完蜜浆后，幼虫必须自己造个茧，给仍旧粗糙

的内壁挂上丝质壁毯，这样它们就可以在里面舒舒服服地睡觉了。

蜂窝的形状会因为支座的情况而有所不同，不过，轴线差不多始终近似垂直，洞口朝天，这样就能防止蜜液流出来。假如窝是建在横着的平面上，就会像个圆形的小塔；假如窝是建在垂直或倾斜的平面上，就会像半个对切的顶针，而窝的墙壁被作为支座的卵石堵得严严实实的。

蜂房建好后，石蜂就会马上开始储备食物。蜂窝附近的各种花，特别是在五月间平原上开满的金黄染色木的花，给它提供了甜汁和花粉。它回到窝里时，嗉囊里装满了蜜，黄色的腹部也沾满了花粉。它先是把头伸进蜂房，接着身子一抖，这表明它吐出了蜜浆。

吐完蜜浆之后，石蜂走出蜂房，跟着马上又钻进去，不过，这次它是倒退着进去的。它用两条后腿扫着肚子下面，扫掉身上的花粉。接着它又出来了，再次把头伸进蜂房，这回，它是为了用大颚这把勺子把蜜浆搅拌均匀。这种搅拌作业并非每一次都会进行，而是相隔的时间越来越长，只有当材料积累到足够的数量时才进行。

食物装满一半后，储备工作就可以结束了，接下来要做的就是在

蜜浆的表面产卵和把窝封闭起来。石蜂是个实干家，说干就干。它用一个纯蜜浆的盖子做围墙，从周边到中心一点点造起来。我发现所有的工作顶多需要两天，除非这期间天气不好，下雨或多云，它的工作才会中止。

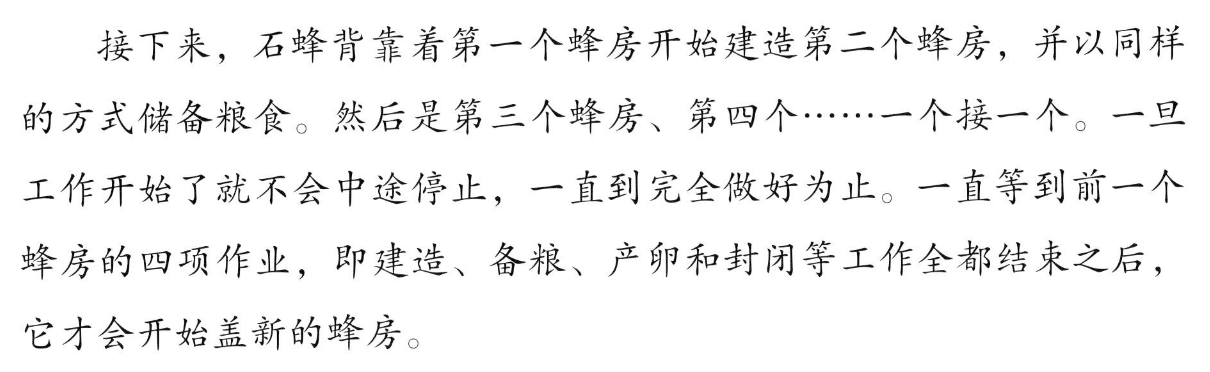

接下来，石蜂背靠着第一个蜂房开始建造第二个蜂房，并以同样的方式储备粮食。然后是第三个蜂房、第四个……一个接一个。一旦工作开始了就不会中途停止，一直到完全做好为止。一直等到前一个蜂房的四项作业，即建造、备粮、产卵和封闭等工作全都结束之后，它才会开始盖新的蜂房。

高墙石蜂始终是在它选好的卵石上独自筑窝，而且好像很不高兴在它的蜂窝旁边有其他石蜂来筑窝。因此，在同一块卵石上毗邻而建的蜂房并不多，八到十个最常见。那么，一只高墙石蜂的整个家里是不是大约只有八只幼虫呢？还是这只石蜂以后会在其他的卵石上为更多的子女筑窝呢？事实上，假如它要产卵，这块卵石足够大，能作为更多蜂房的支座，它在这儿完全有足够的地方盖房子，没必要去寻找另一块地，更没必要离开它常来常往、已经习惯了的那块卵石。所以，我觉得高墙石蜂的家庭人口并不多，完全可以都安置在同一块卵石上，即便它还想盖一个新窝也没问题。

由八到十个蜂房组成的蜂窝群把卵石的外层覆盖住了，整体非常牢固。然而，蜂窝的墙壁和外盖顶多有两毫米厚，当气候恶劣时，好像不足以保护幼虫。外盖在这样的露天卵石上，毫无遮挡力。

在炎热的夏日，蜂窝的每个蜂房都如同闷热的烘烤箱，随之而来的秋天的雨水会使蜂窝逐渐腐烂，然后冬天的冰冻会让那些没有被秋雨侵蚀的部分一点点掉下来。水泥再硬能禁得住这些因素的破坏吗？

即使禁得住，高墙石蜂躲在那么薄的墙里，难道不惧怕夏天的酷热、冬天的严寒吗?

高墙石蜂也许并没有这样想过，不过它做事非常明智。将所有的蜂房盖好后，它会用一种水浸不进、热透不过的材料在整个蜂窝上砌一层厚厚的罩子，以达到既防潮、防热又防寒的目的。这种材料就是用唾液搅拌泥土做成的灰浆，只是这一次灰浆里没有夹杂小石子。

高墙石蜂一小团一小团、一刀一刀地在整个蜂房上面覆盖一厘米厚的灰浆涂层。砌上罩子之后，蜂窝仿佛一个粗糙的圆穹状建筑物，有半个橙子那么大。

从表面看，人们会以为这是一团泥，假如把它摔在一块石头上，蜂窝就会半裂开，马上变干。总之，从外部看一点儿也看不出里面有什么东西，完全没有蜂房的样子，完全看不出劳动的痕迹。在没有经过训练的眼睛看来，这只是一块毫不起眼的土疙瘩。

整个盖子像我们的硬性水泥那样很快变干了，于是蜂窝就变得像石头一样硬，没有坚固的刀根本无法破坏这建筑物。最后必须告诉大家，从最终的形状看来，蜂窝一点儿也没有了原来的样子，我们甚至会把那最初用石子镶嵌的、像标致小塔般的蜂房与最终时表面上好像一团泥的圆穹物，误认为是两个不同类型的作品呢。不过，假如我们刮掉这层灰浆就会发现，里面的那些蜂房和蜂房的细石层还是能辨认出来的。

与其在没有被占用的卵石上建造新窝，高墙石蜂更喜欢使用没有受到严重损坏的旧窝。圆穹状的窝砌造得十分牢固，因此保留比较完整，只是里面凿了一些圆洞，这便是之前幼虫居住时的痕迹。这就是高墙石蜂最喜欢的住所，它只要略微修复一下就行了，这样可以节省很多建造时间，少费许多力气，所以高墙石蜂不断寻找这样的旧窝，只有在找不到旧窝的情况下，它才会建造新窝。

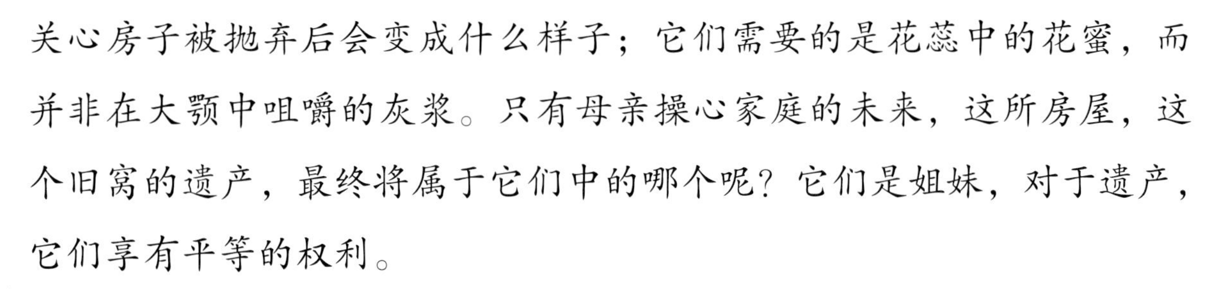

好多居民——它们是兄弟和姐妹，红棕色的雄蜂和黑色的雌蜂从同一个圆穹状的窝里出来了，它们都是同一个石蜂的后代。雄蜂过着无忧无虑的生活，一点儿活儿也不干，它回到土房里的目的只是向女士们献殷勤，完全不关心房子被抛弃后会变成什么样子；它们需要的是花蕊中的花蜜，而并非在大颚中咀嚼的灰浆。只有母亲操心家庭的未来，这所房屋，这个旧窝的遗产，最终将属于它们中的哪个呢？它们是姐妹，对于遗产，它们享有平等的权利。

我们人类因为摆脱了古代封建思想的影响，在思想上取得了巨大的进步，改变了长子有唯一继承权的观念。然而，高墙石蜂对于所有制的观念始终处于最原始的阶段——权利由第一个占有者享有。因此到了产卵的时刻，高墙石蜂会强行占下适合它的旧窝，并在那儿定居下来。而后来的，无论是邻居还是姐妹，如果想跟它抢夺，那就自认倒霉吧。经过穷追猛打，后来者很快就会被赶跑。

圆穹里的那些蜂房仿佛水井似的半张着嘴，眼下它只要一间房就够了。然而，高墙石蜂算得十分清楚，剩下的蜂房以后可以用来安置别的卵，因此它小心翼翼、非常警惕地监视着所有的蜂房，赶走所有前来造访的石蜂。正因为如此，我从未看到过两只高墙石蜂同时在一块卵石上工作的情形。

荒石园

我曾日夜盼望有属于自己的一块地，在那里可以有一个活的昆虫实验室。

后来，我终于得到了这样一块地，它就在一个荒僻的小村庄里。这是一个荒石园，在当地的语言中，“荒石园”的意思就是荒芜不毛、乱石遍布、百里香滋生的荒地。一般荒石园里的土地十分贫瘠，即使精心地犁耙，也改善不了它的土质。

幸运的是，我的荒石园里还有一点红土，所以，还可以种点作物，据说这园子里原来还种过葡萄。我打算在园子里种些作物，所以对园子进行了挖掘，果真挖出了一些宝贵的茎。那些茎在地下待的时间长了，有的竟变成了炭。

百里香和薰衣草是膜翅目昆虫所钟爱的，在这两种植物上，那些昆虫可以采集到它们所需要的东西。所以，我不得不在园子里重新种满这些植物。

经过一段时间的苦心耕作，我的园子里已经是各种花草树木丛生了。

犬齿草大量滋蔓，经过三年的奋力铲锄也没有绝迹。其次是矢车菊，这种植物满身是刺，有的还长着星形的戟。在那些纠缠在一起的矢车菊丛中，还生长出一些样子凶恶的刺冬，它的茎刺像钉子一样硬。比刺冬长得高一些的是伊利大翅蓟，这种植物的茎又高又直，顶端还托着一个玫瑰色的大绒球。刺茎菊科类植物在这个园子里也有很多，有恶蓟，还有染黑蓟等。染黑蓟有带刺的玫瑰花茎结。在这些蓟之间有荆棘的新枝丫，还结着淡蓝色的果子。只要土里有一点水分，刺冬和大翅蓟就会钻出新芽，然后从矢车菊紫色的头状花序铺成的整块地毯中伸出来。那些生命力顽强的荆棘也会攀上其他植物。当干旱的冬季来临时，这个园子里就只剩下一片枯枝干叶了。这就是我的荒石园。

这块地对我来说是一个伊甸园，对于那些膜翅目昆虫来说也是一个天堂。在这里，我可以轻易地捕捉到很多昆虫。这些昆虫中有专业的捕猎者，有土房子的建造者，有棉织品的加工者，有在花叶间修剪零件的组装工，有搅拌黏土的泥瓦匠，有钻木的木匠，还有在地下挖巷道的矿工……

你看，那只黄斑蜂正在啃食矢车菊的茎，并用那些纤维堆成一个棉花球，然后用大颚将这个球衔到地下，制造一个棉毡袋，用来装蜜和卵。

附近的灌木丛中有只樵叶蜂，它肚子下面有黑色、白色或者火红色的花粉刺。它离开那些蓟，然后去花的叶子上剪下椭圆形的零件，用这些零件组装成容器。

那些穿黑绒衣服的是谁呢？原来是石蜂，它们正在加工水泥浆和卵石。在石头上我们经常会发现它们砌造的房子。那边一大群猛地起飞，又大声嗡嗡嗡的正是砂泥蜂，它们喜欢定居在旧墙上或向阳的斜坡上。

看，壁蜂也飞过来凑热闹了。一只壁蜂在蜗牛空壳里的螺旋壁上建造着房屋；另一只在啄着干荆棘里的髓，好给幼虫造一个圆柱形的房子；第三只在芦苇的管道中游逛；第四只则跑到石蜂空闲的走廊里去做客了。

大头蜂和长须蜂也前来报到，雄蜂翘起高高的角，毛斑蜂在后腿上有一支大毛笔，土蜂的种类繁多，隧蜂的肚子纤细……在我的菊科植物丛中几乎可以找到所有采蜜类的昆虫。

跟这个采蜜大家庭毗邻而居的是那些捕猎采蜜者的家伙。在荒石园中，有的石蜂往往选择石头间的缝隙作为居所，它们扎堆聚在一起。有时石蜂的洞口会有长得粗壮的单眼蜥蜴，它张着嘴守在洞口；大耳鸟穿着修士的服装——

白袍子、黑翅膀——在最高的石头上栖息，它的窝里还有天蓝色的卵。

在地上活动的还有一群辛勤的劳动者。泥蜂在那儿打扫地穴的门槛，把土往身后抛，形成抛物线；朗格多克飞蝗泥蜂用触角拖着一只距螽；大唇泥蜂把捕捉到的叶蝉放到窝里。

在春天或秋天里，砂泥蜂在花园小径的草地上飞来飞去，寻找毛虫，它们的住所很有特点。蛛蜂拍打着翅膀敏捷地飞向隐蔽的角落去捉蜘蛛，它们经常窥伺狼蛛的窝。狼蛛的窝在荒石园中十分常见，这个窝是个陷阱，在窝底是人人见了都害怕的狼蛛，它的眼睛在洞里闪着小金刚钻似的光芒。对于蛛蜂来说，要捕捉这样一种猎物，是多么危险的事情啊！

在这个园子里，还有很多很多的课题可以观察研究。

画眉在丁香丛中筑巢，翠雀在茂密的柏树下定居，麻雀把碎布和稻草衔到屋檐下，金丝雀来到梧桐树梢婉转歌唱，猫头鹰也跑到这里发出刺耳的咕咕声……

房子的前面是一个大池塘，池塘里的水来自喷泉。在交尾季节，

两栖类动物纷纷来到池塘边。灯心草蟾蜍在那里约会洗澡。当黄昏来临时，池塘边跳跃的雄蟾蜍便成为雌蟾蜍的接生婆，雄蟾蜍后腿上挂着一串李子核那么大的卵袋，这位慈爱的父亲会将这个宝贝卵袋放入水中。雨蛙也在树丛间呱呱地叫着，还不时地做出优美的潜水动作。在气候宜人的五月，每当夜幕降临时，这池塘便成了那些合唱队表演的舞台。

膜翅目昆虫非常胆大，它们经常来侵占我的居所。白边飞蝗泥蜂在我家门槛的瓦砾里面筑了一个窝。我每次进家门时还要小心翼翼，以免踩坏了它们的窝。房间里关着的窗户框给长腹蜂提供了温暖的居所，它的窝用土砌成，并贴附在方石的壁上，这种捕猎蜘蛛的昆虫通过护窗板上的小洞返回它的家。胡蜂与马蜂常常来我们家做客，它们竟到我们的餐桌上来看看大家吃的葡萄是不是熟透了。

总之，这个园子里的昆虫不仅多，而且种类齐全，如果我能跟它们交谈的话，那在这个荒凉的地方就会增添更多的乐趣。

荒石园的四周是一片废墟，中间一堵断墙危立，石灰和沙石使它岿然不动，这屹立着的断墙就是我对科学真理热爱的见证。我热爱那些灵巧的膜翅目昆虫，并很愿意为它们的故事写上几页文字。有人指责我使用的语言不严肃，也就是说没有那种学究气。他们生怕那种读起来不令人感到疲倦的作品就说不出什么真理。按照他们的说法，只有晦涩难懂的文字，才是思想深刻的。我的那些带着螯针和盔甲上长着鞘翅的昆虫朋友们，都出来为我辩护吧！告诉他们我跟你们是

多么的亲密无间，我是怎样有耐心地观察你们，是多么认真地记录下你们的行为的。

我亲爱的昆虫朋友们，如果因为我对你们的描述不够令人生厌，所以就不能说服那些正统的人，那么我就会对他们说："你们把昆虫开膛破肚，把那些可爱的小东西变得又恐怖又可怜，而我则使它们成为人们喜爱的小家伙；你们在酷刑室和碎尸场工作，而我则是在蔚蓝的天空下，在蝉鸣中进行观察；你们用试剂测试蜂房和原生质，而我却研究昆虫本能的最高表现；你们探究死亡，而我却在探究生命……

"对于青年人而言，博物学是一个极好的学业，可由于它划分得越来越细，使各领域彼此隔绝，如今已经成了令人生厌的专业了。我的文字并不是为了那些企图有朝一日弄清本能这个热门问题的学者和哲学家们而写，而是为了年轻人而写，我希望他们能够热爱已经被你们弄得令人生厌的博物学。这就是为什么我在极力保持翔实的同时，不采用你们那种科学性的文字，因为那种文字似乎是从休伦人的语言中借来的，并没有真正的活力。"

很多人在大洋洲和地中海花巨资建造实验室，在那里解剖那些对我们意义并不大的海洋小动物。人们还应用显微镜、精密的解剖器械和捕捉设备、水族缸等，以便知道某种环节动物的卵黄是如何分裂的，我至今仍无法理解这样做有什么意义。

黑胡蜂

黑胡蜂一般是黑黄色的，它的腰非常纤细，腹部鼓起。它们飞行时悄无声息，步态十分轻盈，在休息时，翅膀会折叠成两半。

在我居住的地区有两类黑胡蜂，一类是阿美德黑胡蜂，一类叫果仁形黑胡蜂。这两类黑胡蜂都是凶残的膜翅目昆虫，它们会刺螫猎物，把猎取的毛虫喂给自己的孩子们。

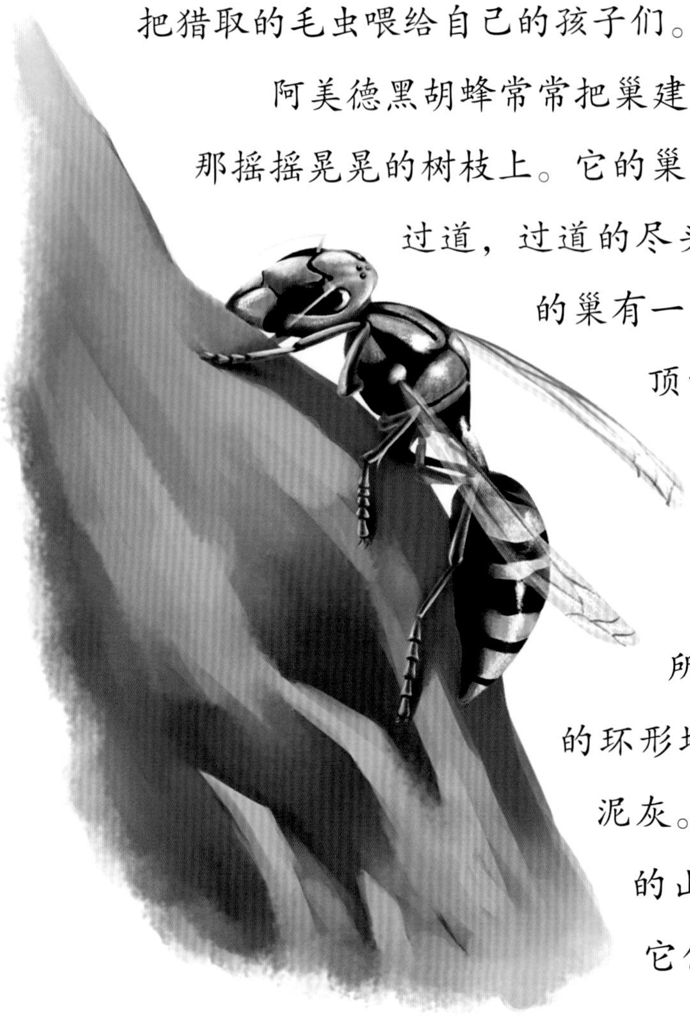

阿美德黑胡蜂常常把巢建在太阳可以暴晒的地方，比如那摇摇晃晃的树枝上。它的巢结构很简单：一条没有泥土的过道，过道的尽头是一间蜂房。阿美德黑胡蜂的巢有一个很规则的圆屋顶，在这个屋顶的较高的地方有一个狭窄的通道，这个通道足以让阿美德黑胡蜂自由进出。

阿美德黑胡蜂在选定的场所上，首先垒一座厚约三毫米的环形墙，这个墙的材料是小石子和泥灰。阿美德黑胡蜂是从人们常走的山间小径或公路上来选材的，它们用自己大颚的尖来扒一点泥灰粉，然后用唾液将其浸湿，从而制成泥灰浆。除了泥灰，它们还会选一些砾石。那些砾石最好是光滑而且半透明的石英碎粒，大约有梨籽那么大。它们会把墙壁弄得十分平整，因为这样的话，幼虫才能在里面住得更舒适。在筑墙的整个过程中，浇灌泥浆和粘砾石总是交替进行的，这样砾石就被牢固地粘在墙壁里。随着墙面的升高，建筑物会略向中心靠拢，这样房子就会呈现球状。

在房顶的最高处有一个喇叭状的孔，就像是一个瓶颈，这其实就是一个纯泥浆做的出口。至此，蜂房就建造好了。雌蜂产卵后，便用一个镶嵌着一粒小石子的水泥塞子将这个出口封住。这个建筑物看起来有些粗陋，但是却很坚固。

果仁形黑胡蜂由于分布很广，所以对建造蜂房的基地也就没有什么特别的要求，显得比较随意些。野外的石头上、灌木的小树枝或其他植物的高秆上、墙壁上、板窗的木板上，都可能建有果仁形黑胡蜂的巢。它们不会为自己住所的隐蔽性担心，也不会为周围没有遮挡的地方而担忧，因为它们不像其他同伴那样怕冷。

黑胡蜂也懂得经济学，它们总是会在第一个蜂房的屋顶上再接一个蜂房，这样可以叠加五六层，有时候会更多，这样的话两个蜂房就可以共用一层隔板，真是又省料又省工。

动物们是否真的具有审美观呢？蜂巢顶部的那个出口如果是一个普通的洞，也丝毫不妨碍这些昆虫的出入。那它们为什么不惜耗费更多的时间和精力来建造一个别致的出口呢？而且，它们选择的为圆顶外部砌面的砾石，也都是大小均匀、表面光滑的半透明石英砾石。更让人不可思议的是，蜂巢的圆拱顶上镶着几粒空蜗牛壳，那些蜗牛壳已经被太阳晒白了，排列在屋顶，简直好看极了。

而一些其他的动物也有装饰自己家园的爱好。比如喜鹊，还有澳大利亚的一种大亭鸟。大亭鸟会在自己巢的门槛上放一些闪亮光滑的彩色东西——像鹦鹉的羽毛、彩色的贝壳、光滑的小石头等，甚至还有人类丢弃的金属纽扣、漂亮的碎花布等。这些装饰物对于小鸟来说，似乎并没有什么实际的用途，它们只不过有这种收藏“艺术品”的爱好。

说完了黑胡蜂修建的蜂巢，我们再来谈一谈它们的饮食。黑胡蜂完全继承了祖先的饮食习惯，主要吃一些小毛虫。这些小毛虫是淡绿色或者淡黄色的，身上还长着白色的短毛。

果仁形黑胡蜂在饮食上有自己的偏好。它们的猎物是一种淡绿色的、长约七毫米的毛虫。这种毛虫节段的结合处能很明显地收缩，在中部节段上排列着两行具有眼状斑的苍白色乳晕，乳晕中央有一个黑点，黑点上面有一个黑色的纤毛。但是在第三、四节段及倒数第二个节段上，每个乳晕上有两个黑点和两个黑色纤毛。毛虫的头部有棕

色的斑点，比身体其他部位的要宽。

对于黑胡蜂来说，食物的数量要比质量重要得多。在黑胡蜂的蜂房里，有的有五只毛虫，有的则有十只。不同蜂房内储存的食物数量竟能相差一倍之多。这是因为，黑胡蜂发育完全后，雄蜂要比雌蜂的身体小，其重量和体积都只有雌蜂的一半，所以食物的数量也理所当然地是雌蜂所需食物数量的一半。从这里我们就可以推断出，那些食物数量多的蜂房应该是雌蜂居住的，而食物较少的就是雄蜂的房间了。

雌蜂似乎事前就知道自己要产下的卵的性别，它在每个蜂房里储藏好了相应数量的食物，然后再产下卵，这让我们人类深感惊奇，难以置信。如果这还不足为奇，那就来看一下黑胡蜂幼虫那令人称绝的防御武器吧。黑胡蜂的幼虫孵化出来后一天天长大，它们和卵一样是倒着悬挂在自己房间的天花板上的。幼虫垂直于天花板，吊挂在一根细线上。在就餐的时候，幼虫头朝下，小心翼翼地搜寻毛虫松软的肚子。这时，如果它轻轻地触动一下那条快要断气的毛虫，毛虫就会又动弹起来，黑胡蜂幼虫便立刻抽回身子，没有被慌乱扭动的毛虫卷起来。原来悬挂黑胡蜂幼虫的那根细线是一个套子，就像是一个通道，幼虫可以通过这个通道爬到天花板上去。黑胡蜂幼虫只要发现下面有一点危险，就会立即撤退到那个套子里，然后爬到隐蔽的天花板处。

不过等幼虫再长大一些，就可以动用武力和毛虫一搏了。那时它会把那个套子扔到一边，干脆降到毛虫的身上，大摇大摆地吃上一顿。

红蚂蚁

很多动物都能从很远的地方返回自己的家。人们通过研究证明：这些动物的身上应该有一根“磁针”，可以感应地磁。有了这根磁针的指引，这些小动物们就会回到自己的家。

红蚂蚁是膜翅目昆虫，它们的衣食住行都是靠别人来替它们完成的。它们经常会对其他种类的蚂蚁实施抢劫，把人家的蛹运到自己的窝里。等那些蛹蜕掉了皮，就沦为红蚂蚁的奴婢，为它们养儿育女、寻找

食物。

六、七月份的时候，天气非常炎热，红蚂蚁们便在下午时分从自家的巢穴出发，雄赳赳、气昂昂地列队前行。

红蚂蚁的队伍有五六米长，它们一路前行，一路寻找着目标。穿过园子里的小径，又钻进一大堆枯树叶，经过长途跋涉，它们终于发现了黑蚂蚁的巢穴，于是一哄而上，钻进去，接着就是一场厮杀。

最后，红蚂蚁们大获全胜，它们用大颚咬住黑蚂蚁的蛹，开始急匆匆地往回赶。红蚂蚁们出征的道路并不平坦，是弯弯曲曲、极为坎坷艰险的。但是当红蚂蚁们回巢的时候，它们仍然会按原路返回。

有一天我发现一群红蚂蚁出去抢劫，它们排着队走在池塘边，呼呼的北风向着它们猛刮，有一些红蚂蚁被吹进了水里，被池塘里的金鱼吞食了。我想，等它们回来时就不会再从此处路过了吧。可是，我发现那些抢劫成功的红蚂蚁们口里衔着蚁蛹，仍然义无反顾地走上了这条危险的路，结果又有许多红蚂蚁被北风吹入了池塘。

是什么指引红蚂蚁找到回巢的路呢？有人认为它们是靠嗅觉来指引的，我想做几次实验，来验证一下。

看到一群红蚂蚁出征了，我忙让我的小孙女把白色粉末撒在红蚂蚁们要走的路上，这样可以做些记号。红蚂蚁们往回走时，我用大扫帚把它们走过的那条路全部扫干净，路面上再撒些其他的材料。我又把这条路的入口处分割成差不多等距的四个部分。红蚂蚁队伍来到了第一个分割处，它们看上去很犹豫，都聚在一起不敢前行。经过一阵喧闹，有几只红蚂蚁壮着胆子越过分割处，走上了我扫过的那条路，其他的也紧随其后。还有一些红蚂蚁绕了个弯，也走上了那条路。在接下来的几个分割处，红蚂蚁们的反应也是相同的。这个实验似乎可以说明嗅觉起到了作用。几天后，我又想了另外的办法来破坏红蚂蚁们回家的路。我用大量的水冲刷了红蚂蚁们走过的路。红蚂蚁们回来时，在我制造的障碍面前犹豫了很长时间，它们又凑到一起，好像议论了一阵子，又有几个勇士走进了水流，想利用露出水面的小卵石渡过急流。最后，它们利用几根麦秸还有一些枯叶，摇摇晃晃地渡过了水流。而且它们都是从原来的路线渡过的。经过急流冲刷的道路应该没有什么气味了，所以，气味似乎并不会给它们什么帮助呀。

接下来的实验中，我把一些报纸横铺在路的中间，并用几块小石头压住。当红蚂蚁们来到我为它们铺设的新道路前时，比前几次实验时显得更加犹豫了。它们从各个方向来打探着地形，最终还是尝试着走上了这条用报纸铺的路。我又用一层黄沙把那条路截断，把原来那浅灰色地面埋在下面，红蚂蚁们在此犹豫了很长一段时间，最后还是越过了障碍，找到了原来的路。铺上报纸和沙子的道路并没有改变原来的气味，那红蚂蚁们为何也会有所犹豫呢？这也可以说明：并不是嗅觉使它们找到回家的路。

多次实验可以证明，红蚂蚁们是靠视觉指引着回到家的。每一次实验都改变了它们原来路线上的景色，它们也总是会犹豫不决。但是，它们经过反复察看，其中总有几只眼力好的会认出前面有些地方是它们所熟悉的，于是毅然前行，而后面的一大群便跟随着走上了真正的归途。不过，红蚂蚁们的视力范围非常狭隘，所以仅靠视力指引，是远远不够的。它们还要靠着非常好的记忆力。有一次，我看到红蚂蚁部队猎捕蚁蛹回来，便把一片树叶放在一只蚂蚁的面前，让它爬到上面去，然后把树叶连同那只红蚂蚁一起运到离它们的部队有两三步远的地方。这个地方是红蚂蚁们不曾探寻过的地方，所以对它来说应该是很陌生了。再看这只红蚂蚁，它在地上东走几步，西走几步，朝着各个方向探索。它的嘴里叼着猎物，无助地在一个很小的范围内打着圈，看来它是迷路了。

看来红蚂蚁并没有像石蜂等其他膜翅目昆虫所具有的指向感觉，它只是靠着视力和记忆寻找回家的路线，并按照原路返回。要是到了陌生的地方，它们便会不知所措了。

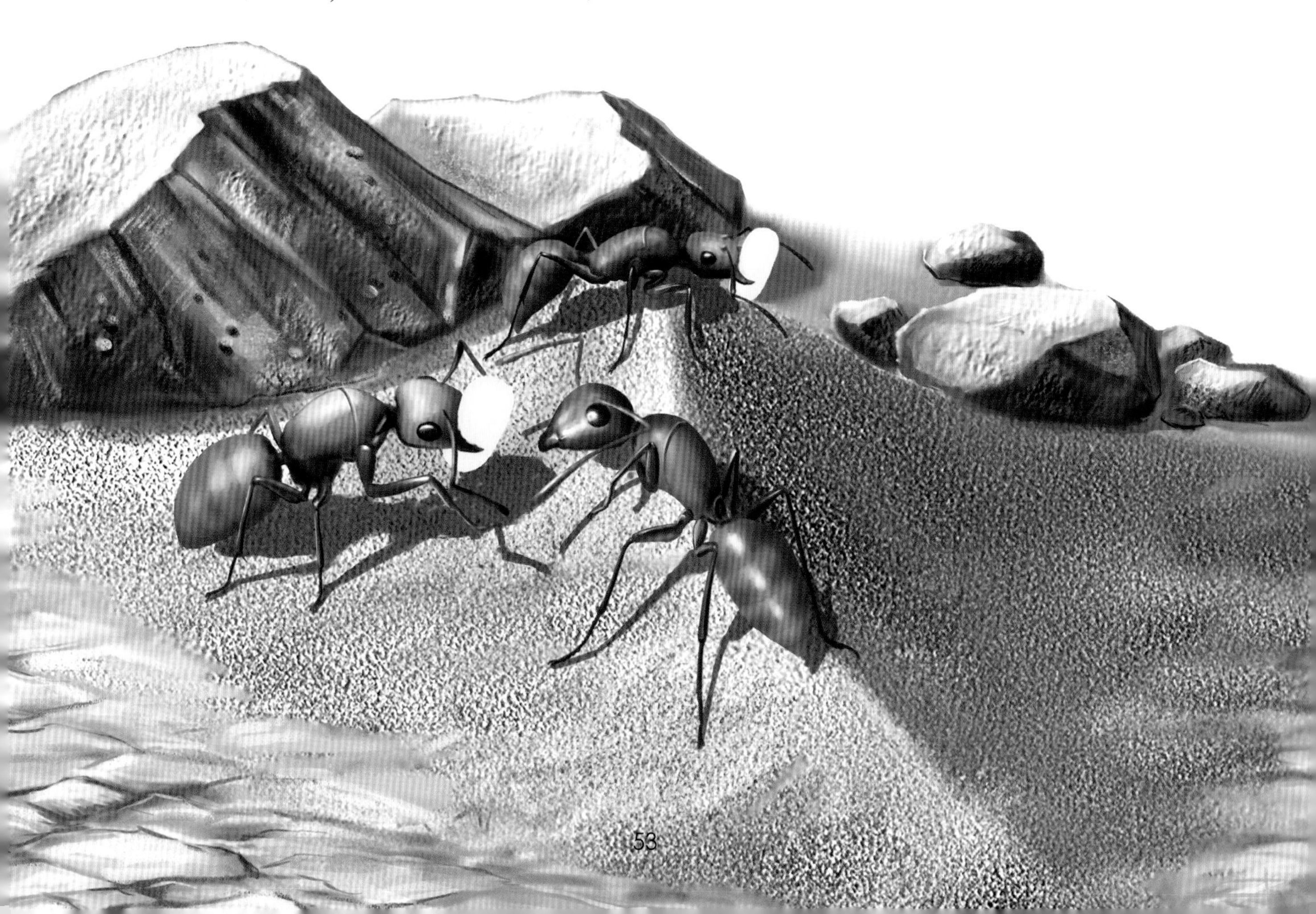

狼蛛

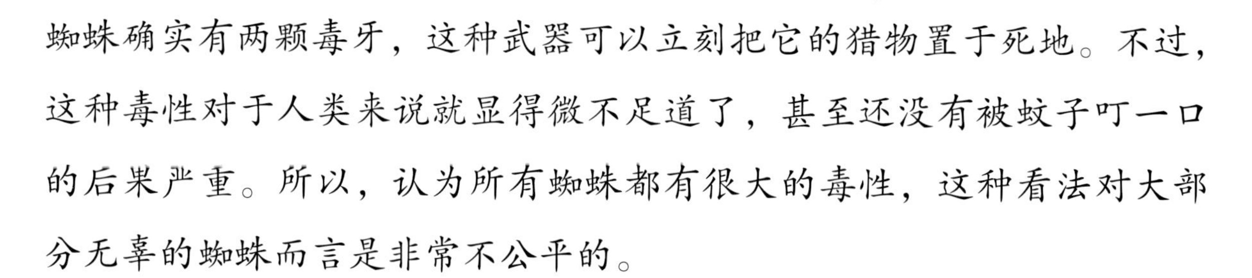

人类对蜘蛛的印象从来都不是很好，很多人都认为蜘蛛是一种很可怕的动物，这也许是因为它那狰狞恐怖的外表令人看了不由得心惊肉跳。而且，人们还认为蜘蛛都是有毒的，所以总是对它敬而远之。蜘蛛确实有两颗毒牙，这种武器可以立刻把它的猎物置于死地。不过，这种毒性对于人类来说就显得微不足道了，甚至还没有被蚊子叮一口的后果严重。所以，认为所有蜘蛛都有很大的毒性，这种看法对大部分无辜的蜘蛛而言是非常不公平的。

但是，有少数种类的蜘蛛确实是有剧毒的。意大利人曾流传一种说法：人被狼蛛刺一下就会痉挛，从而疯狂地跳舞。要想治疗这种病，没有什么灵丹妙药，只有音乐，而且仅有固定的几首曲子特别灵验。这种说法听起来似乎非常可笑。不过，仔细想想还是有点道理的。狼蛛的毒使人精神失常，而只有音乐才能使人镇静下来，剧烈地跳舞又可以让人大量地出汗，也就可以把身体里的毒很快地排出来，从而恢复常态。

我们这一带便有最为厉害的黑腹狼蛛。我们可以通过观察它，了解蜘蛛的毒性有多大。我养了几只黑腹狼蛛，它们的腹部长着黑色的绒毛和褐色的条纹，腿上有一圈圈灰白相间的条纹。狼蛛最喜欢待在干燥的沙地里，我的一块荒地正好符合它们的要求。那一片沙地上有二十多个黑腹狼蛛的洞穴，狼蛛的洞穴就是用它们的那两颗毒牙挖成的。这个洞一开始是直的，往深处延伸时便渐渐弯曲起来，洞口的边缘还有一堵矮围墙，那矮墙是用稻草、小石子和一些杂物的碎片建成的。我每次朝它们的洞里望去，总能看到四只大眼睛，它们都闪着钻石般的光芒。

我打算捉几只狼蛛来进行观察，于是找来一只土蜂作诱饵。我把土蜂放在一个瓶子里，这个瓶子的口和狼蛛的洞口一样大。我把瓶口罩在狼蛛的洞口上。里面的土蜂先是在瓶里乱飞乱撞，后来发现了那个洞口，便飞了进去。这时，洞里的狼蛛见到有情况，便匆忙地往外赶，于是和那只土蜂在洞的拐弯处相遇。很快，便听到洞里传来一声惨叫，然后就是很长一段时间的沉默。

我把瓶子挪开，然后用钳子伸进洞口，把那只死土蜂揪了出来。狼蛛当然不甘心这到了嘴边的肥肉溜走了，所以，它不顾一切地跟出了洞口。我赶紧用石子把洞口堵住，这时，狼蛛有点惊惶失措了。我很快用一根稻草将它拨进一个纸袋。使用同样的方法，我又捉了一群狼蛛。

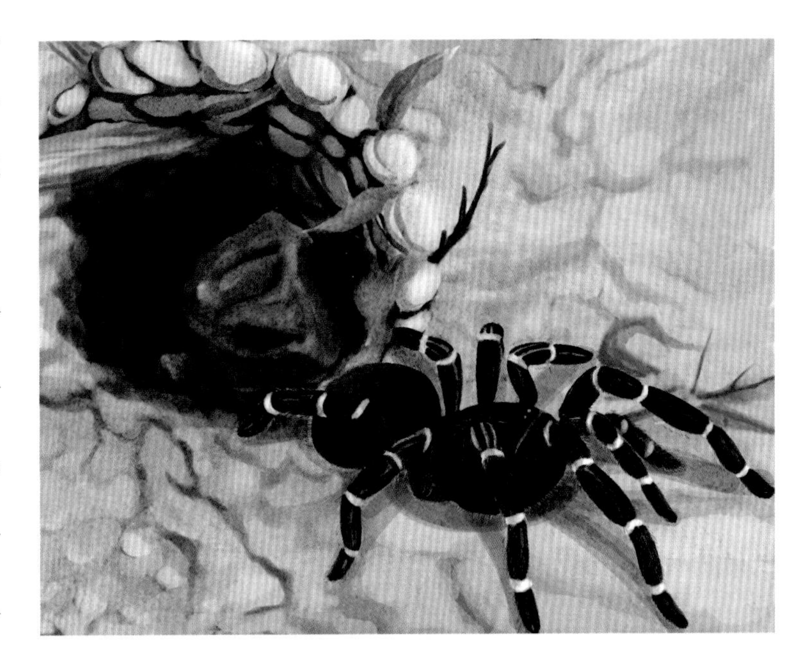

狼蛛只吃新鲜的食物，它一捉到猎物便会把它杀死，然后立即吃掉。然而，要想得到鲜活的猎物，对于狼蛛来

说也并不十分容易。牙齿坚硬的蚱蜢和带毒刺的蜂都有可能飞进狼蛛的洞，而狼蛛的武器只有它的那两颗毒牙，可是这与蚱蜢和蜂的武器较量起来也并不一定能占上风。

我已经看到了狼蛛生擒土蜂，但是，我还想看看它与别的昆虫作战的情景。于是我找来一只木匠蜂，这应该是一个强大的对手。木匠蜂全身长着黑绒毛，翅膀上嵌着长长的丝线。木匠蜂的刺很厉害，若是被它刺到，不但会感觉很痛，还会肿起一块，肿块要很长时间才能慢慢消去。

我把一只木匠蜂放入瓶子里，然后把瓶口罩在狼蛛的洞口上，木匠蜂在玻璃瓶里嗡嗡地叫着，这声音惊动了洞里的狼蛛，它从洞口爬了出来。不过，它爬出半个身子，看看四周，然后在那里静静地待着，并不敢贸然行动。过了三十多分钟，那只狼蛛竟又回到洞里去了。于是，我又到别的洞口去试。终于有一只狼蛛，它好像是太饥饿了，一听到洞口外面有动静，便猛地一下冲了出来。一眨眼的工夫，那只强壮的木匠蜂就已经死了，战斗便以此而告终。狼蛛的毒牙刺到了木匠蜂头部的后面，这里应该是木匠蜂的致命之处，要不它为何连最后的一点挣扎都没有呢？狼蛛难道有一种特殊的本领，可以知道哪里才是对手的要害吗？

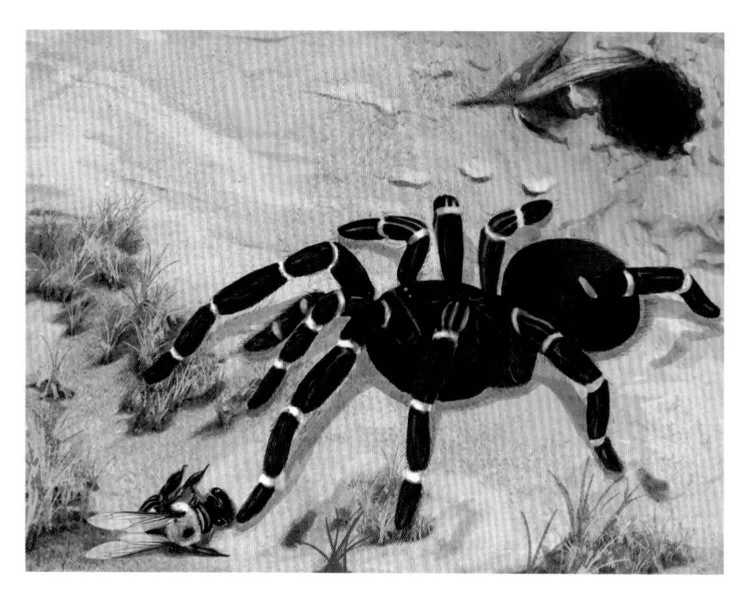

在后来的几次实验中，狼蛛也总是能干净利落地把对手干掉。它们先是在洞里静静地观察洞口的猎物，迟迟不敢出击。但是，一旦等到机会，只要土蜂的正面对着它，狼蛛便会立刻出洞，以迅雷不及掩耳之势用毒牙刺向猎物的头部。

狼蛛的毒素是很厉害的。有一次，我让一只狼蛛去咬一只羽毛未丰的幼小麻雀。那只麻雀受伤后，流出一滴血。它的伤口有一个红红的圈，一会儿，那个圈又变成了紫色。小麻雀只能用另一条腿蹦跳着前行，那条受伤的腿已经使不上劲了。不过小麻雀的胃口还是很好的，我喂了它一些苍蝇、面包和杏酱，它都吃了。照这样看来，这只小麻雀很快便可以痊愈了。十几个小时过去了，一切都还很正常，小麻雀的情况依然很乐观。

可是，又过了两天，小麻雀便不再进食了，它的羽毛凌乱了，身体缩成一团，还不时地发出一阵痉挛。之后，它痉挛的频率越来越高，最终还是离开了这个世界。

后来，我又在田野里捉住了一只鼹鼠，并想用它再来做一次试验。我把捉来的鼹鼠放进笼子里，喂它一些甲虫、蚱蜢，没几天它就长得又肥又壮。我让一只狼蛛跟它亲密接触，那狼蛛咬了鼹鼠的鼻尖。鼹鼠被咬之后，就不停地用它的爪子挠自己的鼻子。它的鼻子开始慢慢地腐烂。鼹鼠被咬的第一个晚上就开始食欲不振了，它行动迟缓，好像全身都不舒服。第二天晚上，鼹鼠就滴水不进了。又过了一天，鼹鼠就死了，笼子里还有很多的虫子，这说明它并不是饿死的。

看来，狼蛛的毒牙不仅可以使昆虫致死，就是大一点的小动物，也会在它的毒素作用下，很快结束性命。麻雀、鼹鼠的体积要比狼蛛大得多，可都未能幸免。所以，当你遇到狼蛛的时候，可要小心了，千万不能被它咬到。

狼蛛是一个很厉害的角色，它的毒素让你有些害怕了吧？不过，

这种可怕的狼蛛却非常爱护家庭，这一点也许会让你改变一下对它的印象。

八月里，有一个清晨，我看到一只狼蛛正在地上织网，那网和手掌差不多大。这个网既不精细也不美观，不过很牢固。网织好后，狼蛛又在上边用最好的白丝织成一小片席子，那席子有一枚硬币那么大。狼蛛又把席子的边缘加厚，使它成为一个碗的形状，碗的周沿有一条又宽又平的包边。然后，狼蛛便在里面产下卵，接着又用丝将卵盖好。那样子，看上去就像一个圆球放在一条丝毯上面。狼蛛又用后腿将攀在圆席上的那些丝抽出来，把圆席的边卷上来，盖住中间的球，这就形成了一个袋子。之后，它会用牙齿和后腿，用力将藏着卵的袋子从丝网上拉下来。

这个袋子是一个白色的丝球，跟樱桃差不多大，摸上去又很软又很黏。这个袋的中央有一道折痕，这道折痕便是圆席的边。圆席把袋子的下半部都包住了，而上半部则是狼蛛的幼虫出来的地方。狼蛛的袋子里除了卵，就没有其他什么东西了，不像条纹蜘蛛那样里面有红色的柔软绒毛。因为，狼蛛的卵在冬天来临之前就已经孵化出来了，所以，不必担心寒冷的气候会对袋子里的卵产生什么影响。

雌狼蛛花了一早上的时间才把这个袋子编织好，之后，它便抱着这个宝贝小球，静静地休息起来。到第二天早上，雌狼蛛就把那个小球挂到自己身后的丝囊上。

在未来的三四个星期里，雌狼蛛就一直拖着那个沉重的袋子。当夏天就要结束的时候，雌狼蛛就会带着它的小球爬到洞口，然后静静地趴在那里。此时，它的后半身在洞外，前半身还在洞里。它用后腿将小球举到洞口，还轻轻地转动它，好让它的每一个部分都充分接受阳光的照射。就这样，直到太阳落山，它一直在洞口趴着，耐心地做着这项工作。这项需要耐心的工作并不只需要一两天，而是在接下来的三四个星期里，每一天都要坚持做。这就像母鸡用体温来孵蛋一样，狼蛛则要让自己的卵长时间吸收太阳的热量来孵化。

小狼蛛在九月初的时候就可以出巢了。当它们准备从巢里出来的时候，小球就会沿着那道折痕裂开。小狼蛛出来以后，就会爬到雌狼蛛的背上，它们紧紧地挤在一起，大约有二百多只，雌狼蛛身上就像是包了一块树皮。这时，那个装卵的袋子也自动从丝囊上脱落，被抛在一边。

小狼蛛们在雌狼蛛的背上乖乖地待着，雌狼蛛就背着它们到处去逛，或者在外面晒晒太阳，或者回到洞里休息。

三月的时候，雌狼蛛还在洞里背着那些小狼蛛。这样看来，小狼蛛们在雌狼蛛的身上至少要待上五六个月。

雌狼蛛背着小狼蛛们出征，这对那些小东西来说应该是很危险的。因为，它们难免会被路上的草叶、枝条拨到地上。而雌狼蛛要照顾几百只小狼蛛，它会不会注意到掉在地上的小狼蛛呢？它会不会帮那小狼蛛重新爬到自己的背上呢？

我在实验室的泥盆里，养了几只狼蛛，并对它们进行了细致的观察。当我用笔将一只雌狼蛛背上的小狼蛛刮下来时，那只雌狼蛛并没有什么反应，它仍若无其事地往前走，丝毫没有要帮助那些小狼蛛的意思。那些落在地上的小狼蛛在沙地上爬了一会儿，便陆续攀住母亲的脚，然后顺着脚往

雌狼蛛的背上爬。不一会儿，它们就一个不落地齐聚到母亲的背上了。看来，这些小狼蛛很会照顾自己，它们不需要雌狼蛛为它们费太多的心。

小狼蛛们通常会在雌狼蛛背上待上五六个月的时间，那么这段时间内它们吃不吃东西呢？雌狼蛛会不会把自己猎取的食物分给自己的孩子吃呢？经过观察，我发现雌狼蛛一般都是在洞里吃东西，偶尔也会到洞口，在新鲜的空气里用餐。所以，这时我便有机会看到它吃东西的情景。雌狼蛛在吃东西的时候，那些小狼蛛在它的背上一动不动，似乎那美味对它们没有丝毫的诱惑力。雌狼蛛狼吞虎咽地把食物吃得一干二净，看上去也没有给孩子们留一点的意思。

那么在这五六个月的时间里，小狼蛛们是靠什么来维持生命的呢？会不会是从雌狼蛛的皮肤里吸收营养的呢？可是根据我的观察，那些小狼蛛并没有将嘴巴贴在雌狼蛛的身上吮吸，雌狼蛛也没有因为失去营养而变得消瘦，它甚至比以前更健硕了。

如果说那些小狼蛛以前在卵里便吸取了养料，但是那些养料也太微乎其微了，似乎难以维持小狼蛛那么长时间的生命所需。所以，小狼蛛们的身体里一定有另一种能量。

如果小狼蛛们始终一动不动，那就很容易理解它们为什么不需要

食物，因为完全静止就相当于没有生命，所以也就不耗费能量，就不需要养料。然而，事实并不是这样，它们虽然常常趴在雌狼蛛的背上，但当它们被草叶拨到地上时，又会迅速地运动起来，爬回到雌狼蛛的背上，所以，它们并不是像冬眠一样完全处于静止状态。

动物只要运动就要消耗能量，消耗的能量又必须从别的地方得到补偿。虽然小狼蛛们在雌狼蛛背上的五六个月时间里，身体并没有长大，但是它们还是在运动的，而且运动得很敏捷，它们一定是从什么地方取得了产生能量的食物。

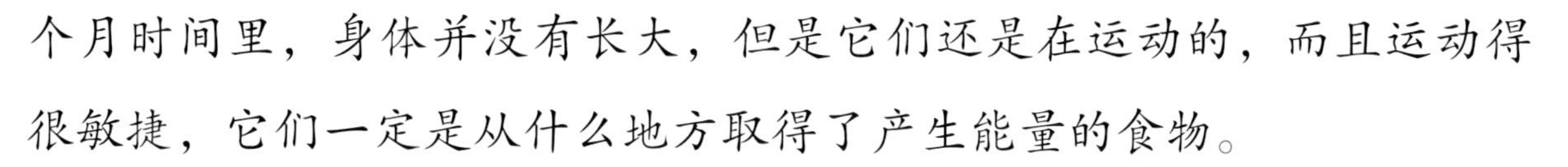

不管是植物还是动物，大家归根结底都是靠着太阳的能量来生存的，那些能量储存在一切可以作为食物的东西里。太阳是能量的最高赐予者，有了太阳，地球上才有了生命。所以，除了通过进食来获取和增加能量，动物们会不会直接接受太阳的照射，而在自身体内产生能量，就像蓄电池充电那样呢?

据此推想，将来我们可以通过人工食物来维持生命。那个时候，所有的农田都变成了工厂和实验室，化学家们的工作就是配置人工纤维食物和其他可以产生能量的食物；物理学家们则设计一些精巧的仪器，通过它们将太阳能直接注射到我们的身体里。那样我们就可以不吃东西，只要吸收太阳的光线就可以获得能量，从而维持生命，进行各种活动了。那将是一个多么奇妙的世界啊!

到三月底的时候，小狼蛛们就该跟母亲告别了。这个时候，雌狼蛛常常会在洞口的矮墙上蹲着，它好像早就预料到有离别的这一天，所以很坦然地任由那些孩子们离去。自此以后，那些小狼蛛的命运便真正由自己把握了，雌狼蛛再也不需要对它们负任何责任了。

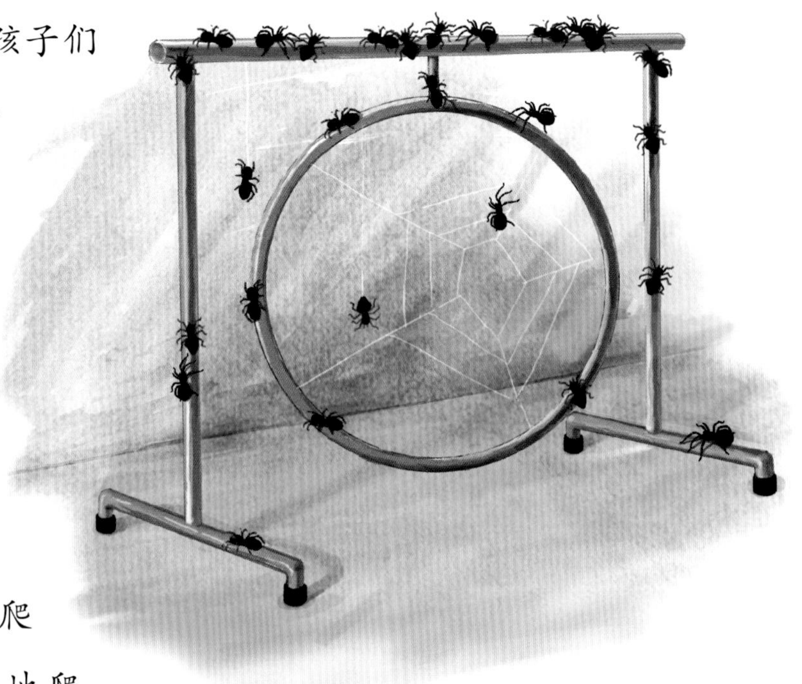

小狼蛛们三三两两地从雌狼蛛的身上爬下来，它们先在沙地上爬一会儿，接着就急匆匆地爬到我的实验室的架子上。与它们的母亲喜欢住在地下的习性恰恰相反，这些小狼蛛喜欢往高处爬。那个架子上有一个竖着的环，小狼蛛就顺着这个环爬到了架子上。就在那里，小狼蛛们开始快活地抽着丝、搓着绳。只见它们的腿在空中不停地伸展着，看样子它们还想爬到更高、更远的地方。

我明白了它们的心思，便又在环上插了一根树枝。那些小狼蛛立即顺着树枝往上爬，直至爬到那根树枝的顶梢。在那里，它们又放出丝来，攀在周围的物体上，很快就搭成了一座吊桥。

小狼蛛便在那座吊桥上走来走去，看起来十分忙碌。但是它们此时似乎并没有满足，还一个劲儿地想往上爬。于是，我又在架子上插了一个很高的芦梗，芦梗的顶端还有几根细枝。那些小狼蛛发现了这根芦梗后，便迅速地攀爬了上去，一直到了细枝的末梢，它们又大张旗鼓地抽丝、搭桥。不过，它们这回抽出的丝非常细，要不是有阳光的照射，是很难看清楚的。这种丝不仅细还很长，在空中飘荡着，只要轻轻地吹上一口气，它就会剧烈地抖动起来，那些小狼蛛在上面便好像是在随风舞动。

忽然，一阵微风吹来，那细丝被吹断了，断下来的丝便在空中随风飘扬。小狼蛛吊在断了的丝上，也跟着荡来荡去，一直等到风停了才能着陆。如果风再大一些的话，小狼蛛和那断了的丝便会被吹到很远的地方，并且小狼蛛在那个陌生的地方重新登陆，然后安营扎寨。

小狼蛛们爬到高处忙碌地抽丝、织网，这种情形会持续好多天。不过，一般都是在天气晴朗的时候，它们才热火朝天地工作。到了阴天，它们就会慵懒地躲在一旁，动都不想动，大概是没有阳光提供能量，它们就不能精力充沛地自由活动了吧。

不久，那些小狼蛛就纷纷离开了这个庞大的家族，它们随着飘荡的丝分散到各个地方。而那个曾经背着一大群孩子的雌狼蛛此时已变得孤苦无依。不过，它并没有因为失去孩子们而感到痛苦和沮丧，倒是像卸去了沉重的负担，变得轻松起来。它又精神焕发地到处去觅食了。此后不久，它就会做祖母了，再过一段时间还会做曾祖母，这完全是有可能的，因为一只狼蛛的寿命能长达好几年。

从前面的观察中我们可以看出，小狼蛛在刚离开母亲的背时，有一种攀高的本能。不过，等流浪了几天以后，它们便不再兴致勃勃地攀高了，而是开始在地上挖洞。

此后，它们也不会爬到很高的地方去了。而它们一开始那样轻松地爬到高处，只不过是想在尽可能高的地方搭上一根长长的丝，然后借着风力，让自己飘到远处，在那里安一个新家而已。

高明的猎手

步甲蜂是一种膜翅目昆虫，这个名字在希腊文中有“快，敏捷，速度”之意。虽然步甲蜂算得上敏捷的掘洞者和迅猛的狩猎者，但在这方面它并不是出类拔萃的。如果让我给步甲蜂起个更贴切的名字，让人一提起它就能想起其主要特征，我可能会给它这样命名——喜欢蝗虫的虫子。

在步甲蜂眼里，最美味的食物非蝗虫莫属。这种对蝗虫的喜好代代相传，直到永远。据我所知，在我生活的地区有五种步甲蜂，它们分别是装甲车步甲蜂、跗猴步甲蜂、弑螳螂步甲蜂、黑色步甲蜂及弃绝步甲蜂。

装甲车步甲蜂数量比较稀少，它们喜欢在土坡或小路两旁挖洞，洞

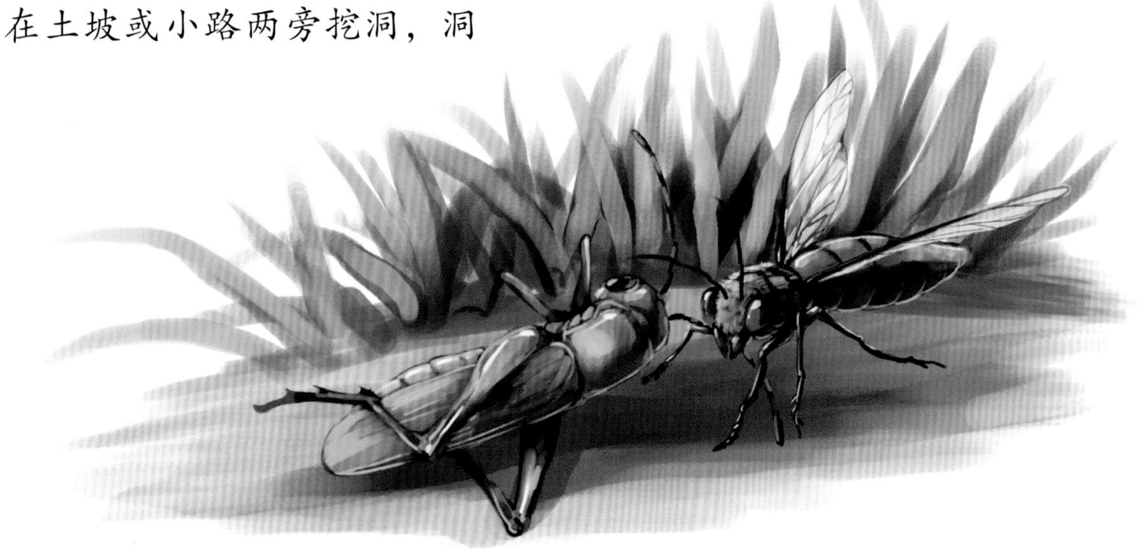

最多只有一寸深，洞与洞之间相互分离。它们的猎物是一种蝗虫的成虫，成虫体形一般。装甲车步甲蜂捕捉猎物时，会先将其麻醉，然后抓住猎物的触角，将它们拖到巢边放下，将猎物的头朝向洞口。外出捕猎前，装甲车步甲蜂会用石板和细砂岩盖住洞口，以防路过者侵犯，或土坍塌把洞口堵住。捕猎归来，装甲车步甲蜂会先清扫居所的入口，独自进去，然后再把头伸出来，抓住猎物的触角，倒着将其拉进去贮存好。我决定逗一逗这种虫子：当步甲蜂在地下时，我将猎物移远，这时，步甲蜂伸出头，发现猎物没了，只好走出来，重新抓住蝗虫，然后再次放到门口，独自进入洞穴。等它刚一转身，我又将猎物移远，步甲蜂还会重复这样的动作。无论实验重复多少次，它始终坚持独自进去。它的这种做法是源于种族的习惯，尽管这样会使它蒙受损失，但它依然忠于这种传统。

每个装甲车步甲蜂的洞里只有一只猎物，步甲蜂会将卵产在猎物的胸部，产完卵后，洞穴的入口会被堵住。开始使用砾石，以防房间里会发生土石塌方；然后还要铺上一层尘土，将地下居所遮掩得严严实实。做完这些，步甲蜂就会到别的洞去，再也不会回来了。

步甲蜂从卵孵化成幼虫，再从幼虫变成茧，这一发育过程很快。通常，它的茧上会裹着厚厚的一层沙子，摸起来硬硬的。这种用丝混合着其他材料的结茧方式，是某一类昆虫共有的属性，但和装甲车步甲蜂有同样食性的飞蝗泥蜂并不是如此，它们只是简单地织丝。

跗猴步甲蜂的身材娇小，穿着黑衣，腹节边缘还镶着几道细绒银色缎带，它们常常成群结队地聚集在软质砂岩的峭壁上。它们通常会在八、九月工作，如果挖掘工作比较轻松，它们的洞总是一个连着一个。所以，如果你能找到它们的居所，就能发现一大串茧。

跗猴步甲蜂以蝗虫为食，但由于蝗虫成虫对跗猴步甲蜂的幼虫来说过于坚硬，所以它们的粮食是蝗虫幼虫。这些蝗虫幼虫长度在六到十二毫米之间，翅膀刚刚长出来，背上光秃秃的，就像某种窄礼服的短垂尾。每个蜂房里都会有二至四只蝗虫幼虫，这样才能满足跗猴步甲蜂幼虫的进食需要。

弑螳螂步甲蜂也有和装甲车步甲蜂一样的红带，它们以螳螂幼虫为食，主要是欧洲螳螂。

黑色步甲蜂在我居住的地方很常见，我只知道它们会用蟋蟀喂食幼虫，除此之外，我对它们一无所知。黑色步甲蜂以成虫形态过冬，它们会离开隐居所，去光秃秃的小陡坡里安家。在冬天，只要你看到土层上面布满了通道，就说明这里是它们经常出没的地点。如果天气晴好，气温高，它们便在一、二月从隐蔽处出来，来到斜坡表面晒个日光浴；如果阴云密布，气温下降，它们就会回到冬季的御寒所里。

弃绝步甲蜂是种族里的巨人，肚皮上也有一条红带，它们总是单独出现，像土蜂一样在地下狩猎。在地下，它们所行走的道路并不是自己挖掘的，而是蝼蛄的杰作。膜翅目昆虫并不喜欢在地下远行，弃绝步甲蜂之所以这样做,就是为了寻找蝼蛄,用它们来喂养自己的孩子。蝼蛄成虫肉质较老，所以蝼蛄幼虫才是弃绝步甲蜂所选的猎物。

从上述各种步甲蜂的食物来看，我最初说步甲蜂喜欢蝗虫并不准确，同一种族所选的食物并不会完全一致，甚至同一个步甲蜂洞穴里的食物种类也会有所不同。比如弑螳螂步甲蜂会把附近所有螳螂都看作猎物。

我见过弑螳螂步甲蜂储存有三种螳螂，按照数量由多到少排列，分别是欧洲螳螂、灰螳螂和椎头螳螂。欧洲螳螂全身是绿色的，前胸很长，步伐轻快。灰螳螂为蜡灰色，前胸较短，步伐沉重。椎头螳螂长相较为古怪，孩子们把它称为“小鬼虫”，它的样子确实也很符合这个名字：它的肚子平平的，边上有齿形的纹饰，形成拱形；椎形的头上有两个匕首似的角，小而尖的脸很像魔鬼的狰狞面孔；长长的腿在关节处有迭层的附属器官；身体高高地立着，腹部回卷，胸节竖直，用于战斗捕猎的前腿紧贴着前胸。

弑螳螂步甲蜂把家安在一个细沙沙丘里，我曾经挖开这个沙丘，挖出了几只弑螳螂步甲蜂的幼虫。当时正值七月初，虫子们工作得热火朝天。那里有一百多只雄蜂，它们有的在挖土，有的正捕猎归来。它们的洞彼此挨得很近，整个覆盖面积大概有一平方米。弑螳螂步甲蜂习惯群居，但装甲车步甲蜂却像砂泥蜂一样，喜欢独居。

当暑气变得酷热难耐时，弑螳螂步甲蜂开始外出捕猎，从捕猎场到居所很近，所以它们常常只要飞出一会儿就能把猎物带回家。飞行时，它们总是提着猎物的前部，使螳螂的腿在身体后面拖着，而不是折起来，否则就无法进入狭窄的通道。

通常，弑螳螂步甲蜂要通过损害神经来麻醉猎物，这样可以不伤及猎物而吞食新鲜的。螳螂的前胸有三个大大的神经块，前面是一个单独的神经块，后面一厘米处有两个贴得很近的神经块，这三个神经块和腿的分布一致。单独的那个神经块是最大，也是最重要的，因为它掌管着螳螂的武器——两只呈锯齿状的有力的手臂。

面对敌强我弱的情况，要想彻底解除猎物的所有防范性动作，首先要做什么呢？螳螂的前臂是真正的战斗武器，当它弯起来夹住对手时，就会立刻把其切得粉碎；如果对方碰到了末端的大刀，就会被切腹。所以，首先要制伏的就是这对隐藏着巨大危险的武器。

弑螳螂步甲蜂的螫针第一下应扎在猎物凶残的前腿，这种做法很危险，所以不能有任何犹豫，要一步到位，否则就会被“剪刀”夹住。对弑螳螂步甲蜂而言，螳螂的另外两对腿毫无威胁，但对它的卵而言，作为粮食的螳螂需要完全无法动弹才行。此时，螳螂已经失去了战斗力，弑螳螂步甲蜂可以很轻松地实施后腿的神经麻醉手术了。它要后退很大一段距离，当退到第二、三个神经块时，再在上面戳上两针。

让弑螳螂步甲蜂当着我们的面进行手术一点儿也不难，只要取走它刚捕获的猎物，代以一只类似大小的未被麻醉的螳螂就可以了。我趁着弑螳螂步甲蜂在捕猎途中休息时，亲自试验了一次。

当发现具有反抗能力的替代物后，原本默不作声的弑螳螂步甲蜂发出了嗡嗡的声响，始终跟在猎物身后飞翔，像钟摆似的快速来回摆动，看起来似乎是在示威。螳螂则肆无忌惮地四腿着地，竖立着前半身，将它的大剪刀不断地一开一合，也在示威。它的头一会儿朝这边转转，一会儿朝那边转转，紧紧地盯着进攻者，等待随时进行反击。弑螳螂步甲蜂继续在后面摆动着，以防可怕的猎物将它抓住。猛然间，它发现螳螂被自己快速的动作转晕了头，便迅疾地扑到螳螂的背上，用上颚咬住猎物的颈部，用腿钩住其胸部，快速地刺上一针——就在危险的前腿那儿。

大功告成！螳螂那致命的大剪刀无力地垂落下来，手术者像从一根桅杆上滑下来那样，从螳螂的背上一路往下退，退到大约一指宽的距离后，它停下来再次对着猎物的两对后腿实施麻醉。手术彻底完成后，患者一动不动地躺在地上，只有跗节还在颤动，一下一下地抽搐着。

弑螳螂步甲蜂擦擦翅膀，将触角放进嘴里打磨，没一会儿，它调整好状态，便牢牢拖住猎物的颈部，将其带走了。

昆虫凭着本能，便掌握了人类解剖学和生理学方面的技能。本能是先天的产物，是拜上帝所赐的，它与我们费力获得的知识不相上下。

最令人震惊的，就是弑螳螂步甲蜂第一针之后的后退。比起毛刺砂泥蜂做手术时一步一步的精细安排，弑螳螂步甲蜂的手术并没有什么章法，如果患者的组织结构不给它做出指引，它就不会想到这些。看起来，弑螳螂步甲蜂好像知道猎物的神经中枢在什么地方。

这种技能并不是弑螳螂步甲蜂一代一代传下来的习惯，不是通过实践就能学会的，因为只要第一下失手，就会遭到灭顶之灾——反而成为对方的盘中餐。既然弑螳螂步甲蜂的手术技能并不是后天学会的，又是从哪里学来的呢？

如果用一只小蚱蜢来替代欧洲螳螂，会发生什么呢？在饲养过程中，我发现弑螳螂步甲蜂幼虫并不拒绝食用这种食物。那么，弑螳螂步甲蜂母亲会用一串蝗虫取代那些危险的猎物，喂给一家老小吃吗？面对新的猎物，弑螳螂步甲蜂会依然在其颈部下面刺一针再突然后退吗？还是根据新的神经组织进行相应的调整呢？

显然，第二种假设并不具备可能性。弑螳螂步甲蜂并不会因为猎物发生了变化，就改变手术的部位和蜇刺的次数。它仅仅精通对螳螂进行手术，并不了解螳螂之外的任何昆虫。针对第一种假设，我进行了一次实验。

我将弑螳螂步甲蜂捕获的螳螂拿走，换上了一只失去了后腿的小蚱蜢——为了防止它蹦跳，我将它的后腿剪去了。这只残疾的蚱蜢在沙地上疾走，弑螳螂步甲蜂只是在它旁边飞了一会儿，不屑地瞥了它一眼，然后就退开了。我为它精心准备了大大小小、或灰或绿、肥瘦不一的各种蚱蜢，可是当弑螳螂步甲蜂发现这并不是它喜爱的螳螂后，马上就走开了，甚至连碰也不碰一下。

我想，这种固执的拒绝并不是出于饮食习惯。因为我说过，我养的弑螳螂步甲蜂幼虫并不拒绝食用小蚱蜢，在它们看来，蚱蜢和螳螂这两道菜似乎是一样的，它们对我选择的食物和它们母亲选择的食物同样中意。

但为什么弑螳螂步甲蜂母亲会拒绝猎捕蚱蜢呢？我只想到一种可能：这个猎物对它来说很陌生，并且令它恐惧；可怕的螳螂不会使它退却，镇定的蚱蜢却吓住了它。即便它能摆脱恐惧，它也不知道如何对蚱蜢施行手术。每个人都有适合自己的职业，弑螳螂步甲蜂也是如此，它的螫针只能戳向一个地方。如果换了手术对象，这些才华横溢的麻醉师便什么也不会做了。

说完了步甲蜂的食物与施行手术的情况，接下来，我们再来了解一下它们结茧的情况。

步甲蜂、泥蜂、孔夜蛾和其他挖掘者织的是复合式的茧，在丝网中镶嵌了沙粒，茧会像果核一样坚硬。以泥蜂为例，泥蜂幼虫先是用洁白的丝织出一个敞开口的锥形囊，再用丝线将它与居所的隔板固定起来。结茧时，幼虫会待在小房子里，从开口处伸出脑袋，从外面采一些沙粒，然后从中仔细挑选，将合适的沙粒镶嵌在丝囊中，用自己吐出的液体固定住。最后，它会在开口处织出一个丝质的帽状拱顶，将居所关闭。

步甲蜂织出的茧与泥蜂

的很像，它们织茧的方式却不相同。步甲蜂幼虫会先在身体中部的周围织上一圈丝带，不规则分布的丝线与隔板连在一起，一些沙子就堆在这个基架上。接下来，幼虫开始使用小工具砌“墙”了，沙子就是沙石，吐丝器里的分泌物就是水泥。第一层基础打在吊悬着的环带前沿。线路绕好后，第二层基础是用液体粘在丝上的沙粒，它竖在刚刚做成的硬边上。就这样一圈一圈、一点一点，茧逐渐形成圆帽形，并在顶上合拢起来。进行到后半部分时，幼虫转身，以同样的方式在起初那个环带的另一边开始织起来。大约三十六小时后，坚固的茧壳便完成了。

大唇泥蜂与絨螳螂步甲蜂一样，也喜欢捕捉居住地附近的所有螳螂，主要是欧洲螳螂。尽管它们的身材很强壮，需要捕捉更大的食物，但它们也不会把成虫作为目标。

相比之下，大唇泥蜂的茧更加坚固、宽敞，并且看起来很独特，在它规则的茧壳边缘，突起一道粗粗的垫圈，只要看到这个隆起，你就能知道它是属于大唇泥蜂的。

通过对大唇泥蜂与步甲蜂的比较，我基本能得出结论：本能起源的生存条件，包括食物类型、幼虫生活环境等，都不影响幼虫的工作。本能在前，它决定法则而不会听命于法则。

樵叶蜂

园子里的玫瑰花或丁香花的叶子上，经常会有一些圆形或椭圆形的小洞，就好像是哪个能工巧匠精心剪裁过的一样。有的叶子上这样的小洞太多了，以至只剩下一条条的叶脉了。

如果你正漫步在园子的花丛中，看到这些小洞，肯定会问：这到底是谁干的呢？原来，在这些叶子上裁剪小洞的就是樵叶蜂，它们有个像剪刀一样的嘴巴。只要樵叶蜂在叶子上转动一下身体，就可以剪下一块小叶片。至于它们为什么这样做，当然不是因为好玩，也不是因为这叶子好吃，它们要用这种小叶片做些更重要的事情。樵叶蜂们把这些小叶片拼凑成一个个针箍形的小袋，用这小袋来储藏蜂蜜和卵。每只樵叶蜂都会准备十多个这样的小袋，把那些小袋一个个地叠放在一起。

我们平常见到的樵叶蜂是白色的，身上还有条纹。它们一般积聚在蚯蚓的地道里，这些地道是很容易找到的。地道的深处既阴暗又潮湿，很不适宜居住，所以，樵叶蜂只利用靠近地面的一段作为自己的住处。

那地道对于樵叶蜂这种天敌众多的昆虫来说，根本就算不上一个十分有效的防御设施。所以，樵叶蜂必须想办法来加强这个地道的防御功能。因此，那些剪下的叶片便可以派上大用场了。樵叶蜂先用一些零碎的小叶片把地道的深处堵住，然后再在这些碎叶上修建一叠小巢。建筑这些小巢所用的叶片可比堵塞地道用的碎叶要精细得多，它们大小均匀，形状整齐。圆形的叶片是用来做巢盖的，椭圆形的叶片则是用来做巢底和边缘的。

为了满足巢的各部分的要求，樵叶蜂还需要剪出大小不同的叶片。尤其是巢的底部，必须要精心地设计。因为没有一片较大的叶片可以正好堵住地道的界面，所以，就需要用几片较小的碎叶拼合而成，还得拼合得没有缝隙。做巢盖的圆形叶片，就好像是用圆规精确地规划过一样，竟可以和巢的口恰好吻合。

樵叶蜂并没有什么测量仪器，也没有一个现成的模子作为参考，它为何能精确地剪下这些叶片呢？有人曾推测，樵叶蜂把自己的身体当作圆规，它把尾部固定在叶片上的一个点上，然后转动头部，这样那个剪刀似的嘴巴就可以裁出一个圆形的叶片。那樵叶蜂怎样来判定自己所需要的巢盖的大小呢？还有，樵叶蜂必须在离家很远的地方，毫不犹豫地裁下一片圆形的叶子来作为巢盖，可是此前它根本就不曾用绳子之类的东西测量过巢的大小，它也没有一个图样或者模子作为参考。这对于人类来说，无疑是一个难题。然而樵叶蜂却有着深厚的几何学基础，它们在实用几何学上的才能，不得不让我们佩服。

天牛

天牛的幼虫喜欢躲在树干里，它们在树干中汲取营养，慢慢长大，成熟以后便从树干中飞出来。这个过程听起来似乎很简单，但是天牛的幼虫要完成这一过程却需要三年的时间。在这漫长的日子里，天牛就像被囚禁了一般，要在树干里艰苦度日。

寒冷的冬天就要到了，我也要储备一些取暖的木材。我请伐木工人给我挑选伐木区里最老的树干，而且要被蛀虫咬得伤痕累累的那种。其实我是想在那些树干中寻找一些天牛。那些橡树干上密密地排列着一条条伤痕，有些伤痕还被划得支离破碎。好多树枝都被咬断，树干上到处都是被啃噬的痕迹。天牛的幼虫就藏身于树干中，它们就像是一些蠕动的小线条。天牛的幼虫在橡树干中缓慢地爬行，它们一边往前爬，一边用那强健的上颚开辟通道。它们的上颚是黑色的，而且很短，像一个半圆形的凿，上面并没有锯齿。天牛幼虫把开辟通道时挖掘出来的碎木屑当作食物，这些食物经过幼虫的消化，便会被排泄出来。幼虫的排泄物就堆积在它们的身后，时间长了，就会形成一条痕迹。天牛的幼虫就这样一边挖掘，一边吃，它的食和住就都解决了。

天牛的幼虫在挖掘通道时会把全身的力量都集中在身体的前半部，它的上颚被嘴边的一圈黑色角质盔甲紧紧包裹，使这个半圆形的凿被牢牢地加固了，这样，其上颚在工作时就有了稳固的支持和强劲的力量。如果天牛幼虫身体的前半部体现出的是结实与力量美的话，那么，它的其余部位则展现出细腻与柔弱。天牛幼虫后半部的皮肤非常细滑，就像绸缎一般，而且光洁如玉。正是由于天牛幼虫体内有营养丰富的脂肪层，它才有了这种光洁的身体。食物如此单一的天牛幼虫，居然会有如此丰厚的脂肪层，这真是匪夷所思。

天牛幼虫的爬行也很有特点，它不像一般的昆虫那样用足来爬行。这并不是因为天牛幼虫没有足，而是它的足对于爬行并没有什么用处。天牛幼虫的前面一部分足呈圆球状，最后一部分足则呈细针状，足的长度仅有一毫米左右，所以根本就无法支撑天牛幼虫那肥胖的身体，也就更不能用来爬行了。天牛幼虫的爬行器官并不长在腹下，而是一反常规地长在背部。天牛幼虫的腹部有七个环节，腹部的上下都长有布满乳突的四边形的平面，这些乳突可以随意地膨胀、缩小、突出、下陷。其中上面的四边形平面被背部的血管一分为二，成了两个部分。而腹下的四边形平面则看不出被分成两部分。

这种四边形的平面便是天牛幼虫的爬行器官，类似于棘皮动物的步带。在爬行时，天牛幼虫会先使后部平面上的乳突鼓起，压缩前部平面上的乳突。这样，膨胀的突起使天牛幼虫的后部固定在狭窄通道的上壁，而它前部身体的直径缩小，则可以尽量地伸长。前部身体伸长以后，它就要使前部平面上的乳突鼓起，紧

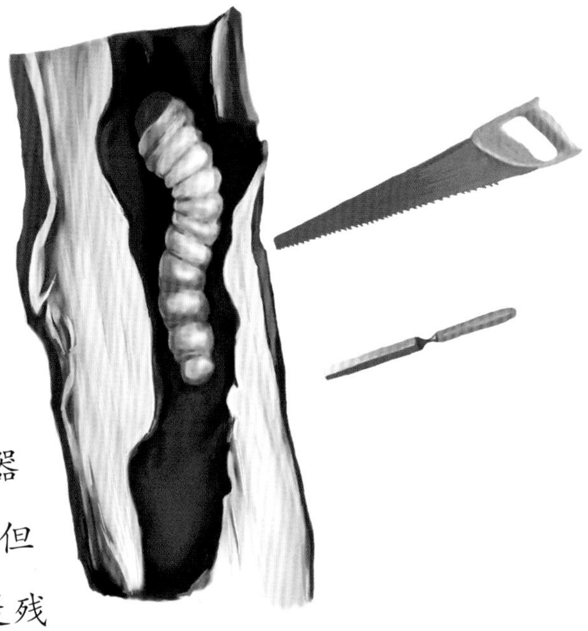

贴在通道的上壁，然后使后部的乳突放松，从而使体节能自由收缩。经过这样一个过程，天牛幼虫就走完了一步。依靠着背部和腹部的支撑，不断地交替收缩和膨胀身体，天牛幼虫便可以在自己挖掘的通道中自由前进或者后退了。

天牛幼虫生长着类似于步带的爬行器官，它的足在爬行中没有起到丝毫作用，但是那已经退化的足却并没有完全消失，而是残留在身体上。那么，天牛的身体结构是不是不受环境的影响，而遵循其他的法则呢？于是我做了一系列的实验，来测试天牛幼虫的听觉、嗅觉、味觉及触觉等。

当天牛幼虫在树干中休息的时候，我在它的旁边制造出各种声音。我使硬物碰撞发出声音，打击金属使之产生回响，用锉刀锉锯子发出刺耳的声音，还用硬东西来刮它身边的树干，甚至模仿其他幼虫啃咬树干的声音，可是天牛幼虫对这些声音竟没有什么反应。看来，天牛幼虫是没有听觉能力的，人为的声响对于它来说是没有丝毫影响的。另外，天牛幼虫长期在那暗无天日的树干中生活、摸索，视力对它来说也同样没有什么用处。

为了测试天牛幼虫的嗅觉，我将天牛幼虫放入一段柏树树干的沟痕中，这沟痕是我亲自挖的，它的直径跟天牛幼虫挖掘的通道直径大小相当。我为什么要选柏树的树干呢？因为柏树有一种很浓的味道，是那种大多数针叶植物都具有的非常强烈的树脂味。我想，对于常年生活在橡树树干中的天牛幼虫来说，这种刺激的气味总能使它感觉到不适，从而在行动上会有所反应：要么是抖动或蜷曲身体，要么就是快速逃离。但是，事实并非如此，天牛幼虫一进入柏树的沟痕中，便很快爬到了通道的一头，然后便安闲地待在那里不动了。

天牛幼虫有没有味觉呢？这个在橡树里生活了三年的小虫子唯一的食物便是橡树的碎屑，这种食物的滋味也许只有天牛幼虫能够体会得到吧！天牛幼虫与其他的具有肉体的生命一样具有触觉，但是它的触觉就和它的味觉一样都相当迟钝。

天牛的幼虫虽然感觉能力极弱，但是却具有神奇的预测未来的能力。它能够知道自己将来会变成成虫，所以要为它将来细长的触角、修长的足和无法折叠的甲壳寻找一个更为广阔的空间。为了这个目标，它才不知疲倦地挖掘着通道，并为将来的飞走做好一切准备。天牛幼虫把通道挖掘到树皮下时，会在出口处留下薄薄的一层，作为天窗。然后它退回几步，在出口的一侧挖掘一间蛹室。天牛幼虫用锉下的木屑把这间屋子铺得很柔软很舒适。另外，天牛幼虫还为这间屋子设置了封顶，这个封顶既坚硬又易碎，所以既可以起到抵御外界敌害的作用，又方便它日后飞离。

这一切都准备好了以后，天牛幼虫便安心地躺在舒适的蛹室里，头朝着门的方向，进入蛹期。等蛹变成成虫，它会用坚硬的前额撞开房间的封顶，顶着长长的触须，激动地从树干里飞出来。

天牛幼虫经过了这样一个过程终于变成了成虫。天牛幼虫比它的成虫给人的启发要多。天牛幼虫知道自己有一天要变成成虫飞走，所以，它不畏艰辛地挖掘通道。它知道自己有一天会破蛹而出，所以建造了舒适的房间，并把头朝向门口的方向度过蛹期。它能够准确地预知未来，并始终按照自己对未来的预见而工作着。

独特的粪“面包”

圣甲虫的工作是在露天进行的，在地下时，它或是单独，或是和同伴共享自己的劳动成果——粪球。现在，我们就来了解一下圣甲虫是如何加工它的食物的吧。

通常，食物的核心是一小块天然的圆粪块，圣甲虫将粪料一层一层地裹到粪核上，使粪核越裹越大，最终会变成杏子大小的粪球。粪球的主人会先品尝一口，觉得满意的话，就把它停放在原地。如果粪核上沾了沙子，它就会轻轻地把沙子刮下去，再接着制造粪球。它所使用的工具很简单，就是头盔上的六齿耙、前腿上的长铲，以及前腿外边缘五个非常有力的锯齿。

圣甲虫用它的四条后腿紧紧地箍着粪核，围着粪核转来绕去，它用头盔碾呀，削呀，挖呀，刮呀，前腿也不闲着，一起将收集来的材料裹到粪核上，轻轻拍一拍，再用前腿上的长铲使劲按一按，夯实一下。这样的动作不断地重复，最后，原本只有弹丸大的粪核就变成了一个大大的粪球。

一般来说，我们要做一个标准的圆球，需要以旋转或滚动来完成。圣甲虫却可以站在球顶上不断地将粪料贴上去，完全不移动球的位置，就能完成这项工作。为什么它能制作出如此匀称的粪球呢？或许它对球体有着特殊的天赋，就像蜜蜂善于建造六棱柱的蜂房。从几何角度看，它们的工作完全没有依靠某种特殊机械，就达到了完美。

接下来，该带着成果离开了，圣甲虫会推着粪球在地面上滚动，找一个合适的地方将粪球埋起来，然后慢慢享用。圣甲虫推粪球时是倒退着的，所以你很可能会误解粪球是在滚动中形成的。事实上，滚动对于球的形成并没有起到任何作用，顶多使它变得更坚硬罢了。

圣甲虫为什么非要将食物设计成球体呢？这是因为食物的体积和重量远远超过了圣甲虫的力气，为了使食物更便于搬运，圣甲虫只能选择滚动的办法，而最适合滚动的形状非球状莫属了。

弱肉强食是动物界的生存法则，而圣甲虫更是将这种法则运用得炉火纯青。圣甲虫热爱阳光，所以它们总是在白天进行工作，如此一来，同伴之间就会因为嫉妒而展开争夺——拦路抢劫可比自己辛苦地搓圆一个粪面包简单得多。并且，战争的结果也不总是倾向公理正义，强盗获得胜利的情况时有发生。如果强盗抢走了食物，失去财产的圣甲虫就只能回到工地上重新收集一只粪球了。

即便是在食物充足的情况下——我的笼子里，打斗争吵仍是屡见不鲜。它们争夺粪球的那种激烈程度，就好像从没吃过似的。实际上，这些强盗将赃物滚动一会儿就会丢掉，它们这么做只是出于好玩，而并非生理需要。

我曾经让一个牧羊小伙子在空闲时帮我监视圣甲虫的活动。六月下旬的某一天，他突然兴奋地对我说，他在圣甲虫钻出来的那块土地中发现了一个奇怪的东西。

这个东西看起来就像个小梨，似乎熟过了头，失去了新鲜的光泽，变成了褐色。它到底是什么呢？是手工制造的吗？从形状上看，它比玛瑙弹珠还要美丽，比象牙鸡蛋和木陀螺更别致。就是材料看起来不太好，不过摸起来很硬，线条也非常具有艺术性。

这个东西难道是圣甲虫的杰作吗？里面装的该不会是卵或者幼虫吧？牧羊小伙子很肯定地告诉我：是的。他说，他挖的时候不小心将一个与这个一样的“梨”压碎了，那里面有一枚白色的卵，大小和麦粒差不多。这令我很意外，这个小“梨”跟我之前的猜想相差甚远。只有将这可疑的东西剖开，才能知道里面到底是什么，可我并不想这样做，如果真如小伙子所说，里面是圣甲虫的卵，这样做就会伤害到里面的小生命。我觉得这个梨形物应该只是偶然形成的，还是将它先原封不动地保存起来，等着看会发生什么事吧。我还是应该去实地了解一下情况。

第二天，我约上牧羊小伙子，与他一起找到了一个圣甲虫的洞穴。这是一个新盖起来的窝。小伙子开始挖了起来，我趴在地上，目不转睛地盯着他挖的地方，等待一睹地下建筑的模样。当洞穴被我们打开时，我看见半开着的地道里横躺着一个完好的“梨”，此时此刻，我的心情无比激动，就像考古学家挖到了古埃及的圣骨那样。

这是我第二次见到梨形的东西。我不禁想：难道这种形状真的很普通，并不是例外？难道圣甲虫最初滚动的球体已经被丢掉了？想要弄明白，我们得继续下去。很快，我们又找到了第二个洞穴，那里面也有一个“梨”，这个“梨”与之前的那个简直一模一样。另外，在“梨”的旁边，我们还看到了一只圣甲虫母亲，它慈爱地抱着这个“梨”，似乎是在做最后的完善工作。

接下来，我们花费了好长时间，挖出了一打形状相同、大小类似的小“梨”。而且有很多次，我们在洞穴深处发现了圣甲虫母亲的踪影。

从六月到九月，我几乎每天都去拜访圣甲虫经常出没的地方，挖了至少上百个洞穴，见到的始终都是那种别致的小“梨”，从未看到过书上告诉我们的那种圆形粪球。

我曾经也犯过这个错误，相信大师们的话，接受了传统的球形说法，然后以类比推理为依据，利用其他食粪虫的表现，来试着勾勒出圣甲虫卵的外形。尽管类比是个不错的方法，但它远不如直接观察更具有价值。

现在，我们要详细了解一下真实的情况。当圣甲虫母亲封闭洞穴时，由于一部分洞穴要空着，所以洞外会留下一堆翻动过的泥土——堆成了小山丘的模样。土堆下面是一个敞开的、不深的洞，大约10厘米深，洞的后面连接着一条或曲或直的水平地道，最后是一个拳头大小的宽敞大厅。这就是卵所在的地下室。在这里，圣甲虫母亲将为未来的宝宝制作梨形的食物。刚做好的食物很软，像有黏性的陶土，但干燥之后，它就形成了一层坚硬的皮，保护里面宝宝的安全。

圣甲虫成虫并不介意较为粗糙的食物，但它们为后代准备食物时，总是十分挑剔，它们会选择最有营养且容易消化的食物——来自绵羊的优质粪团。这种食材的黏性与油腻既适合加工，又适于新生儿的胃。这也解释了我当初饲养圣甲虫失败的原因：我为圣

甲虫提供的都是四处捡来的马粪或骡粪，而圣甲虫母亲并不接受它们。

那么，卵又在这个梨形食物中的什么位置呢？大概所有人都认为它会被安置在“梨”的核心吧，因为那里最安全，温度也最稳定。这个想法似乎很合理，但当我对一个粪梨进行勘查的时候，我却并没有在核心处看到卵。那么卵到底在哪儿呢？在粪梨最窄的地方——最顶端的粪梨颈。用刀子将粪梨颈纵向切开，小心不要破坏里面的东西，那儿有一个四壁光滑的洞，这才是卵的孵化室。圣甲虫的卵是一个白色的长椭圆形，长约 10 毫米，宽超过 5 毫米。它的头顶粘在顶端的后壁，其他地方都与四壁留有一些空隙。

下面，我们可以试着弄清楚圣甲虫的逻辑，了解它们为什么会选择梨形吧。

当圣甲虫还是幼虫时，它最先面临的威胁就是食物干燥。幼虫所在的地下室的天花板大约是 10 厘米厚的土层，这样薄的隔热板显然挡不住伏天的酷热。食物在存放的过程中很容易变干，干到幼虫难以下咽，这样幼虫肯定会被饿死。即便它没有饿死在硬得像石头一样的外壳里，变成成虫后，它依然会因无法冲破围城、摆脱束缚而困死在里面。

圣甲虫有两种办法可以避免干燥的威胁。首先，它用前肢上的铠甲使劲把“梨”的外层压紧，做成一个保护层，比中心要均匀、紧密。圣甲虫母亲加工粪梨时，只会用手臂按压表层几毫米厚的地方，以形成一个外壳，它的压力并不会扩散到里面，这样就有了中间体积庞大的核。除此之外，圣甲虫还是一个几何学家。我们知道，其他条件相同时，蒸发的多少与蒸发面的表面积成正比。要想减少水分的流失，食物的表面积就要最小，而且这最小的表面积还要囊括最多的营养。

于是，圣甲虫选择了一种表面积最小同时体积最大的形状——球形。

我们已经知道球形的面包并非在地上滚动的意外收获，而是在滚动之前，圣甲虫有目的性地把它加工成了标准的球形。同理，我们立刻可以确定，为幼虫准备的粪梨是在洞底完成的。这个粪梨丝毫没有移动、转动过的痕迹，圣甲虫运用它的工具，十分准确地把它做成了理想的形状。其实，圣甲虫完全可以把它做成粗糙的圆柱体，或是随意地将粪块扔在那儿，让自己有更多时间享受日光浴。但它依然只选择球形，无论制作精确的球形有多大的难度。

接下来，就要弄明白粪梨的颈部了。这个颈部的孵化室孕育着卵。所有的胚胎都离不开空气，这是生命的原始动力，为了让充满生机的空气渗进去，鸡蛋壳的表面像筛子一样满是气孔，而圣甲虫的粪梨也是如此。为了防止食物很快变干，粪梨的外壳是一层很硬的表皮，粪梨的营养核心是隐藏在表皮下的软球；粪梨颈的小窝，发挥着透气房的作用，使胚胎周围都是空气。可见，相比气流流通困难的核中央，充满空气的粪梨颈孵化室更适合幼虫生活。

对于所有胚胎来说，除了空气，温度也很重要。圣甲虫的孵化依

靠的是太阳晒热的地面，它的胚胎也得接近暖气，从而获得生命的火花，所以它才没被淹没在毫无生气的粪核中央，而是位于梨形粪球上端的颈里。

空气和温度都是必需的条件，任何食粪虫都无法忽视。不管制造者所创作的粪球是梨形、圆柱形、鸟蛋形还是球形，卵的位置始终是位于紧挨着地面的孵化室里，这样才能使空气和温度都方便进入。而在这种精妙的技艺上，制作粪梨的圣甲虫显然是最具天赋的。

胚胎的成长伴随着一大块食物，如果食物干燥就不能食用了。那么，怎样制作食物呢？为了方便接受空气和温度，哪儿对卵最好呢？

这个问题的前一问我们已经回答了，根据蒸发量与物体表面积成正比的原理，我们得出要把食物做成球状的结论，因为球的表面积最小同时体积最大。

对于卵来说，它需要一个避免受到伤害和接触的保护套，那么就把它放在一个薄薄的圆柱形套子里，再把套子竖立在球上面。这样，所有的条件都满足了：食物堆成球状，保证了新鲜；卵被一个薄薄的圆柱形套子保护着，可以畅通无阻地接收空气和温度。条件虽然都满足了，但外形实在是太丑了。

我们推理出的这个粗陋作品被一个艺术家修改了。它将圆柱形改成了半椭圆，这看起来更优雅；又将连在球上的椭圆曲面修饰得十分精致，形成了一个梨形。现在，它是一件美丽精致的艺术品了。

难道圣甲虫也懂得美感？懂得欣赏梨形的优雅吗？当然不是，它看不见，因为它是在地下的黑暗之中制作的这件艺术品。可它摸得到，尽管它的触觉受到粗糙的角质外壳的影响，相当可怜，但对于柔和的轮廓还是能感觉到的。

对于圣甲虫的劳动成果，我还做过一个测试。我找到一些智力刚刚萌芽的孩童——在我的假设中，他们的智力要尽可能与昆虫模糊的理解力相似，将圣甲虫创作的作品及人工捏的经几何学推理得到的作品让他们评判。我的作品体积和圣甲虫的差不多，形状是一个矮圆柱立在一个球上。我把孩子们隔离开来，免得他们之间相互影响，然后出其不意地将这两个作品拿给他们看，问他们觉得哪个更好看。结果让我很惊讶，五个孩子竟然都选择了圣甲虫的作品。这些连鼻涕都不会擦的小孩子，却对形状有着某种审美感知力，懂得辨别哪种美，哪种丑。

圣甲虫也是如此吗？恐怕在深知底细的情况下，没人敢说是或者不是。这是一个无法解决的问题，唯一的判断并不能作为参考。毕竟，这种回答似乎过于简化了。花儿对它美丽绝伦的花冠了解多少呢？雪花对它优雅的六角星形状又懂得什么呢？圣甲虫也许就像花儿和雪花一样，并不懂得欣赏自己那精致美丽的作品。

美无处不在，当然，大前提是要具有识别它的眼光。在某种程度上，这智慧的、欣赏优美形状的眼光，是动物特有的吗？假如对于一只公癞蛤蟆来说，美的概念就是母癞蛤蟆的话，那么，撇开性别之间无法抗拒的诱惑力，对动物而言，是否有真正的美的魅力呢？普遍地来看，到底什么才是真正的美？是秩序。秩序是什么？是整体的和谐。而什么又是和谐呢？是……我们就到此为止吧。接下来的答案是没有边际的，永远没有一个不可动摇的基点。难以想象，一小块羊粪将会引起多少形而上学的思考啊！我们还是继续其他的问题吧！

善于补洞的幼虫

在地洞薄薄的天花板下面，圣甲虫的卵感受着强烈的日照，太阳是它最重要的孵化器，然而，阳光是变化的，所以胚胎苏醒的日子是不确定的。日照强烈的时候，卵产出后五六天就能孵化出幼虫了；而温度要是稍低一点儿，就得等到第十二天才能见到幼虫。六月和七月是最适宜的孵化时节。

新生儿一出襁褓，就迫不及待地去咬孵化室的四壁。它将要吞吃它的房子，但并非随意地，而是小心谨慎地行事，以避免犯一些错误。假如它咬屋子两侧很薄的地方，并不会受到什么阻碍，因为那儿和其他地方一样，用的全都是上好的材料；假如它用上颚去刮吃凸出的顶端最薄弱的地方，它就会将保护层捅个缺口。

假如幼虫在它的食物堆中毫无顾忌地乱吃，就会处在突发事件的威胁之中，比如它有可能从摇篮里滑出来，从敞开的天窗摔到地上。而这个小家伙一旦从住所里掉出来，就完蛋了。它无法找到母亲给它储存的食物，即使找到了，那硬实的壳也会使它无法获取营养。

事实上，这新生的小圣甲虫尽管身上还挂着卵的黏液，却已经具有发达的智力，会用有效而可靠的策略规避危险，而那些高级动物在小的时候肯定没有小圣甲虫这么高水平的智力——它们这时还处在母亲的保护下呢！

尽管幼虫四周的食物都是一样的，可它却只朝房子的屋基发动进攻，那儿与体积巨大的粪球相连，足以让这个食客四处咀嚼磨牙。它为什么会偏爱于这个进攻点呢？这儿的食物与其他地方并无区别呀！我先是迷糊，接着终于弄明白了。我从另一个角度领悟到了几年前泥蜂教给我的东西：这个聪明的食客可以称得上是解剖专家，能清楚地辨别能吃与不能吃，它们一点点地吞吃猎物，但吃完前决不杀死猎物。圣甲虫也掌握了类似泥蜂的另一种独特的进食艺术，尽管它无须操心食物的变质问题——粪便不会腐烂，但最起码要小心不能咬错方位，使自己曝光。这种吞吃是致命的，而开始的几口又是最关键的，因为幼虫是如此脆弱，墙壁又是如此薄弱。因此，要保护自己，幼虫必须具有原始的灵感，本能告诉它："你只能咬这儿，千万不能咬别的地方。"

于是，无论其他地方的食物多么诱人，幼虫都不会去触碰，只在符合规定的地方啃食——进食从粪壳的基部开始。几天之内，它在这个圆鼓鼓的粪壳中尽情地用餐，将那肮脏的粪料一点点全都转化成胖乎乎的幼体。它的身体发出健康的象牙白的光泽，还泛着一点儿深灰色，身上一点儿也没弄脏。粪料很快融入生命的熔炉里了，只剩下一个空空的圆洞——幼虫在圆拱顶下弯着背，把身子折成两截，就住在里面。

为了看看粪壳里的幼虫，我在粪壳中部切开一个半平方厘米的小

口。那个隐士的头立刻出现在缺口处，探听发生了什么事。它将这个缺口看清后，头又不见了。我隐约地看见它白色的背部在洞穴里转动，没多一会儿，一团褐色的、软软的东西将我刚刚打开的小口封住了，那一团软软的东西很快就变硬了。

我最初以为幼虫的粪壳里具有一些半流质状的浆体，而幼虫转动的背部证明它正在绕着自己大把地收集这种东西，然后将这种东西作为石灰浆堵在它认为具有危险的缺口上。为了证实我的猜测，我再次将封口的塞子掀开，幼虫又把头探出小窗，然后缩回去，就像一个果核在果壳里转动那样，原地转动起来。很快，缺口处又出现了一个和前一个大小一样的塞子。这一次，由于已经知道要发生的事，所以我看得很清楚。

我先前的想法真是太幼稚了！不过，我并不觉得丢脸，因为这个小家伙保护自己的手段绝对是我们难以想象的。转动之后，幼虫并没有抱来一团从四壁收集来的饭团，而是在缺口处拉了一泡屎用以封住那个地方。对于幼虫来说，吃的东西太少了，不能浪费，只要肠子里是满的，这种应急修补措施就十分迅速。更何况，这种黏合水泥的质量很不错，很快就会凝结。

它肠子里的库存之丰富的确令人惊讶。我接连将堵上去的塞子拔开至少有五六回，而那黏合水泥一样的东西也一次接一次地被大量分泌出来，好像那个储藏室取之不尽用之不竭似的，可以随时为这个泥瓦匠服务。像圣甲虫成虫那样，幼虫堪称排泄冠军了。

粉刷匠和泥瓦工都拥有自己的抹刀，幼虫如此勤恳地修复自己房间的缺口，同样也不缺少抹刀。它身体的最后一节，被斜斜地截去，形成一个倾斜的大圆盘。在大圆盘的中心，有一个扣眼一样的口子，这就是黏合水泥的出口，而这个大圆盘就是它的大抹刀。

挤出来的东西刚一成堆，幼虫就开始用于磨平和压缩的工作，黏合水泥被送到凹下去的缺口处，使劲压进那塌下去的口子里，让那些水泥变硬、变平坦。用抹刀如此抹平之后，幼虫就把身子转过来，继续用宽大的前额敲打、压紧，并用嘴角修理使之更牢固。一刻钟之后，修补过的地方就会与壳的其他部分一样结实了，因为黏合水泥凝结得相当迅速。从表面看，填补在缺口处的东西形成不规则的凸起，能够看出修补的痕迹，这是幼虫的抹刀无法够到的缘故；而在壳里面则一点儿痕迹都没有，被破坏过的地方同其他地方一样平滑。一个人类粉刷匠在填补我们屋子里的墙洞时，也未必会比这好多少。

现在，该来想想它为什么要堵洞了。是不是注定要在完全的黑暗中生活，所以只要粪壳上有洞出现，幼虫就会立刻填补，以免讨厌的光线射进来呢？可是，幼虫根本看不见呀！它那暗黄色的头颅上一点儿也没有视觉器官的迹象。当然，不能因为没有眼睛就否认光线的影响，说不定幼虫柔嫩的表皮可以隐约感觉到光线呢！我得通过实验来找出答案。

为了找出答案，我几乎是在黑暗之中挖那个缺口的——仅有一点儿微弱的光，让我勉强可以用工具挖洞。缺口一挖开，我立刻将这个粪球放到盒子的暗处。几分钟以后，缺口还是堵上了。虽然是在黑暗之中，幼虫仍然判断准确，将它的小屋封得严严实实的。

之后我又进行了更深一步的实验，我在小圆瓶里塞满了食料，然后把一些幼虫从它们出生的粪

壳中取了出来，放进圆瓶中饲养。我在那堆食料中挖了一个小井，并把底部做成一个半圆形。这个小凹洞很像一个被挖去了一半的粪壳，这是我准备用来代替天然洞穴——粪壳的。我把实验用的幼虫放了进去，并彼此隔离开来。它们没有因为居室的变化而表现出明显的不安，我选的食料非常对它们的胃口，因此它们就像平常那样在围墙上啃起来。我的饲养计划顺利地进行着。

接下来，发生了一件很值得纪念的事情。我挖的小井只有粪壳底下的一半那么大，而所有的迁居者们都一点点地将这个小窝补圆了。我提供一个地板给它们，它们就想在那上面加一个圆屋顶，使自己处于一个球形的围墙里。它们所用的材料就是从自己肠子里喷出来的黏合水泥，身体最后一节那圈凸出的肉包围着的大圆面就是抹刀，是建造工具。它们把分泌出来的黏合水泥用抹刀抹到小洞边缘，等水泥凝固以后，就以这些水泥为支点，继续建第二层稍微朝内倾斜的洞沿。就这样一层接一层地往上建，直到最终这个球状的拼结物建成。幼虫就是用这种方法大胆地在空中建造了圆屋顶，将我开了个头的球体补充完整了。我们人类的建筑师在建造拱顶时，脚手架和门拱支架是必不可少的设备，而圣甲虫幼虫却完全不需要。

有几只幼虫简化了这个工程。瓶子的玻璃内壁有时会被运用到幼虫的建筑之中，它表面光滑，十分符合这些细心的抛光工的需求，而且从某种程度上来说，弯曲度与幼虫设想的也很吻合。于是幼虫利用了这一点，可能并非为了节省时间和劳动，而是认为那光滑的弧形内壁就是它们自己造的。因此，它们在圆屋顶下保留了很大一块玻璃窗——这正合我意。

还有一种能够让幼虫完蛋的情况也是最常见的：即便没有动植物的破坏，粪壳本身通常也会胀开，一块块地脱落下来，碎掉。这是因为雌圣甲虫在加工制作的时候压得过紧导致的结果吗？或者因为粪梨里面开始发酵了？是收缩的结果吗，如同黏土干缩后会开裂那样？这些都有可能。

然而，并没有明确证据可以证实这一点，我观察了那些干燥的深深的裂缝，那开裂的罐子无法很好地保护其中柔软的面包。不过，我们不用担心这自然裂开的缝隙会使事情变糟，因为幼虫会立刻采取补救措施的。赋予它这样的本事，并为它配备黏合水泥和抹刀，绝不会没有用处。

现在，我们为幼虫画个粗略的草图，不要把时间浪费在一条条地数唇须、触角这些细节上，这一点儿意义也没有。这是条胖乎乎的幼虫，皮肤又白又嫩，透过透明的皮肤可以看到的消化器官有点儿灰白的反

光；它的身子弯成一个像钩子的尖拱形，多少会让人想到鳃金龟的幼虫，只是那个身材更难看；在背面钩子突然弯曲的地方，即腹部三至五节的地方，鼓成一个大驼背，像个鼓鼓囊囊的袋子，那一段的皮肤仿佛就要被里面装的东西撑开了。总之，这个幼虫看起来像个托起来的褡裢。

与幼虫的身体相比，它的头显得很小，有点儿外凸，呈淡红棕色，几根细细的白毛稀疏地立在上面；腿长而有力，末端有尖尖的跗节。幼虫并不懂得将腿作为前进的器官，我从粪球里拿出幼虫放到桌上，它显得很不安，笨拙地扭来扭去，没能移动半步，那不断喷出的黏合水泥显示出这个四肢笨拙的小家伙的不安。如果要用两个词概括这个幼虫，那就是驼背和抹刀。

米尔桑在他的《法国鞘翅目昆虫史》中也对圣甲虫的幼虫进行了描写。他详细地将它的唇须、触角的数量和形状告诉我们，他看到了许多放大镜下面的东西，却没看到差不多是幼虫身体一半的大褡裢，也没看到身体最后一节的抹刀。我认为这个详细的解说家一定搞错了，他讲的幼虫并非圣甲虫的幼虫。

我们先不追究米尔桑的记述是对是错，要结束幼虫的故事我还要说几句它的内部结构，解剖会将那奇特的黏合水泥的工厂展示给我们。幼虫的消化道紧跟在一段很短的食道后面，是从颈部开始的一条长而粗的管子，其长度差不多是幼虫体长的三倍。在消化道末端的四分之一处，旁边挂着一个很鼓的大食袋，这是一个附加胃，很多食物储藏在其中，在这儿，食物的营养成分被彻底吸收。由于消化道太长，无法笔直地在幼虫的体侧延伸，因此伸到附加胃里又往回绕，形成一个巨大的环状把手，占满了幼虫的背，背部就是因为这个把手和旁边的食袋才驼的。幼虫的褡裢相当于第二个大肚子，假如只有一个肚子，就无法容下一个如此庞大的消化器官。另外，四根又细又长的排泄管杂乱无章地缠在一起，成为消化道的界线。

幼虫的解放之路

幼虫靠吃食物做的墙长大，丰厚的墙壁逐渐变薄，随着里面的居民渐渐长大，室内的空间也在变大。由于在居所里有充足的好吃的，这位隐士变得又肥又胖。那么，幼虫还做什么呢？那就是要注意卫生问题。在如此小的洞穴里，幼虫几乎占据了全部空间，排泄并不容易，假如没有缺口要修补，那鼓胀的肠不断制造的黏合水泥必须得找个地方处理掉。那么，在一个这样精心计算过的小洞里，那些占地方的废渣会被扔在哪儿呢？

以前，我了解过黄斑蜂的独特办法。为了不弄脏储藏的蜂蜜，它把那些消化后的残渣做成了一个好看的箱子。圣甲虫的幼虫在隐居生活中只有这些垃圾要处理，而这些东西又让它十分不爽，于是，它掌握了另一项技能，尽管没有黄斑蜂那么艺术，却相当技术，我们来关注一下它的办法吧。

幼虫总是吃它眼前的东西，而绝不会碰那面很薄的保护墙。于是，幼虫的身后就出现了一块空地，废物就被存放在那儿，这样食物就不会被弄脏了。排出的废物最早将孵化室堆满，然后，慢慢地室内出现了一块放垃圾的地方。

如此一来，尽管在幼虫身后堆积着不断增加的排泄物，可面前仍是未碰过且日渐减少的食物。

待幼虫发育完全了，它会在粪梨中挖出一个偏心的圆洞，离梨颈近的一端墙壁很厚，而另一端则很薄，这种不对称是前方吞吃和后方填充进食方式的必然结果。

食物吃光后，幼虫要把小窝垫得软软的，好让皮肤柔嫩的蛹居住。幼虫的最后几口已经快超越允许范围的极限了，因此最好加固一下这半边的球壁。

为了这项十分重要的工程，幼虫将丰富的黏合水泥精心地保存下来。轮到抹刀发挥作用了，这一次可不是简单修补漏洞，而是要将那一半薄壁增厚两三倍，然后还要用石灰粉将整个窝粉刷一遍。在尾部的滑动下，窝会被抹得很平，摸起来柔软光滑。与原来的墙相比，用这种黏合水泥建的墙更加坚固，用石头砸都很难打破。

布置好房子后，幼虫蜕皮变成了蛹。在昆虫世界里，没有谁能比得上它的美丽：鞘翅曲在前面，像块褶皱的长围巾；前腿曲在头下，就像缠着亚麻绷带、姿势呆板的木乃伊。半透明的身体带着乳黄的色泽，看起来像是用琥珀雕刻出来的。

在这个外形和颜色都相当朴素的小动物身上，有一点尤其吸引我，最后还帮我解决了一个更高深的问题：它的前腿是否有跗节呢？这个问题的答案最终浮现出来，尽管姗姗来迟，却千真万确。

圣甲虫成虫和它同属的前腿都没有跗节，这是一个奇特的例外。而那种由五个关节组成的跗节，对于高级的鞘翅目昆虫，即五跗节类昆虫，却是一般的法则。圣甲虫别的腿却又符合这一般的法则，拥有完全成形的跗节。那锯齿般的前腿是天生的，还是偶然形成的？若不仔细推敲，很可能被认为是偶然。

圣甲虫酷爱挖掘，勇敢地前行，不管是行走，还是挖掘，总会接触到粗糙不平的地面。当它倒退着滚动粪球的时候，地面就成为它的支撑点，它的前腿就比别的腿都容易扭伤，使那脆弱的跗节变形乃至脱臼，渐渐地，跗节就消失了。

事实上，前腿没有跗节并非偶然的结果，眼下就是无可辩驳的证据。我把圣甲虫蛹的腿放在放大镜下仔细观察：它的前腿完全没有跗节残存的痕迹，那锯齿般的腿是突然被截断的，不存在末端附加物的形迹；而其他的腿，刚好相反，跗节非常明显，而且形状丑陋，就像是生了冻疮一样。

同样，通过对成虫的观察，结论也是一样的，圣甲虫生来残疾，它的前腿天生没有跗节。也许有人会说，它的远祖并非如此。那时，它们遵守一般的法则，即便干瘦的腿也都有正常的结构。然而，在艰苦的挖掘和搬运工作中，有些腿上娇嫩的跗节被磨掉了——而这跗节根本没有用处，反而偶然截肢后的腿更适合工作。于是，为后代着想，就把这种没有跗节的基因遗传给了后代。因此，如今的圣甲虫得益于祖先的这种改良。

古代人并不知道昆虫蜕变的奇妙之处，在他们看来，幼虫就是从腐烂中生出来的小虫，这可怜的生物一出现就会消失。他们认为在这条小虫的躯壳之下并不会酝酿出高级生命，它只是一个被忽视到了极点的生物，很快就会回到它出生的腐烂物之中。曾有个古埃及作者对于圣甲虫的幼虫也很陌生，即使他看到一个住着一只胖乎乎的

圣甲虫幼虫的粪球，也肯定猜不到这污秽难看的小家伙就是日后朴实优雅的圣甲虫。那个时代的人普遍认为，这神圣的昆虫无父无母，认为圣甲虫诞生于粪球中，而且它的诞生是从蛹算起的，从这琥珀色的蛹中已经可以清晰地辨别出圣甲虫成虫的特征。

古代人一致认为圣甲虫的生命是从它能够被认出的时候开始的，即从它破茧之后，而在破茧之前的幼虫则不被认可，因为幼虫的血统无人了解。

根据前人研究所得，圣甲虫的后代在二十八天内获得生命，这二十八天实际代表的是蛹期的天数。在我的研究中，我十分重视这个数字。蛹期是变化的，不过变化范围很小。根据我的记录，时间最长的是三十三天，最短是二十一天，二十来次平均下来刚好是二十八天。

大概四个星期后，圣甲虫最后成形了。是的，仅仅是形状，并非肤色。它蜕去蛹的旧衣后，肤色相当怪异：头、足、胸都呈暗红色，而头盔的锯齿和前腿的锯齿则呈烟熏似的黑褐色，腹部是不透明的白色，半透明白色的鞘翅染了点儿浅黄色。这威严的服饰与主教穿的红色披风和祭司穿的白色长衣搭配起来，与这神圣的昆虫却也十分相配，只是这衣服慢慢地会变成单一的乌黑色。一个月后，角质盔甲会变得坚硬，肤色会最终固定下来。

这时的圣甲虫终于成熟，很快就从获得解脱的快乐和不安中苏醒了。仍是黑暗之子的它，急着跑到阳光下去。它冲破茧壳，从地下来到阳光下，这愿望是那么强烈。然而，它所遭遇的困难也不小。那出生时的摇篮，如今已成为讨厌的牢笼，它是否能从中解脱呢？这要视情况而定了。

一般情况下，圣甲虫是在八月份破茧而出的。不过，也有例外的情况。八月骄阳似火，假如此时没有阵雨不时地缓和一下气喘吁吁的大地，那么，圣甲虫冲破小屋、打穿围墙的耐心和努力就会落空。在如此坚硬的茧壳面前，它实在无能为力。长时间的干燥让原来柔软的粪料变成无法穿越的城墙，变得犹如伏天的火炉里焙烧的砖头那样坚硬。

当然，我没有忘记将圣甲虫置于这样困难的条件下做实验。我将一些粪壳收集起来，里面有正准备出来的圣甲虫成虫。这些粪壳已经变得又干又硬了，我将它们放进一个盒子里，使其继续保持干燥。先后从几个茧壳里传出了尖锐的锉刀的窸窣声，这是囚徒们用头盔上的耙和前腿刮墙壁的声音，它们正在为打开一条出路而努力。两三天后，解放运动似乎并无进展。

我为其中的两只圣甲虫提供了帮助，用刀尖在壳上打开一个天窗。我以为这样能让解放变得稍容易些，然而，一点儿作用也没有，我的帮助并没有让它们的进展比别的圣甲虫快。

两个星期不到，所有的茧壳都变得安静了。这些囚徒徒劳地辛苦了一番，最后都精疲力竭地死掉了。我将茧壳打碎了，看到里面躺着那些牺牲者。那些强有力的工具——锉、锯、钉耙，从那难以穿越的城墙上刮弄下来的，仅仅是豌豆大小的一撮灰。

我用一块湿毛巾把另外一些硬度相同的粪壳裹起来，然后放进一个密封的小瓶子里。等湿气渗进去以后，我拿走毛巾，把粪壳继续留在瓶子里，并塞上瓶塞。这次，事态的发展完全不一样了。湿毛巾软化了粪壳的外壳，外壳很顺利地就被打开了：里面的囚徒以背为支点，高举的脚使劲儿抵住，将壳从中间部分推开；要不就是专注地刮某一点，把外壳一点点地刮出一个大缺口。大功告成了！这些圣甲虫全都顺利地获得了解放——几滴水就足以让它们打破牢笼，享受在太阳下的欢乐。

其实并不是圣甲虫母亲把它的粪球扔到水里的，而是雨水让最后的解脱变为可能。在自然状态下，事情差不多都会像我的实验那样发

展下去。

八月，火辣辣的地里，在薄薄泥土包裹下的粪壳，大多数像石头那样硬，圣甲虫根本无法打破这牢笼从中出来。然而，只要来一场阵雨——这是在热得像炉灰一样的土中，圣甲虫的后代和植物种子等待的新生的洗礼，只要下一点儿雨，田野就会复活。

雨水就像我的湿毛巾那样，使粪壳变得柔软起来，面对软化的“保险箱”，圣甲虫只要用腿抓，用背推，很容易就能自由了。

九月，在预示秋天即将来临的头几场雨中，圣甲虫成功离开了出生时的洞穴，活跃在阳光照耀下的牧场草坪上，如同上一代春天的时候活跃在这儿一样。在这之前，一直相当吝啬的乌云，最终将它们解放了出来。

假如泥土破例早一些湿润，圣甲虫就可以早一些破茧而出。然而，在一般情况下，夏天的骄阳无情地将大地烤得灼人，尽管圣甲虫万分迫切地想来到阳光下，也不得不等初雨把坚硬无比的壳软化。对它而言，一场暴雨是关系着生死的大问题。

不要忽视了圣甲虫破壳之后最初的行为，还是关心一下它在野外的早期生活吧！

八月，当我听到那囚徒在坚固的牢笼里无力地挣扎时，我将粪壳打碎了，把它单独放到笼子里饲养。我给它提供的食物又多又新鲜，我原以为，在如此长期的禁食之后，是时候吃点儿东西恢复元气了。

然而，它没有这样做，尽管我用诱人的食物邀请它，招呼它，它却完全不给面子。对于它来说，首先最需要的是享受阳光的快乐——它爬到网纱上，一动不动地沉醉在阳光里。

初次沐浴在灿烂的阳光下，圣甲虫迟钝的脑袋会想点儿什么呢？可能什么都没有，只是无意识地享受着在阳光下的快乐。

随后圣甲虫终于向食物奔来了。这是一个已经加工得符合所有规格的粪球，它根本无须学习，第一次尝试就拥有了一个球形——即便经过长期练习的圣甲虫所做的粪球也不见得会比这个规整。它挖了个洞，以便安静地享受刚刚揉搓出来的面包。这个新手彻底沉浸在自己的艺术当中，它的才能并不会在以后长久的实践经验中有所增长。

前腿和头盔是它的挖掘工具，为了将清理出来的土块运到外面去，它像它的前辈那样，熟练地运用了独轮车，用前额和前胸顶着土块，头低着埋到尘土里前进，然后将东西扔到离洞不远的地方。它如同一名挖土工人，慢慢悠悠地重回地下，搬运独轮车。挖土工人的活儿还要继续很长时间，这项清理工作需要耗费几个小时。

最后，储藏好粪球，关上房门，工作就结束了。

幸福的生物！你从未见过你还不认识的同类干过这活儿，也完全没学习过，可你对这一行的本领相当熟悉，为自己赢得了莫大的安静和食物，而这在人类的生活中是相当不容易得到的！

无私的母爱

接下来我们说一说西班牙粪蜣螂的故事，它也是一种食粪虫，它的肥胖程度仅次于圣甲虫，触角高高地竖在头上，十分引人注目。

它的身子又矮又胖，缩起来圆滚滚的，行动迟缓；爪子一点儿也不长，只要稍有一点儿动静就折在肚子下装死，完全不能与圣甲虫那样的滚粪球工的爪子相提并论。单从这短短的不灵活的爪子形状来看，人们就不难猜到这种昆虫不喜欢滚动粪球。

在西班牙粪蜣螂的故事中，需要特别记住两点：对后代的养育方式和做粪球的艺术才能。虽然卵巢的生殖力十分有限，可这个种族与那些产卵多的昆虫同样兴盛，因为卵巢的贫乏可以由母爱弥补。

那些繁殖众多的昆虫，在略微安排之后就把孩子丢给未知的命运。它们一千个后代中，常常只有一个活下来。它们的子女，很大一部分刚出生甚至还没有出生，就消亡了。为了整体的生存，那些多余的被死神夺走了，那些注定要活下来的，以另一种形态活着。这些生育毫无节制的昆虫，根本不懂得，也

不可能懂得什么是母爱。

西班牙粪蜣螂的习性就大不一样了。它只有三四枚卵，如何才能更好地预防那残酷的事故呢？无论是西班牙粪蜣螂少得可怜的卵，还是其他昆虫成群的卵，生存都是一场残酷的斗争。西班牙粪蜣螂深知这一点，为了保护子女，它不惜牺牲自我，放弃外面的娱乐，夜里从不出来舒展身体，也没有挖掘新的粪堆，尽管挖掘粪堆对于食粪虫而言是那么快乐。它躲在地下，时刻与孩子们一起，寸步不离保育室。它日夜守护着，将那些寄生植物扫去，将裂缝糊上，赶走所有可能出现的破坏者。一直到九月，它才与孩子们一起爬到地面上。此时，它的子女已不再需要它的守护了，它们可以随心所欲地生活了。我相信，哪怕是鸟类也没有比西班牙粪蜣螂更无私的母爱了。

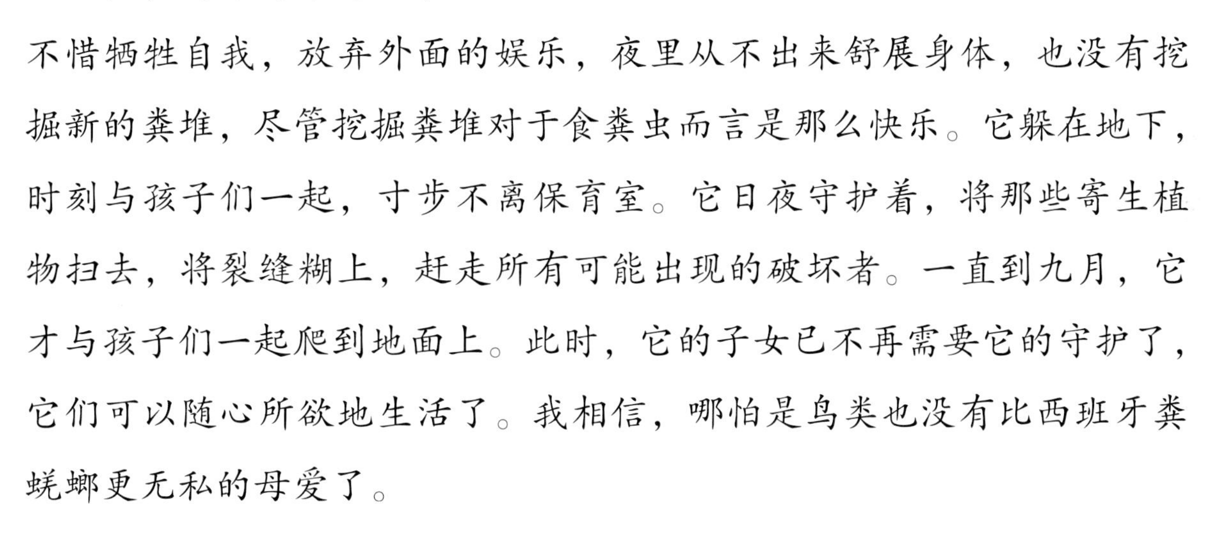

西班牙粪蜣螂的卵期长达一到一个半月，要到七月末蛹才出现。它的蛹起初全身都是金黄色，一个月以后，也就是八月末，成虫会将那木乃伊一般的外套脱掉。半个月之后，西班牙粪蜣螂的服装变得乌黑，胸甲也硬多了，幼虫准备出来了。眼下是九月末，泥土已经经过几场暴雨的洗礼，坚不可摧的粪球外壳被软化了，便于成虫破壳而出。

西班牙粪蜣螂母亲用短短的笨拙的爪子，为子女们加工出精巧结实的食物，可以想象得出，困难是相当大的。不过，专心和耐心足以克服任何困难。两天之内，顶多三天，圆圆的摇篮就做好了。

地洞里只要储藏好一个能够切成三四个粪团的大圆面包，母亲就再也不出来了。不过，它没有给自己留下一点儿食物。洞里所储藏的

食物都是给后代的，母亲肯定不会碰。假如它拿出一点儿给自己享用，幼虫就会因为缺少口粮闹饥荒。此时，西班牙粪蜣螂从最初那个没有子女负担的贪吃鬼，变成了一个长时间绝食的克制的母亲。雌蜣螂在一年三分之一的时间里不吃东西，一直守护着它的孩子们。食粪虫在母性的牺牲精神上，超过了鸟类。

可是当母亲完成了对幼虫的照看工作从地下出来后，就不认它的子女了，也不再关心它们。不久前母亲还如此尽心尽力，如今却突然个性大变，一点儿也不关心自己已经独立的子女了。从今以后，它们各自谋生，人人为己，就像不认识一样。

然而，它现在的漠不关心并不会让我们忘记它四个月来尽心竭力的照料。在昆虫世界里，我不知道，除了群居膜翅目昆虫，蜜蜂、蚂蚁等用嘴喂养后代，让它们成长在干净的环境中，还能在哪里找到这样的榜样——具有西班牙粪蜣螂这样的母爱奉献精神，对后代如此细心培养。

西班牙粪蜣螂为何具有如此高的素质呢？若是在无意识中也能产生道德，我愿意称这种素质为自发的道德。与声望卓著的蜜蜂、蚂蚁相比，它的母爱胜过了它们，它是如何学到的？我说的是“胜过”，因为蜜蜂母亲相当于一个胚胎工厂，一个生殖力旺盛的厂房，这一点毫无疑问——它仅负责产卵,然后它的后代由其他工蜂(那些终身独身、极具好心肠的姐妹）来养育。而西班牙粪蜣螂对属于它的责任做得要好得多，它没有依靠任何人的帮助，亲自给每个儿女储备了一块面包。它把这块面包变成了牢不可破的摇篮。这种母爱，无私到了绝食的地步。整整四个月，它一直在地洞深处守护着子女，留心着胚胎、幼虫、蛹及成虫的需要，一直到所有的孩子从地下解脱出来，它才会又爬到阳光下参加宴会。在一个微小的以粪为食的昆虫身上，闪现出最伟大的母性本能的光芒，散发出思想的气息。

精致图文·全新版

VISUAL BOOKS

[法]法布尔/著 文心/编译

昆虫记

②蝉·螳螂·绿蝈蝈儿·蟋蟀·蝗虫·松毛虫·叶甲·石蛾·大孔雀蝶·小条纹蝶·金龟子·黄蜂

天地出版社 | TIANDI PRESS

目录

CONTENTS

蝉

有些人对于蝉的歌声似乎并不熟悉，因为蝉总是生活在长有洋橄榄树的地方，但凡是读过拉·封丹的寓言的人，大概都记得蝉曾经受过蚂蚁的嘲笑吧。

故事中说：整个夏天，蝉不做一点儿事情，只知道从早到晚地唱歌，而蚂蚁则忙于储藏食物。冬天来临，蝉不能忍受饥饿，只好跑到邻居蚂蚁那里去借一些粮食，结果遭遇了难堪。蚂蚁骄傲地看着蝉，问道：“你为什么不在夏天收集一点儿食物呢？”蝉回答：“夏天，我忙着歌唱呢！”“你夏天要唱歌，”蚂蚁不客气地说，“好啊，那么你现在可以跳舞了。”

这个寓言里的昆虫并不一定就是蝉，很可能是螽斯，因为英文常常把螽斯译为蝉。蝉虽然需要邻居们的许多照应，但它并不是乞丐。不过，蝉确实很喜欢唱歌。每到夏天，

它们就成群结队地来到我家门口唱歌，在两棵高大筱悬木的绿荫中，从日出唱到日落。

有时候，蝉和蚂蚁确实打一些交道，但是真实情况恰恰与前面寓言中所说的完全相反。蝉并不依靠别人生活，它从不到蚂蚁门前乞食，倒是蚂蚁不能忍受饥饿而常常厚着脸皮去抢蝉的食物。我曾经亲眼见过这种事。

七月，当其他昆虫都在为口渴苦恼，失望地在已经枯萎的花上想找点喝的东西的时候，蝉却舒服地坐在树枝上唱歌。当蝉唱到口干的时候，就会伸出它那好像锥子一样的嘴巴，刺入柔滑的树皮，吸食里面的汁液。这时，偷偷躲在一旁的蚂蚁就会跑出来，想要趁机舔吸。而蝉则会很大方地抬起身子，让它们享用。但没想到，蚂蚁得寸进尺，咬住蝉的腿尖，拖住蝉的翅膀，爬上它的后背，甚至抓住它的吸管，想把吸管拔掉。最后，这位歌唱家没有办法，不得已抛弃自己所凿的井，悄无声息地离开了。于是，蚂蚁的目的达到了，霸占了蝉的井，喝光了里面的汁液。

怎么样？真正的事实确实与那个寓言相反吧？蚂蚁是厚颜无耻的乞丐，蝉才是辛勤的劳动者！

蝉是我的邻居，每到夏天就搅得我难以专心做事。不过，我正好也有许多时间来研究它的习性。七月初，蝉来到我屋子前面的那棵大树上。蝉最初出现在夏至，它们的幼虫从许多手指般大小的地下洞穴里爬出来，在地面上变成蝉。

我在考察蝉的地下洞穴时，发现了一个很特别的现象。在通往地下洞穴的洞口四周，竟然没有一点垃圾和泥土。大多数的掘地昆虫，例如金蜣，它的窝巢外面总有一座土堆。我分析后得知，这是它们工作方法不同的结果。

金蜣的挖掘工作是从洞口开始的，所以它把掘出来的泥土都堆积

在地面；蝉幼虫的挖掘工作是从地下开始的，开始并没有洞口，最后的工作才是开辟洞口，所以它不可能在门口堆积泥土。

蝉的隧道大约有二十厘米深，里面通行无阻，下面的部分较宽，但底端却是完全封闭起来的。那么，蝉在挖隧道时，都把泥土搬移到哪里去了呢？为什么洞壁不会崩裂下来呢？

许多人都以为，蝉幼虫爬上爬下掘洞时会把泥土弄塌了，把自己的房子塞住。其实，蝉幼虫的做法简直和矿工或是铁路工程师一样。矿工用支柱支持隧道，铁路工程师利用砖墙使地道坚固。蝉幼虫和他们一样聪明，为了使隧道坚固，它在隧道的洞壁上涂上“水泥”。这种“水泥”是蝉幼虫用自己分泌的黏液和收集到的泥土做成的。洞穴常常建筑在含有汁液的植物根须上，蝉幼虫可以从这些根须中获取汁液。

蝉幼虫一连工作几个星期，甚至一个月，才能做成一道坚固的洞壁。为了方便随时知道外面的天气如何，蝉幼虫在隧道的顶端留了手指厚的一层土。只要觉得今天是个好天气，它就会爬上来，利用顶上的那层土来测知外界气候的状况。如果蝉幼虫感觉外面有雨或风暴，它就会小心谨慎地溜到隧道底下。但是如果天气很温暖，有很好的阳光，它就会用爪击碎“天花板”，爬到地面上来晒太阳。

蝉的幼虫初次出现在地面上时，总在洞口附近徘徊，以寻求适当的地点，比如一棵小矮树、一丛百里香、一片野草叶或者一根灌木枝。找到后，它就爬出地面，用前足紧紧地抓住这些植物的枝条，一动不动。接着，它的蜕皮工作就开始了。这时，看起来很坚硬的外皮从背上裂开，露出里面淡绿色的蝉。蝉的头部首先露出来，接着是吸管和前腿，随后是后腿和翅膀。此时，除了身体最后的尖端，蝉的整个身体已经完全蜕出了。

接下来，蝉会表演一种奇怪的体操。它的身体先挣脱出来，只有一小块还黏着在旧皮上，然后翻转，直到头部倒悬、布满花纹的翼向外伸直并完全张开。随后，它尽力将身体翻上来，并且用前肢钩住空皮。这一系列动作，可以把身体的尖端从壳中脱出。整个过程大约需要半个小时。

在短时间内，这个刚得到自由的蝉还不是很强壮。它那柔软的身体在还没具有足够的力气和漂亮的颜色以前，必须在日光和空气中好好地沐浴。它会用前肢把身体悬挂在已脱下的壳上，在微风中摇摆。它的身体依然很脆弱，依然是绿色的。直到棕色的外壳出现，它才会变得像平常的蝉一样。

现在我们来谈谈蝉的歌唱问题吧，首先看看蝉的音乐器官。在雄蝉的胸部，紧靠大腿的后面，有两块很宽的半圆形大盖片，右边的盖片往左边的盖片上压一点点，左右盖片下面各有一个小空腔。小空腔的外侧也就是蝉的腹背交接处的边缘，有一个纽扣大小的小孔，那是蝉的音窗。与音窗相通的另一个空腔是蝉的音室。音室里，有发音器官——“钹”。蝉的一声声歌唱就是从“钹”的来回振荡中发出来的。

蝉与我比邻而居已有十五年了。每个夏天差不多有两个月之久，它们总不离我的视线，而歌声也不离我的耳畔。无论是在饮水还是做其

他动作时，它们都不会停止歌唱。它们为什么要唱个不停呢？我原以为它们是在呼唤同伴，但事实上，这个猜想是错误的。因为我常常看见它们在筱悬木的柔枝上，排成一列，歌唱者和它们的伴侣并肩坐着，所以它们并不需要用歌声来呼唤同伴。于是，我又猜想，或许蝉听不见自己所唱的歌曲，只不过是想用这种强硬的方法强迫他人去听而已。

蝉具有非常清晰灵敏的视觉。它的眼睛时刻注意到周围环境的变化，只要看到有谁跑来，它就会立刻停止歌唱，悄然飞走。然而，喧哗却不足以惊扰它。你尽管站在它的背后讲话、吹哨子、拍手，它依旧忘我地歌唱。

有一回，我借来一支乡下的农民节日里使用的土铳，里面装满火药。砰的一枪放出去，声如霹雷。蝉却一点儿也没有受到影响，仍然继续歌唱。第二枪放出去后，情形依然不变，蝉仍然不受任何影响。由此，我们可以确定，蝉是听不见的，好像聋子一样，完全听不到自己所发出的声音！

那么，我们就不要去想蝉的歌声了，还是再来看看蝉的卵吧。蝉

喜欢把卵产在干燥的树枝上。它找到合适的树枝后，就用胸部尖利的工具在树枝上刺一排小孔。一根枯枝常常被蝉刺上三十或四十个孔。蝉就把卵产在这些小孔里。小孔一个个地斜着，每个孔大约可以放十枚卵。这样算来，一只蝉大约可以产三四百枚卵。经观察，蝉之所以产这么多卵，是因为要防御一种特别的灾祸。这种灾祸就是，卵中的很大一部分会被破坏掉，而这些蝉卵的破坏者就是蚋。如果拿蚋和蝉作比较，蝉简直是庞然大物！许多蝉卵刚产出，就有可能立刻被蚋毁掉。这真是蝉家族的灾祸！我曾经见过三只蚋有次序地待在蝉前面，同时准备掠夺那只倒霉蝉的卵。

当时，蝉刚在一个小孔里产满卵，准备另外做洞产卵时，蚋立刻赶过去。虽然蝉的脚可以够着它，但蚋却镇静地跑到小孔处，将自己的卵产进去。蝉飞回去时，它原来产卵的小孔里多数已加进了蚋的卵。这些冒牌的家伙比蝉卵成熟得快，它们的幼虫很快便以蝉卵为食，蚕食了蝉的后代。

虽然已经有几个世纪的教训，但是可怜的蝉的母亲仍然对灾难一无所知。

从放大镜里，我曾见过蝉卵的孵化过程。起初，蝉卵很像极小的鱼，眼睛大而黑，身体下面有一种鳍状物，由两个前腿连在一起。这种鳍能帮助幼虫走到壳外，并且帮助它走出树枝上的小洞。鱼形的幼虫一到壳外，立刻就把外皮脱去。脱下的皮形成一种线。幼虫依靠这种线附着在树枝上，享受日光浴，踢踢腿，试试力气。有时，幼虫也会懒洋洋地在线上摇摆。

触须自由后，幼虫便可以左右挥动。接着，它的腿也可以伸缩，前面的足也能张合自如。这时，它就将身体悬挂起来，随着微风摇摆不定。

不久，它就落到地上来了。这个像跳蚤一般大小的动物，在自己的绳索上摇荡下坠，以防在硬地面上摔伤。落地后，它仍面临着许多危险。一丁点儿风就能把它吹到硬的岩石上，或车辙的污水中，或不毛的黄沙上，或硬得它不能钻进去的黏土上。

这个弱小的动物迫切需要防寒之处，所以它必须立刻钻到地下寻觅藏身之所。天气渐渐冷起来，迟缓一些就有可能被冻死，所以它不得不四处寻找软土。毫无疑问，许多蝉幼虫在没有找到栖息的地方之前就已经死了。最后，蝉幼虫寻找到适当的地点，用前足的钩挖掘地面。从放大镜中，我看见它挥动“斧头”，将泥土掘出地面。几分钟后，一个洞穴就完成了，这个小家伙钻下去，将自己埋藏起来，此后就长时间不出现了。

未长成的蝉如何在地下生活，至今还是一个未知的秘密。我们所知道的，只是它爬到地面上来以前，在地下生活了多长时间而已。通常，它在地下生活的时间是四年，而在日光中的歌唱则不到五个星期。

四年黑暗的苦工，一个月日光中的享乐，这就是蝉的生命。看来，我们不应厌恶它歌声中的烦躁浮夸，因为那种声音能高到足以歌颂它的快乐，如此难得，而又如此短暂。

螳螂

早在古希腊时期，农夫们便发现了一种奇怪的昆虫。这种昆虫半身直起，庄严地立在被太阳灼烧的青草上，宽阔的、宛若轻纱的薄翼拖曳着，前腿如同手臂，伸向半空，好像是在向上天祈祷。在农夫们看来，它就像是一个虔诚的修女，所以后来就有人们称呼它为“祈祷者”或者“先知”。这种昆虫便是螳螂。

其实，螳螂那种貌似虔诚的态度是骗人的，它高举着的“手臂”，看上去像是祈祷用的，其实那是最可怕的利刃。无论什么东西经过螳螂的身边，螳螂都会立刻原形毕露，用它的“手臂”加以捕杀。它还专门捕食活的动物。在螳螂温柔的面纱下，隐藏着浓重的杀气。

螳螂的外表看上去相当美丽，身材纤细，体态优雅，披着淡绿的外衣，托着轻薄如纱的长翼。它的颈部是柔软的，头可以朝任何方向自由转动。它甚至还有一个精致的面孔。这一切都构成了这个小动物的温柔外表。可是在螳螂优美的身体上，却生长着一对极具杀伤力和进攻性的武器。而它的身材和这对武器之间的差异，简直让人难以相信，它居然是一种温柔与残忍并存的小动物。

仔细观察螳螂的身体，你会发现它那纤细的腰不仅非常长，还特别有力。与长腰相比，螳螂的大腿还要更长一些。而且，它的大腿下面还生长着两排十分锋利的像锯齿一样的东西。紧连着这两排尖利的锯齿，后面还生长着一些大齿。它的大腿简直就像有两排锯齿的刀口。

螳螂的小腿上也有两排锯齿，而且生长在小腿上的锯齿要比长在大腿上的多很多。小腿上的锯齿和大腿上的锯齿有一些不同之处。小腿锯齿的末端生长着像金针一样尖锐的硬钩子，而且锯齿上还长着一把有着双面刃的刀，看起来就像修理花枝用的那种弯曲状的剪刀。

记得我到野外去捕捉螳螂的时候，经常遭到这个小动物出于自我保护的强有力的还击，所以我总是捉不到它，反倒经常中了这个小东西的“暗器”，被它抓住了手，而且抓得很紧。

平时，螳螂不活动的时候，只是将身体蜷缩在胸坎处，看上去似乎特别平和。这时，你会觉得这个小动物简直是一只热爱祈祷的性情温和的小家伙。不过，只要它们的身边有其他昆虫经过，不管是有意侵袭，还是无意路过，螳螂那副祈祷和平的相貌便会立即改变。它会立刻伸展开身体，不等那个过路者完全反应过来，螳螂便已将它收服在利钩之下了。可怜的小虫被重重压在螳螂的两排锯齿之间，动弹不得。然后，螳螂再用力把钳子夹紧，一次战斗就结束了。

我把抓来的螳螂放在一个用铜丝网盖住的筐里面，再往筐里撒上一些沙子，这只螳螂便会在里面生活得十分快乐和满足。我想要做一些试验，测量一下螳螂的力气究竟能有多大，所以，我不仅仅给螳螂喂一些活的蝗虫或者活的蚱蜢，还必须喂给它一些大蜘蛛，以使它的身体更加强壮。

有一次，我看到一只无所畏惧的灰色小蝗虫朝着螳螂迎面跳了过去。螳螂立刻表现出异常愤怒的神情，接着迅速地做出了一系列令人意想不到的姿势，使得那只本来无所畏惧的小蝗虫立刻恐惧起来。螳螂极度张开它的翅膀，使它的翅直立得好像船帆一样，竖在它的后背上。紧接着，螳螂将身体的上端弯曲起来，样子很像一根弯曲着手柄的拐杖，并且不时地上下起落。与此同时，螳螂还发出一种声音，特别像毒蛇喷吐气息时发出的声响。螳螂在做完这一系列动作后，便一动不动，眼睛瞄准它的敌人，死死盯住对手，随时准备冲上前去，展开激烈战斗。哪怕那只小蝗虫只稍微移动一点儿距离，螳螂也会马上跟着把头转向新的方向，目光始终不离开蝗虫。螳螂这样死死地盯着对方，主要就是利用对手的惧怕心理先吓住它，再继续把更大的惊恐印入对手的心灵深处，给予对手更大的压力。它可真算得上是昆虫世界的心理专家了！

看起来，螳螂精心设计的这个作战计划是非常成功的。因为那只小蝗虫已经不知所措了，甚至都想不起要跳起来逃跑。可怜的小蝗虫害怕极了，怯生生地伏在原地，不敢发出半点儿声响。在它最害怕的时候，它甚至莫名其妙地向前移动，靠近螳螂。小蝗虫居然恐慌到了主动去送死的地步。看来，螳螂的心理战术是十分奏效的。

当那个可怜的小蝗虫靠近时，螳螂立刻动用它的武器杀死了小蝗虫，并

开始得意地咀嚼它的战利品了。

那些爱掘地的黄蜂们，也常常会成为螳螂的美餐。螳螂经常出没于黄蜂的地穴附近。因此，在黄蜂的窠巢周围看到螳螂的身影屡屡出现，便不足为奇了。螳螂总是埋伏在蜂巢的周围，等待时机。说不定它还会获得双份报酬呢。因为，有的时候，螳螂等待的不仅仅是黄蜂本身，黄蜂的身上常常也会携带一些属于它自己的俘虏。这样一来，对于螳螂而言，不就是双份的俘虏、双份报酬了吗？不过，螳螂并不总是这么走运的，也有不太幸运的时候。

有时，螳螂也会很长时间什么都等不到。这主要是因为黄蜂已经有了戒备之心，使得螳螂只得失望而归。但是，也有个别掉以轻心的黄蜂，就会被螳螂看准时机，一举抓获。有一些刚从外面回来的黄蜂，它们振翅飞来，由于粗心大意，对早已埋伏起来的敌人毫无戒备。当突然发现大敌当前时，黄蜂便会猛地被吓一跳，飞行速度忽然减慢下来。就在这千钧一发的关键时刻，螳螂的行动简直是迅雷不及掩耳。于是，黄蜂一瞬间便坠入那个两排锯齿的捕捉器中。接下来，那不幸的牺牲

者就会被胜利者一口一口地蚕食掉。

记得有一次，我曾看见过这样有趣的一幕。有一只黄蜂俘获了一只蜜蜂，把它带回自己的储藏室里，享用起这只蜜蜂体内的蜜汁。不料，就在它吃得正高兴的时候，一只凶悍的螳螂突然出现，并且袭击了它。当时，这只黄蜂正在吃蜜蜂嗉袋里储藏的蜜，但是螳螂的双锯在不经意中竟然有力地夹在了它的身上。可是，就在这被俘虏的时刻，无论怎样的惊吓、恐惧和痛苦，竟然不能使这只贪吃的小动物停止继续吸食蜜蜂体内的蜜汁。它依然在舔食着那芳香诱人的蜜汁。这真是太奇异了！

螳螂，这样一种凶狠恶毒、犹如魔鬼一般的小动物，它的猎食范围并不仅仅局限于其他种类的所有昆虫，它还会吃掉自己的兄弟姐妹。而且，在吃同类的时候，它居然面不改色心不跳，十分泰然自若，那副神情简直和它吃蝗虫、吃蚱蜢的时候一模一样，仿佛这是天经地义的事情。并且，此时，在食同类的螳螂旁边围观的观众们也没有任何反应，没有任何阻止的行动。不仅如此，这些观众还纷纷跃跃欲试，时刻准备着，一旦有了机会，它们也会做同样的事情，也同样地毫不在乎，仿佛这一切都十分自然似的。

然而事实上，螳螂甚至还具有食用自己丈夫的习性。这可真让人吃惊！在吃自己丈夫的时候，雌性的螳螂会咬住它丈夫的头颈，然后一口一口地吃下去。最后，剩下来的只是它丈夫的两片薄薄的翅膀而已。这真令人难以置信。

虽然螳螂如此凶猛可

怕，还有那么凶恶的捕食方法，甚至以自己的同类为食，但螳螂也和人类一样，不光有缺点和不足之处，还拥有很多独有的优点。比如，螳螂能建造十分精美的巢穴，这便是螳螂众多优点中很突出的一个。

螳螂建造的窠巢，在有太阳光照耀的地方随处都可以找得到。比如石头堆里、木头块下、树枝上、枯草丛里、一块砖头底下、一条破布下或者是旧皮鞋的破皮子上面。总之，只要那个东西上有凸凹不平的表面，就都可以作为螳螂窠巢的地基。

螳螂的巢大小有一两厘米长，不足一厘米宽。巢的颜色是棕黄色的，样子很像一粒麦子。这种巢是由一种泡沫很多的物质做成的。但是，不久以后，这种多沫的物质就逐渐变成固体了，而且慢慢地变硬了。螳螂巢的形状各不相同。这主要是因为巢所附着的地点不同，因而巢随着地形的变化而变化。但是，不管巢的形状怎么变，它的表面总是凸起的。

整个的螳螂巢大概可以分成三部分。其中的一部分是由一种小片做成的，并且排列成双行，前后相互覆盖着，就好像屋顶上的瓦片一样。

这种小片的边沿有两行缺口,是专门用来做门的。小螳螂在孵化出以后,就是从这个地方跑出来的。至于其他部分的墙壁,全都是不能穿过的。

螳螂的卵在巢穴里面堆积成好几层。其中每一层卵的头都是朝向门口的。上面我已经提到过了,那道门有两行,分成左、右两边。所以,在这些幼虫中,有一部分是从左边的门出来的,另一部分则从右边的门出来。

有这样一个事实是值得注意的,那就是母螳螂在建造这个十分精致的巢穴的时候,也正值它产卵的时期。在这个时候,从母螳螂的身体里,会排出一种非常有黏性的物质。这种物质类似于毛虫排泄出来的丝液。这种物质在排出来以后,便会同空气互相混合在一起。然后,母螳螂会用身体末端的“小勺”把这种物质搅拌成泡沫状。打起来的泡沫是灰白色的,与肥皂沫十分相似。开始的时候,泡沫是有黏性的。但是过了几分钟以后,黏性的泡沫就变成了固体。母螳螂就是在这种泡沫中产卵并繁衍后代的,每当产下一层卵以后,它就会往卵上覆盖一层这样的泡沫。

在新建的巢穴的门外面，有一层材料，把这个巢穴封了起来。看上去，这层材料和其他的材料并不一样，那是一层多孔、纯洁无光的粉白状的材料，就好像面包师们把蛋白、糖和面粉搅和在一起，用来做饼干外衣的混合物一样。这样一种雪白色的外壳是很容易破碎的，也很容易脱落下来。当这层外壳脱落下来的时候，螳螂巢的门口便完全裸露，可以看到，门的中间装着两行板片。不久以后，风吹雨打会使它侵蚀，将它剥成小片。于是，这些小片会逐渐地脱落下来。所以，在旧巢上，就看不见它的痕迹了。

螳螂卵的孵化，通常都是在有阳光的地方进行的，而且，大约是在六月中旬。有一点非常不幸！这些可怜的小幼虫竟然孵化到了一个充满危险的世界上来。它们的母亲完成了筑巢、孵化工作后，便头也不回地离去了。这些还不知道什么叫危险的小幼虫，常常会在此时惨遭杀戮。

螳螂幼虫的头号天敌就是蚂蚁。一只只蚂蚁不厌其烦地光临到螳螂巢穴的旁边，非常耐心，而且信心十足地等待时机的成熟，以便立即采取捕杀行动。它们静候在大门之外，此时，螳螂幼虫的处境实在是非常危险。只要它们一不小心跨出自家大门一步，蚂蚁们就会迅速赶来，一把抓住小螳螂的肚子，把它从鞘壳里拉出来，然后咬碎。守候在巢边的蚂蚁是不会轻易放过任何一顿美餐的。

不过，这样的情形并不会持续很长时间。因为，遭到不测的只是那些刚刚从卵中孵化出来的幼虫而已。当这些幼虫开始和空气相接触

以后，用不了多长时间，便会马上变得非常强壮。这样一来，渐渐地，幼虫就具备了自我保护能力，再也不是任人宰割的可怜虫了！

但是，螳螂还有其他的敌人。这些天敌可不是那么容易就能吓倒的。比如说，那种居住在墙壁上面的小型的灰色蜥蜴，就很难对付。对于小螳螂的自卫和恐吓的姿势，蜥蜴是全然不在意的。蜥蜴进攻螳螂的方法主要是用它的舌尖，一个一个地舐起那些刚刚幸运地逃出蚂蚁口的小昆虫。

其实在卵还没有孵化出来以前，那些小生命就已经处于万分危险之中了。一只小个儿的野蜂随身携带着一种刺针，其尖利的程度，足可以刺透螳螂的由泡沫硬化以后而形成的巢穴。于是，螳螂的卵就会受到侵略者的骚扰，被侵略者吸食掉。比如说螳螂产下一枚卵，那么，最后剩下来的没有遭受噩运而被残酷地毁灭的，大概也就只有两枚而已了。

这样一来，便形成了下面这条食物链。螳螂以蝗虫为食，蚂蚁又会吃掉螳螂，而蚂蚁又是鸡的食物。等到了秋天的时候，鸡长大了，长肥了，人又会把鸡做成佳肴吃掉，这可真是有趣！

世界本来就是一个永无穷尽的循环着的生命圆环。各种物质完结以后，在此基础上，各种物质又纷纷重新开始一切。从某种意义上讲，各种物质的死，就是各种物质的生。这是一个十分深刻的哲学道理。

论祖传

每个人都有自己的个性与特质，这种特质有时候看起来好像是从我们的祖先那里遗传来的，事实上并非如此。比如，一个喜欢数小石子的牧童，可能成为数学家；一个整日独自幻想着一种乐器的美妙声音的小孩，可能成为音乐家；而一个喜欢把面包和苹果酱到处乱抹的小家伙，说不定会成为一位优秀的雕刻家。由此我们可以知道，一个人的才干更多地源于他那强烈的兴趣爱好。

我小时候就非常喜欢与大自然亲密接触，逐渐形成了观察植物和昆虫的习惯。我的这种习惯并不是从我的祖先那里遗传来的，而且我也没有受过什么昆虫知识方面的专门训练，因为从小就没有老师教过我。不过，我向着我的目标不断努力着，希望在记载昆虫的书籍里能看到我的见解。

在很多年以前，我还是一个不懂事的小孩子，可当时我那种独立探究的勇气和决心，令我至今都感到非常骄傲。记得有一次，我去攀登离家很近的一座山，因为山顶上有一片我向往已久的

树林。我正在缓慢地往上爬时，忽然发现了一只可爱的小鸟。我猜想这只小鸟一定是从它藏身的大石头那里飞过来的。不一会儿工夫，我就发现了小鸟的巢。这个鸟巢是用干草和羽毛做成的，里面还有六个蓝色的蛋。我高兴极了，这可是我第一次找到鸟巢。

我们村子的旁边有一条小河，河的对岸有一片树林，那里全是光滑而笔直的树木，地上铺满了青苔。在这片树林里，有许多形状各异的野菌，它们有的像小铃儿，有的像灯泡，有的像茶杯。它们中有些被刺破后会流出像牛奶一样的汁液；有些被我踩到后，就变成蓝色的了；还有一种梨子形状的野菌，用手一戳，就会喷出一股烟。后来，我常来光顾这片有趣的树林，这里便成了我的另一个乐园。

我儿时最大的愿望就是有一个属于自己的野外实验室。几十年后，这个愿望实现了。在一个小村落的幽静之处，我得到了一小块土地。这里长满了千姿百态的植物，还生活着各种各样的昆虫。在我的这个稀奇而又冷清的王国里，昆虫成了我最为忠实的朋友。

爱好昆虫的孩子

自儿时起，我便十分喜爱昆虫，不过我的这种习性并不像许多人所认为的那样源自祖辈的遗传。

我的外祖父和外祖母一直过着清苦的日子。如果硬要说外祖父曾经和昆虫有过什么关系，那也不过是他曾经踩死过不少昆虫。外祖母则是每天为琐碎的家务所累。她洗菜时，偶尔会发现菜叶上的毛虫。这时，她就会毫不犹豫地立刻把这种可恶的东西打掉。

我的祖父母住在偏僻的乡村，他们靠着几亩薄田维持生计。祖父对于牛和羊知道得很多，可是除此之外，便几乎一无所知了。祖母是一个慈爱的人，她整天忙着洗衣服、照顾孩子、烧饭、纺纱、看小鸭、做乳酪和奶油……她遗传给了我强壮的体质和爱好劳动的品格，可是她的确没有遗传给我爱好昆虫的天性。

我自己的父母也都是不爱好昆虫的。有一次，父亲见我把一只虫子钉在软木上，便以为我玩物丧志，狠狠地打了我一拳，这就是我从他那里得到的鼓励。

尽管如此，我还是一如既往地喜欢观察和怀疑一切事物。记得在我五六岁的时候，有一天，我把脸正对着太阳，那炫目的光辉使我心醉。我的脑海里突然冒出一个问题：“我究竟是在用嘴巴还是用眼睛来欣赏这灿烂光辉的呢？”我把嘴张得大大的，把眼睛闭起来，光明消失了；我睁开眼睛，闭上嘴巴，光明又出现了。这样反复试验了几次，结果都是一样的。于是，我确定我看太阳用的是眼睛。晚上，当我兴奋地把这件事告诉大家时，只有祖母慈祥地微笑着，其余的人都大笑不止。

还有一次，树林里一种断断续续的叮当声吸引了我。在寂静的夜里，这种声音显得分外柔和，到底是谁在发出这种声音？是巢里的小鸟在叫，还是小虫子们在开演唱会呢？我曾经站在树林里守候了很长时间，可是没有任何收获。第二天、第三天……我每天都去守候，不弄清真相决不罢休。终于有一天，我的不屈不挠获得了回报。嘿，原来是一只蚱蜢在唱歌！我很得意自己又掌握了一些关于蚱蜢的知识，而且这些知识是我自己通过努力得来的。

我一直用自己对于动植物特别敏锐的眼睛，观察着这个神奇的世界。我研究花、研究虫子，我观察着、怀疑着，这一切都是因为好奇心的驱使和我对大自然由衷的热爱。

七岁的时候，我就要进学校学习了。可我并不觉得学校的生活比我以前那种自由自在地沉浸在大自然中的生活更有意思。我的教父就是老师，教室是一个难以形容的屋子，因为那屋子用处太多了，它既是学校，又是厨房；既是卧室，又是餐厅；既是鸡窝，又是猪圈。在这样的一个学校里，我们能学到些什么呢？我们的学习常常被一些无足轻重的小事打断，一会儿老师和师母去看锅里的马铃薯了，一会儿小猪的同伴们叫唤着进来，一会儿又是一群小鸡忙不迭地奔进来……就这样，我们常常忙里偷闲地看一会儿书，实在学不到什么知识。

露天学校则有着更大的诱惑力。当老师带着我们去消灭黄杨树下的蜗牛的时候，我却常常不忍心下手。这些蜗牛是多么美丽啊！后来，在帮老师晒干草的日子里，我又认识了青蛙。青蛙用自己做诱饵，引诱河边巢里的虾出来。在赤杨树上，我捉到了青甲虫，它的美丽使蔚蓝的天空都为之逊色。我采下水仙花，这种花的漏斗状颈部有一圈美丽的红色，像挂了一串红项链。在收集胡桃的时候，我在一块荒芜的草地上找到了蝗虫，它们的翅膀张得像一把扇子，红蓝相间的颜色让人眼花缭乱。无论在什么地方，我都能得到精神食粮，自得其乐。我对于动植物的爱好自然也有增无减，日久弥深。

为了让我用功读书，父亲给了我一本廉价的《拉·封丹寓言》，里面有许多插图，虽然插图既小又不准确，可是看起来的确很有趣。书里面的乌鸦、喜鹊、青蛙、兔子、驴子、猫和狗，都是我所熟悉的动物。在这本书里，动物会走路、会讲话，因此大大激发了我的兴趣。于是，拉·封丹也成了我的朋友。

后来，我上了中学、大学，虽然因家里交不起学费而不得不辍学，但我从来没有放弃过自己的爱好。

在我读大学的时候，

生物学是被一般学者所轻视的学科，学校方面所承认的必修课程是拉丁文、希腊文和高等数学。于是，我竭尽全力地去研究高等数学。这是一个艰难的奋斗过程，没有老师的指导，疑难问题往往好几天得不到解决，可我一直坚持学着，从未想过半途而废，最后终于学有所成。

毕业后，我被派到埃杰克索书院教物理和化学。那个地方离大海不远，这对我的诱惑力实在太大了。那包容着无数新奇生物的海洋，那海滩上美丽的贝壳，还有番石榴树、杨梅树和其他一些树，都足以让我研究一段时间的了。

从我的故事可以看出，早在幼年时期，我就对大自然有所偏爱，而且我的观察力天生就异常敏锐。其实，无论是人还是动物，都有一种特殊的天赋。昆虫也是这样，一种蜜蜂生来就会剪叶子，另一种蜜蜂会造泥屋，而蜘蛛则会织网。在人类中，我们称具有特殊才能的人为“天才”；在昆虫世界中，我们称昆虫所具有的这种本领为“本能”。本能，其实就是动物的特殊才能。

夜间狂热的猎手

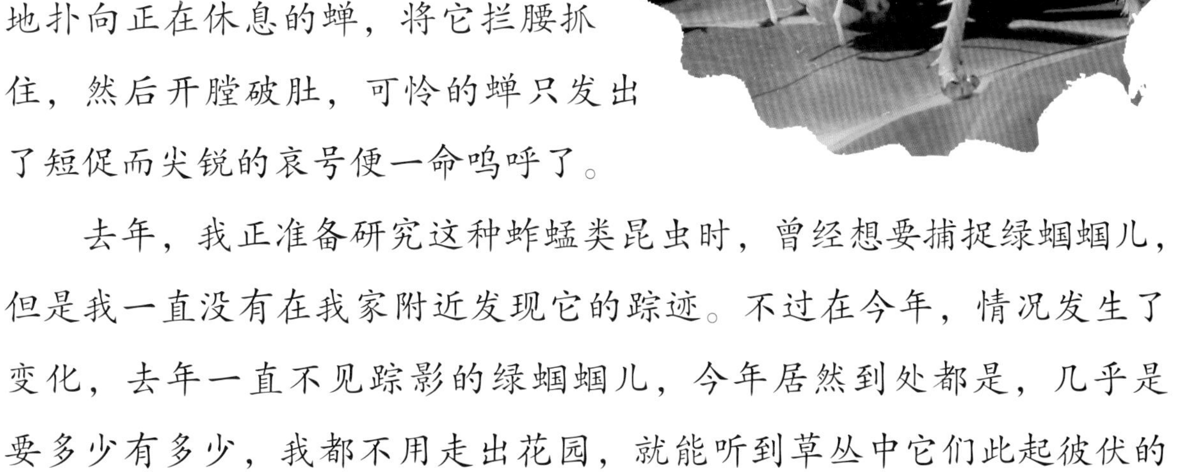

夜幕降临后，梧桐树上的蝉停止了鸣叫，已经欢唱了整个白天的它终于可以休息一下了。但是它的好梦被一个不速之客打断了，这个不速之客就是有着“夜间狂热的猎手”之称的绿蝈蝈儿。绿蝈蝈儿猛地扑向正在休息的蝉，将它拦腰抓住，然后开膛破肚，可怜的蝉只发出了短促而尖锐的哀号便一命呜呼了。

去年，我正准备研究这种蚱蜢类昆虫时，曾经想要捕捉绿蝈蝈儿，但是我一直没有在我家附近发现它的踪迹。不过在今年，情况发生了变化，去年一直不见踪影的绿蝈蝈儿，今年居然到处都是，几乎是要多少有多少，我都不用走出花园，就能听到草丛中它们此起彼伏的叫声。

我自然没有错过这个绝佳的机会，抓了许多成对的绿蝈蝈儿。我把它们安置在我的钟形罩里，还特意在里面铺了一层细沙。

绿蝈蝈儿真是一种漂亮的昆虫，它们全身呈嫩绿色，体侧装饰着两条淡白色的丝带，双翼轻盈如纱，身材既苗条又优美，真是讨人喜爱！现在，我就要好好地饲养它们了。

直翅目昆虫通常在草地上取食，所以我为这些绿蝈蝈儿提供了莴苣菜作为食物。它们虽然吃，却吃得很少，看来它们并不满足只吃这些素菜。我想，我应该为这些杂食者准备一些鲜肉了，但是该准备什么呢？一个偶然的机会让我得知了答案。

清晨，我正在门前徘徊，突然，一个东西从旁边的梧桐树上落了下来，同时还伴随着刺耳的吱吱声。我连忙跑过去察看，原来是一只绿蝈蝈儿正在吞食一只蝉。这只处于绝境的蝉拼死挣扎，可无论它怎样挣扎，绿蝈蝈儿都始终咬着不放，将头伸进蝉的肚子里，一口一口地蚕食着。

显然，这场战斗是在树上发生的，就发生在清晨时分蝉还在休息的时候。当蝉不幸被死死地咬住时，它挣扎着猛地一跳，这才与偷袭者一起从树上掉了下来。

后来，我还见到过很多次这样的杀戮，甚至还亲眼看见过绿蝈蝈儿追捕蝉的情景。对于绿蝈蝈儿来说，捕猎的关键在于将蝉牢牢抓住，当然，抓捕的时机也很重要。无论是哪只蝉，只要在夜间半睡不醒的时候遭遇绿蝈蝈儿，都只有死路一条。这就是为什么在寂静的深夜，会从树上突然传来悲鸣声，那是因为沉浸在美梦中的蝉被穿着绿色服装的强盗逮住了。

就这样，我为钟形罩里的俘虏们找到了食物——蝉。在两三个星期内，绿蝈蝈儿吃掉了许多蝉，钟形罩里到处是吃剩下的蝉的头骨、胸骨，以及羽翼和残肢断腿，肚子部分却一点儿也没剩下。由此可见，蝉肚子是最好吃的部位，虽然肉不多，但味道似乎很鲜美。实际上，蝉从嫩树枝里吸吮的糖浆甜汁都藏在它的肚子里。因此，我怀疑绿蝈蝈儿爱吃蝉的肚子部分就是因为这里有甜食。

于是，我又用很甜的水果喂食绿蝈蝈儿。一片片梨、一粒粒葡萄、

一块块西瓜……这些它们都很爱吃。绿蝈蝈儿就像英国人一样，非常喜欢吃涂着果酱的带血牛排，这大概就是它一抓到蝉就直奔肚子下口的原因吧，因为肚子就相当于一块涂着甜酱的肉。

但是，并不是所有绿蝈蝈儿都能吃到这种带有甜味儿的蝉肉。在北方，许多绿蝈蝈儿都吃不到这种美味的菜肴。我想，它们一定还会吃其他东西。为了验证我的想法，我又把鳃角金龟列入绿蝈蝈儿的食谱。绿蝈蝈儿很爱吃这种鞘翅目昆虫，它们再一次把食物吃得只剩下鞘翅、头和腿。我又用漂亮且多肉的松树鳃角金龟喂食它们，结果也一样。

由此，我们可以知道，绿蝈蝈儿十分爱吃昆虫，特别是那些没有坚硬盔甲保护的昆虫。不过，它们并不是只吃肉，还会在吃完肉后，喝些水果的甜浆。如果没有，它们也会吃一点儿草。

绿蝈蝈儿也会发生同类相食的现象。虽然我从没在我的钟形罩内看到绿蝈蝈儿像螳螂一样捕杀兄弟姐妹、吞食丈夫，不过，如果某个绿蝈蝈儿死了，活着的绿蝈蝈儿也不会放过吞食它身体的机会，就像吃其他猎物一样。它们并不是因为食物匮乏，才吃死去的同伴，实际上，几乎所有携刀者都会表现出这种习性，只是程度不同罢了。

在我的钟形罩内，绿蝈蝈儿之间从未发生过严重的纷争，顶多是在争夺食物时有些敌对而已。当我把一片梨扔进罩内，一只蝈蝈儿会马上趴在上面，打算独享这份美味。一旦有同伴想要靠近，它都会用腿把它们踢走。不过，它吃饱后，也会将食物让给另一只蝈蝈儿，而另一只也会如此。就这样一只接着一只，直到每一只蝈蝈儿都能吃到美味的食物。酒足饭饱之后，绿蝈蝈儿就会用颚尖抓抓脚底心，接着用

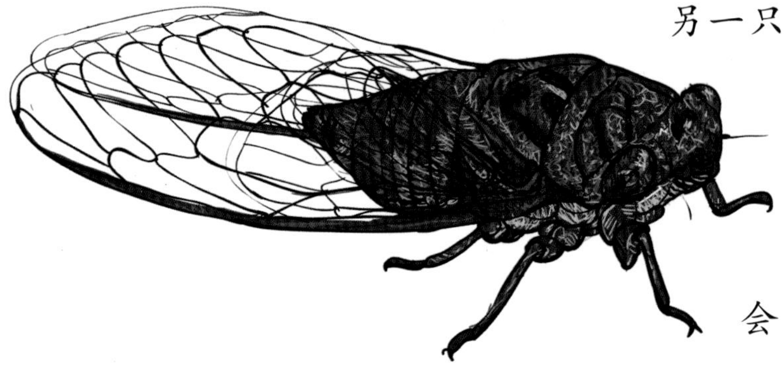

脚沾着唾液擦擦额头和眼睛，然后抓住网纱，或者干脆躺在沙子上，摆出一副沉思的架势，悠闲地消化食物。绿蝈蝈儿会花费一天中的大部分时间来休息，尤其是在最炎热的时候。

傍晚时分，当太阳落山之后，绿蝈蝈儿会变得异常兴奋。大约九点的时候，它们的兴奋情绪会空前高涨。它们猛地纵身一跳，跳到顶部的网纱上，再匆忙跳下来，接着又跳上去。它们就这样闹哄哄地跳来跳去，不停地在钟形罩里跑啊，跳啊。此时，即使美食在前，也无法令它们停下来。雄蝈蝈儿趴在不同的地方，使劲鸣叫着，用触角不时地逗弄路过的雌蝈蝈儿。雌蝈蝈儿则将尖刀举在半空中，神态端庄地散着步。雄蝈蝈儿的狂热、焦躁的举动正说明了一件事：它们到了交配的时候。

对我来说，这是非常重要的观察课题，我把绿蝈蝈儿装进钟形罩中，目的就是了解它们的婚配习俗。绿蝈蝈儿通常是在深夜或大清早进行交配的，由于时间关系，我并没有看到婚礼的最后一幕，而只是看到了婚礼的前奏。绿蝈蝈儿的婚礼前奏持续了很长时间，这对热恋中的绿蝈蝈儿彼此面对面，头几乎碰到了一起，它们用柔软的触角相互触摸、探询，看起来就像两个剑手将花式剑交叉来交叉去，只是没有打起来。雄蝈蝈儿不时地鸣叫几声，拨弄几下琴弓，之后就默不作声了。一直到十一点，这对恋人的爱情告白仍旧没有结束。而此时我已经困得不行了，只好放弃观看洞房了。

第二天上午，我诧异地发现雌蝈蝈儿的身上有个奇怪的东西，这个像豌豆一般大的东西就垂在雌蝈蝈儿的产卵管上。原来，这是一个乳白色的卵泡，依稀分成数量不多的蛋形囊。当蝈蝈儿行走时，白色

卵泡就会轻轻地擦着地，
于是会有几粒沙子沾在上面。

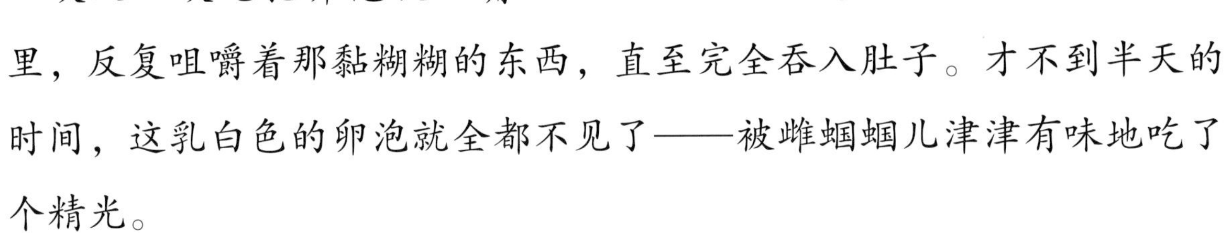

接着，我又看到了令人恶心的一幕。当卵泡里空了的时候，雌蝈蝈儿便开始将卵泡吃掉，它一块又一块地把卵泡放入嘴里，反复咀嚼着那黏糊糊的东西，直至完全吞入肚子。才不到半天的时间，这乳白色的卵泡就全都不见了——被雌蝈蝈儿津津有味地吃了个精光。

这真是一件奇怪的事情，这不仅发生在绿蝈蝈儿身上，也同样发生在白面螽斯身上。作为陆地上最古老的动物之一，蚱蜢类昆虫的世界竟然如此奇怪！这种怪异的行为是否存在于整个蚱蜢类昆虫呢？我们再来研究一下另一种佩带尖刀的昆虫吧。

我把距螽选为研究对象。距螽饲养起来十分容易，只需要喂它几片梨和一些莴苣叶就行了。

七八月的时候，雄距螽待在一旁鸣叫，充满激情地弹奏琴弓，以至于整个身子都颤动起来。过了一会儿，它不吱声了。雄距螽与它呼唤的对象以缓慢的步伐移动着，样子显得有点儿拘谨，然后一点点地靠拢在一起。它们彼此面对面，一动也不动，也不发出任何声音，触角轻柔地摇摆，不时笨拙地抬起前腿，好像在握手似的。它们就这样维持了好几个小时，双方都处于窃窃私语的状态。它们在说什么呢？是在立什么海誓山盟吗？

不过，事情进行得并不顺利。它们突然分开了，开始吵架，然后各奔东西。但吵架的时间很短，很快它们又聚到了一起，重新开始温馨的爱情表白，可惜仍没有结果。

直到第三天，这序幕才宣告结束。雄距螽按照蟋蟀家族的风俗习惯，小心翼翼地倒退着钻到了雌距螽的身下，在后面伸直身子，仰面朝天地躺着，紧紧地抱着伴侣的产卵管作为支撑。就这样，洞房完成了。

之后，雄距螽排出了一个巨大的精子袋，看上去就像装满籽粒的乳白色覆盆子一样。从颜色和形状上看，它很像一袋蜗牛卵。我曾经也观察过白面螽斯，它也有一个这样的东西，只是没有距螽的这么明显。当然，绿蝈蝈儿母亲排出的也是这样的东西。在卵袋的中间有一条浅沟，它把整个卵袋分成了对称的两部分，每个部分都有七八个小球。产卵管底部左右两侧的两个结节比别的地方都更透明，里面有一个鲜橘红色的核。整个卵袋被一根又宽又透明的材料黏结而成的肉茎固定起来。

一旦卵袋放到该放的地方，已经瘦得干瘪的雄距螽就会跑到一片梨那儿，补充自己的体力。雌距螽则将那个差不多有它身体一半大的卵袋微微提起，在钟形罩的网纱上无精打采地小步溜达着。就这样，两三个小时过去了，雌距螽开始将身子蜷成环状，用大颚将覆盆子状的卵袋咬下一块，当然，它不会将它咬破，以免里面的东西流出来。它只是轻轻地、浅浅地将卵袋的皮扯下，咬成许多小块，反复地咀嚼着，然后吞进肚子里。整个下午，雌距螽都在一小块一小块地咀嚼着卵袋。等到第二天，那覆盆子似的袋子就消失了——它已经在夜间被雌距螽吃光了。

当然，有时候洞房并不会

很快完成，尤其不会像这次这样令人恶心。我曾经见过一只雌距螽一边拖着卵袋走，一边不时地向卵袋咬上一口。由于地面凹凸不平，覆盆子似的卵袋上沾着许多沙子、土块。虽然负担的重量增加了许多，但是雌距螽完全不在意。

有时候，这种运输过程充满了艰辛，卵袋可能会粘在一块土上而无法拖动。无论雌距螽怎样努力，它都无法把卵袋从身上拔下来，因为卵袋与产卵管下面的支撑点紧紧地连在一起。整个晚上，雌距螽都显得心不在焉，漫无目的地流浪着，它一会儿在钟形罩的网纱上，一会儿在地上。最常见的情况是：雌距螽停住脚步，待在原地一动也不动。尽管卵袋瘪了一点儿，可体积似乎还是那么大，并没有缩小。雌距螽不再像之前那样大口大口地啃食卵袋了，仅仅是从表面上咬下来一点点儿。

第二天，事情并没有什么进展。第三天，情况也还是一样，只是卵袋变得更瘪了，不过，那个橘红色的核看起来依然很鲜艳。等到四十八小时之后，不用雌距螽费什么劲，卵袋自己就脱落下来了。此时，卵袋里面已经空空如也，干瘪得不成样子了。它被扔在了路上，迟早会成为蚂蚁的美食。一般情况下，我见到的距螽都非常爱吃卵袋，可今天的这只却把它扔掉了，这是为什么呢？我想，可能是因为这道菜肴沾着太多的沙子，吃起来不舒服吧。

就到这里吧，通过我对白面螽斯、距螽、绿蝈蝈儿等几种外形差异较大的昆虫所做的研究，我发现这些蚱蜢类的昆虫也和蜈蚣、章鱼一样，是承袭古代习俗的代表，它们保留下来的远古时期奇特的繁殖方式，为我们提供了珍贵的标本。

蟋蟀

人们所知道的为数不多却极负盛名的昆虫中，居住在草地上的蟋蟀差不多同蝉一样著名。蟋蟀之所以如此出名，主要是因为它那精致的住所，还有它出色的歌唱才华。

我经常在蟋蟀住宅的门口看到它们卷动着触须，静静地待在那里。它们一点儿也不妒忌那些在空中翩翩起舞的各种各样的花蝴蝶。相反地，蟋蟀反倒有些怜惜那些蝴蝶。这种怜悯的态度就好像我们人类生活中常看到的那样，能体会到家庭欢乐的人每当讲到那些无家可归、孤苦伶仃的人时，都会流露出一种怜悯之情。蟋蟀也从来不诉苦、不悲观，它对于自己的住所，以及它那把简单的“小提琴”，都相当满意。从某种意义上可以说，蟋蟀是个地道的哲学家。它似乎清楚地懂得世间万事的虚无缥缈，并且它还知道躲避开那些盲目地、疯狂地追求快乐的人类的扰乱是多么幸运。

在建造住所方面，蟋蟀比其他昆虫可要精心得多。

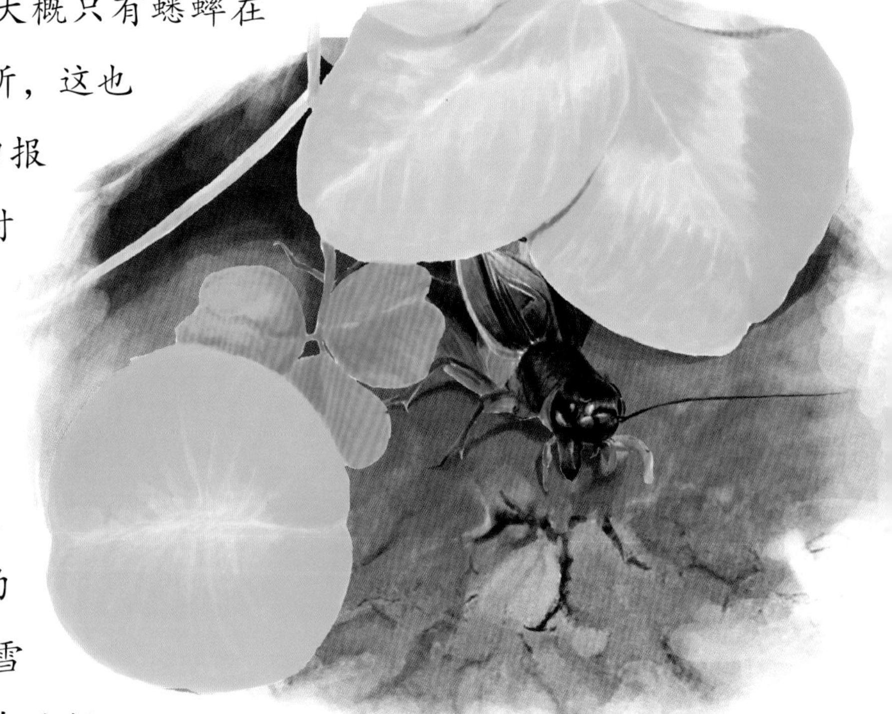

在各种各样的昆虫之中，大概只有蟋蟀在长大之后还拥有固定的住所，这也算是它辛苦工作的一种回报吧！在一年之中最坏的时节，大多数其他种类的昆虫都只是在一个临时的隐避所里暂且避难，躲避自然界的风风雨雨。无论是在朝气蓬勃、生机盎然的春天，还是在寒风刺骨、雪花漫天的冬季，蟋蟀对于自己经过辛苦劳作而建造出的家，都无比地依赖，不想迁移到其他任何地方。蟋蟀精心构建的家并不仅仅是一种临时的避难所，它是为了安全、舒适、温馨而筑的，是从长远的角度考虑的。这是一个真正的居住之所，而不只是充当捕获猎物的陷阱或“育儿院”。蟋蟀的远见卓识使它成为昆虫世界里拥有安稳居所的优越居民。

要想建造出一个稳固的住宅并不简单。不过，现在对于蟋蟀、兔子，或是人类而言，这已经不再是什么大问题了。在我的住所附近，有狐狸和獾猪的洞穴，它们绝大部分只是由不太整齐的岩石构建而成的，而且看起来似乎很少进行修整。对于这些动物来说，只要能有个洞暂且偷生、避避风雨也就可以了。相比之下，兔子要更聪明一些。如果有些地方没有任何天然洞穴可以供兔子们居住，帮助它们躲避外界所有的侵袭与烦扰，那么，它们就会到处寻找自己喜欢的地点进行挖掘。

在建造住所方面，蟋蟀算是超群出众的了。它总是先非常慎重地为自己选择一个最佳的地点。蟋蟀很愿意挑选那些排水条件优良，并且有充足而温暖的阳光照射的地方。蟋蟀宁可放弃那种天然洞穴，也要自己别墅的每一处,从大厅到卧室,无一例外都必须是自己亲手挖掘、修整而成的。

除人类以外，至今我还没有发现哪种动物的建筑技术要比蟋蟀更加高超。即便是人类，在使用混凝土及用黏土涂抹墙壁的方法尚未发明之前，也不过是以岩洞为隐避场所。这样一个弱小的动物，却可以将住所建造得如此舒适。它竟然也拥有自己的家，这个家还具有很多为我们人类所不知的优点：它是一处安全可靠的隐藏场所；它有享受不尽的舒适感；在它附近的地区，谁都不可能居住下来，打扰蟋蟀们的生活。

令人感到不解的是，这样一种小动物怎么会拥有这样的才能呢？难道说，大自然偏爱它们，赐予了它们某种特别的工具吗？当然不是。蟋蟀可不是什么掘凿技术方面的一流专家。实际上，正是因为蟋蟀用柔弱的工具建造出这样舒适的住宅，才让人们对它充满惊奇。

蟋蟀那高超的建筑才能，是不是源于它的身体结构呢？它是不是长有进行这项工作的特殊器官呢？这个答案仍然是否定的。在我的住

所附近，生活着三种不同的蟋蟀。这三种蟋蟀，无论是外表，还是身体的内部构造，都跟田野里的蟋蟀基本上没有大的差别。然而，在这些几乎没有什么差别的蟋蟀同类当中，其实只有田野里的蟋蟀会为自己挖掘一个安全的住所。有一只身上长有斑点的蟋蟀，它只把家安置在潮湿地方的草堆里；一只十分孤僻的蟋蟀独自在园子里翻起的土块上寂寞地跳来跳去；而波尔多蟋蟀，竟然毫无顾忌地闯进我的住宅，做了一个不速之客。

田野里的蟋蟀建造精致住宅的本能到底来自何处呢？看来，要想从蟋蟀的身体结构或是工作时所利用的工具上来寻找答案，都是不可能的。因此，我们可以得出结论，蟋蟀筑巢本能的由来，目前还不得而知。

为了能够更好地研究蟋蟀，我到处寻找它们的巢穴。这不禁让我想起孩童时代的一些事情，一切就好像是昨天刚刚发生的一样。我和小伙伴们经常跑到草丛里，整整一个下午都在捉蟋蟀。捉到以后，就把它们带回家，然后放在笼子里精心饲养。那种捉蟋蟀、养蟋蟀的童趣，实在令人难以忘怀。

那时，我有一个名叫保罗的小伙伴，他在草须利用方面可是个专家。他用一根草须就可以成功引诱一只蟋蟀。不久，他就会十分激动地对大家喊道："我捉住了！我捉住了！是一只可爱的小蟋蟀！"

"快点把它拿过来，"我对小保罗说道，"我这里有一个袋子，它可以在袋子里面安心居住，里面有充足的食物。"这下我要好好观察它了，而我首先要观察的就是它的家。

蟋蟀的洞穴隐藏在那些青青的草丛中，那是一个不为人知的倾斜的隧道。这里即使经历了一场滂沱暴雨，也不会积水。

这个隐蔽的隧道最多有三十厘米深，有人的一个手指头般粗细。隧道按照地形的情况和性质，或是弯曲，或是垂直。洞口总是要有一丛草半遮半掩着，就像一个罩子，把进出洞穴的通道遮蔽起来。蟋蟀进出洞口的时候，是不会去碰这片草叶的。那微斜的门口打扫得很干净，显得洞里特别宽敞。当四周都静下来的时候，蟋蟀就会悠闲自得地聚集在洞口，开始弹奏它们的"四弦提琴"，进行它们浪漫而温馨的暑期音乐盛会！

蟋蟀们的隧道里简单、整洁，并不奢华。但是它们只用结构简单的足就能建造出这样一个住宅，确实可以称得上是一个伟大的工程。那么，蟋蟀是从什么时候开始这项工程的呢？那就要从蟋蟀产卵的时候说起了。

蟋蟀把卵产在深约二十二厘米的土里，成群排列。卵的外面被一层膜紧紧地包裹着。蟋蟀的卵在地下也不过待上几天，所以幼虫出来时只

要穿过粉粒状的泥土就可以了。等到幼虫出洞时，它就会把外面裹着的膜抛弃在后面的壳里。

卵产下两个星期以后，前端会出现两个大的黄黑点，那是幼虫的眼睛。脱去外衣后，幼虫的身体差不多完全是灰白色的，看起来非常柔弱。它用自己的大腮将一些毫无用处的泥土咬出来，然后把它们打扫在一旁或干脆踢到后面，这样它很快就可以在土面上享受阳光了。此时，它还是一个弱小的可怜虫，甚至还没有跳蚤大！再过上一天一夜，它就会变成一个小黑虫，此时它那黑檀色的皮肤完全可以和蟋蟀的成虫相媲美。最后，它那灰白色几乎全部褪去，只留下一条围绕着胸部的白肩带。

小蟋蟀脱离襁褓后，只剩下空空的卵壳，此时的卵壳还是长形的，光滑、完整、洁白。它和象牙盒子有些相似，上面有可以打开的盖子。小蟋蟀的头足以把这个盖子顶开。

幼小的蟋蟀是非常灵敏和活泼的，它在准备跳出卵壳时，会先用长长的、颤动的触须打探周围的环境，然后再从卵壳里出来，在地上跑来跳去。等它再长胖些，那样子才真的滑稽可爱呢！

蟋蟀每次产卵大约有五六百枚，母蟋蟀为什么不辞辛苦产下这么多的卵呢？原来，它们的卵或幼虫常常会遭到其他一些动物的大屠杀，特别是小型的灰蜥蜴和蚂蚁。蚂蚁实在是个比较讨人厌的角色，它们常常不放过在我们花园里的任何一只小蟋蟀，一口就能咬住可怜的幼小蟋蟀，然后将它们吞食下去。

人们把蚂蚁视作比较高级的昆虫，还为它们写了很多的书，对其大加赞赏。殊不知，它们却是专门做破坏工作的。在我们南方的村庄里，蚂蚁们常常跑到人们的家里弄坏椽子，而且它们在做这些坏事时，就像品尝美食一样高兴。

很不幸，我的花园里的小蟋蟀已经被蚂蚁们一扫而光了，所以，我不得不跑到园子外面寻找蟋蟀。

八月份，落叶下面的小草还没有完全干枯，这使我有机会看到草丛里的幼小蟋蟀。它们长得比较大了，全身已经变成黑色了，白肩带的痕迹也已经褪去。这个时期，它们还过着流浪的生活，常常躲藏在枯叶或者较扁的石块下面。可惜，许多小蟋蟀常常刚从蚂蚁口中逃脱，却又不幸地成了黄蜂的目标。黄蜂猎捕这些小蟋蟀，然后把它们埋在地下。

一直要到十月末，天气逐渐变冷，寒气袭来，蟋蟀才开始动手建造自己的巢穴。这位矿工用它的前足扒着土地，并用大腮上的钳子咬下较大的石块。它还用强有力的后足蹬踏土地，清扫尘土并将尘土推到后面。起初，建巢工作进行得很快。蟋蟀钻在土里一待就是两个小时，而且每隔一小会儿，它就会在进出口露一次面。但是它常常是身体向着后面，不停地打扫尘土。如果它感到累了，就在还没完工的家门口休息一会儿。不久，它又钻进巢里，用自己身上的“钳子”和“耙”继续劳作。

当巢穴挖到六厘米多深时，就足以满足蟋蟀的一时之需了。接下来，蟋蟀就可以慢慢地做余下的挖掘工作。这个洞可以随天气的变冷和蟋蟀身体的长大而不断加大加深。如果冬天天气比较暖和，太阳照射到住宅的门口，蟋蟀便会继续挖掘，并从洞穴里面抛出泥土。在春天可以尽情享乐的晴好天气里，住宅的修理工作仍然不会停歇，直到主人死去，这项工作才结束。

第二年的四月底，蟋蟀们开始唱歌了，最初是稚嫩的独唱，不久就合在一起形成美妙的合奏曲。在百里香和欧薄荷繁盛的时节，当百灵鸟放开歌喉纵情歌唱时，蟋蟀们也禁不住要高歌一曲，与之相应和。尽管蟋蟀的歌声很单调，没有美感可言，然而，这种单纯的声音与淳朴的欢乐是多么协调啊！这是对大自然复苏的赞歌，是唱给萌芽的种子和初生的叶片的歌。在这二重唱中，应该把胜利的棕榈叶给谁呢？我更愿意将这棕榈叶给予蟋蟀。百灵鸟停止歌唱以后，野地里在阳光下迎风摇摆的薰衣草，却仍然能够听到蟋蟀发出庄严的庆祝歌声。

蟋蟀的乐器和螽斯的有些相似，原理也差不多。蟋蟀的身上也有带锯齿的琴弓和振动的翅膜。它的右翼鞘交叠在左翼鞘上，这一点和蚱蜢、螽斯等相反，因为它们是左边的翼鞘叠在右边的翼鞘上面。蟋蟀两个翼鞘的构造是完全一样的。就以右边的翼鞘为例吧，右翼鞘紧紧贴在蟋蟀的身上，侧面突然斜下去成直角，上面还长有倾斜细长的脉络。

如果把蟋蟀的翼鞘揭开，然后透过光仔细观看，你就能看到，除去翼鞘相连的地方，其他区域都呈现出淡淡的棕红色。两个连接着的地方前面是一个大的三角区，后面很小的一部分则呈椭圆形。翼鞘上面长着模糊的皱纹，这两片区域叫作镜膜，是蟋蟀的发声器官。这一部分的膜是透明的，比其他部分要薄一些，而且略带一些灰色。在前面三角区的后端边缘的空隙中有五六条黑色的条纹。这些条纹和褶皱其实就是能够起摩擦作用的翅脉。左边翼鞘的结构和右边的毫无二致，所以当左右翼鞘相互摩擦时，这些条纹和褶皱就会增加琴弓的接触点，从而使振动加强。在翼鞘靠近身体的那一面，阶梯状褶皱的凹陷处有两条翅脉，其中的一条是锯齿状的长条，它的样子很像一张弓，所以被叫作琴弓。这条琴弓上面大约有一百五十个小齿，这些小齿整齐而有规律地排列着。

蟋蟀还知道应该怎样调节它的曲调。因为蟋蟀的翼鞘非常开阔，而且是向着两个不同的方向伸展的，如果把翼鞘放低一点儿，就可以改变发出声音的强度。随着折边和柔软身体的接触面积或大或小的变

化，蟋蟀的歌声也会时而低沉，时而洪亮。

蟋蟀的左右两片翼鞘几乎完全相同，但是它为什么一定要把右翼鞘交叠在左翼鞘上摩擦才能发出声音呢？如果两片翼鞘上下颠倒过来，会不会发出不同的声音呢？为了验证一下我的猜想，我用镊子小心翼翼地把蟋蟀的左翼鞘弄到右翼鞘的上面，期望此时的蟋蟀能够演奏出另类的乐曲。但是蟋蟀很顽固，并不听从我的摆布。

我又想，刚刚蜕皮的小幼虫的翼鞘应该是比较软的，也比较容易改造。于是，我捉来一只刚刚蜕去皮的蟋蟀幼虫，用一片草叶，轻轻地把它的两片翼鞘的位置颠倒过来，让左边的翼鞘遮盖住右边的翼鞘。第三天的时候，蟋蟀开始发出声音了，我本来希望能看到它用左翼鞘上的琴弓来演奏，可是事与愿违，蟋蟀还是艰难地拉起了它的右弓，发出极不和谐的声音。由于蟋蟀仍然坚持移动叠在下面的翼鞘，所以显得很吃力，最后肩膀竟然脱臼了。不过它仍然在努力挣扎，终于把右翼鞘弄到上面来，恢复了它原有的样子。

关于蟋蟀的乐器，我们已经有所了解了，再来静静地听听它们演奏的音乐吧！蟋蟀们总喜欢沐浴在春日温暖的阳光里，躲在自己的家门口，舞动着它的琴弓，发出高亢、清亮的声音。这时它们的歌唱无非是想让自己的生活更有乐趣。

到后来，蟋蟀的歌声主要是想打动它们的女伴，它们唱得很卖力，终于打动了姑娘的芳心。然而最让我感到惬意的是，在深秋的夜晚，独自静听蟋蟀歌唱，那种声音让我感到了这个微小生命的快乐，它唱出了我们这片土地的灵魂。

蝗虫

蝗虫的蓝翅膀、红翅膀像扇子一样张开，它们带有锯齿的天蓝色或玫瑰红的长腿在人的手上乱踢乱蹬，它们粗粗的后腿可以跳得很远，就像从弹射器里弹射出来一样……

捉蝗虫是一种没有杀戮、危险性不大、老少适宜的狩猎活动。因此，当我对全家人说去捉蝗虫玩时，他们都兴奋不已。一天上午，我们一起来到草地上，我的助手一下子就抓到了好几只蝗虫。这对大家来说是个极大的鼓舞。

我的孩子小保尔特别机灵，眼光也厉害，可惜一个几乎要到手的肥胖的灰色蝗虫突然又从他手旁飞走了。而比保尔小一点儿的玛丽·波利娜则耐心地寻觅蝗虫，终于逮住了一个她最喜欢的那种背部有四条白色斜线的蝗虫。不久，蝗虫装满了我们带去的纸袋、盒子。我们便高高兴兴地回家了。

在一般人看来，蝗虫凶狠贪吃，可我觉得它的益处多于害处，比如它能啃掉绵羊啃不动的植物上的芒刺，吃掉作物间的杂草，以助于农作物的生长。它所吃的那些都是一般动物不吃的东西。即使是在菜园里，它也不过是咬坏几片莴苣叶而已。我们不能光揪住它咬坏菜叶这件事不放，从而否定它、伤害它，否则就是目光短浅，极其不公平。

下面我们来看看蝗虫是怎样落入“虎口”贡献自己生命的吧！每

年的九、十月份，火鸡会被人们赶到地里觅食，尽管此时地里的庄稼早已收割完毕，也少有其他植物，但火鸡却都能吃得饱饱的，长得肥肥的，就是因为这里有一道美味的食物——蝗虫。山鹑也十分热衷于吃蝗虫，只要能捉到蝗虫，它宁愿不吃植物的种子。再如珠鸡、母鸡，它们也都十分爱吃蝗虫。因为蝗虫是一种高营养价值的食物，能够帮助家禽长肉产蛋。除了家禽，其他许多动物也都喜欢吃蝗虫，如眼状斑蜥蜴、小壁虎，甚至鱼也喜爱吃蝗虫。

人类不仅通过吃火鸡等动物间接吃蝗虫，还有人直接吃蝗虫。在以前，由于生活条件的限制，人吃蝗虫便顺理成章了。我也曾抓过蝗虫加工后同家人分着吃。

这种浑身富含营养成分，无私地向成千上万的土著居民提供食物的蝗虫，为了表达它的欢乐，会演奏一种音乐。现在，让我们来见识一下一只沐浴在阳光下一边休息一边消化食物的蝗虫吧！在阳光下，我们常常会看到蝗虫突然发出声音，重复三四下后便奏起它的乐曲。它是用粗壮的后腿弹奏的，只是它这乐器简陋了一些，发出的声音也很微弱。

让我们来看一下意大利蝗虫吧，它的发声器与其他蝗虫都不同。它的后腿呈流线型，且有两条竖的粗肋条，十分明显。这些肋条都是光滑的，它的鞘翅的下部边缘便起着琴弓的作用。发声时，蝗虫会不断抬高再放低它的腿，并激烈地颤动。但并不是所有的蝗虫都用摩擦来表示欢乐，有的甚至不发声，如步行蝗虫，它虽然也有琴弓（即粗壮的后腿），但它并没有鞘翅，没有突出的边缘，因此不能通过摩擦发出声音。

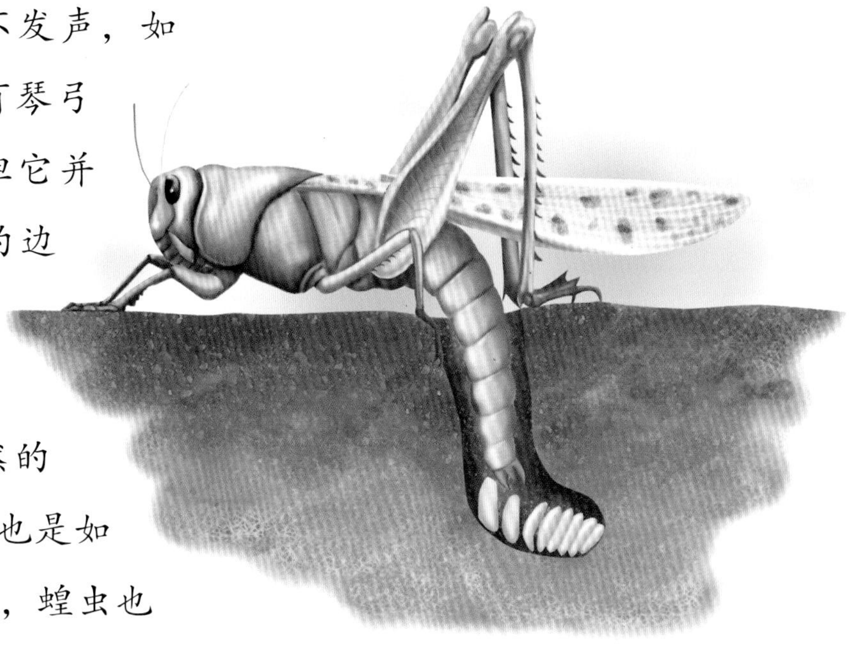

生殖繁衍是大自然的规律，像蝗虫这类昆虫也是如此。不过在生活习性上，蝗虫也有自己的特点。现在，我们就来看一看蝗虫的产卵情况。

灰色蝗虫是我们家乡最大的蝗虫。它性情温和，生活俭朴。我用网罩将它罩起来喂养，并借此了解了它的一些情况。灰蝗虫一般在四月底交尾，母蝗虫在交尾后没几天就可以产卵了，产卵的时间可以持续很久。母蝗虫肚子的末端有两对短短的像钩爪一样的挖掘器，一对较粗，一对较细，且都有坚硬的弯钩，可用来钻洞挖土，它要接连挖四五个洞才能找到一个合适的地方。洞的直径和铅笔的差不多，其深度就是蝗虫肚子最大限度鼓胀拉长时所能达到的长度。

蝗虫通过试钻，找到它认为合适的地点便开始产卵。产妇将它的肚子慢慢地全部埋进土里，表面上你完全看不出它在动，产卵的时间需要持续一个小时。最后，它的肚子一点点拔出来，这时我们还可以看到它的排卵管的两瓣在不断地翕动着，并排出一种奶白色起泡沫的黏液。这种泡沫状材料在洞口形成一个圆形的顶盖，泡沫顶盖的下面便是它的卵。

不同种类的蝗虫，它们卵的形状是不同的。灰色蝗虫的卵囊长六厘米、宽八毫米，呈圆柱状。它的卵是灰黄色，呈纺锤状的，斜向排列于泡沫中，约有三十来枚。这些卵差不多占整个卵囊长的六分之一，其余部分是白色的细泡沫，非常易碎。一只母蝗虫要在好几个地方产好几次卵。

黑面蝗虫的卵囊为略带弯曲的圆柱形，长三四厘米，宽五毫米，卵数二十多枚，呈橘黄色，裹着卵的泡沫不多。蓝翅蝗虫的卵囊像个胖胖的大逗号，卵便在下面隆起的一端里，约有三十枚，呈很深的橘红色。高山之友步行蝗虫的产卵方法与蓝翅蝗虫相同，卵的数量约二十枚，呈深红色。意大利蝗虫先是把它的卵放置在囊里，再继续有规则地排放泡沫使卵囊又多出一个附属部件，像座两层楼的房子，上下有过道相连。

其他蝗虫的产卵情况都和这几种蝗虫差不多，都是把产下的卵储藏在带泡沫的囊中，并用一条上升通道保护起来。在蝗虫家族中，长鼻蝗虫和灰色蝗虫孵化的时间要早一些。八月份，我们就可看到它们的幼虫，而其他大多数蝗虫要过完冬天才孵化。

蝗虫幼虫在自己已经成熟到可以蜕皮时，便用后腿抓住网纱，前腿曲折，交叉在胸前，鞘翅的鞘端——三角形翼打开尖顶，并向两侧张开。之后，有两条长带子由中间竖起来，这便是它蜕皮的开始。在整个蜕皮过程中，蝗虫的头、触须、前腿从外壳出来时比较顺利，一般不会使外套变形。蝗虫的翅膀展开是从肩部开始的，不过较慢，需要经过三个多小时才能完全展开，鞘翅也是如此。

开始时，幼虫是无色或嫩绿色的，到了第二天翅色才与成虫的相仿。而这时，鞘翅则把外部边缘弯成一道钩贴到身子的侧部。蜕变结束后，小蝗虫在阳光下便逐渐壮实起来。

松毛虫

每年，松毛虫都会在我园子里的那几棵松树上做巢，那几棵高大的松树都快被这些毛虫啃光了。所以，以往每到冬天，我就得花费很大的力气来毁掉和清除这些巢，以免来年松树遭遇更大的迫害。不过，现在我突然对这些小松毛虫产生了兴趣，决定先让它们暂时安居在我的松树上，直到我了解了它们的全部故事为止。

我们首先来看看松毛虫的卵。八月份的上半个月，若是到松树间细细察看，我们就会在浓绿的松叶丛里找到一些白色的聚集在一起的小圆柱体，这就是松毛虫母亲所产的虫卵群。每个小圆柱体约有三厘米长，四五厘米宽，都包裹在一对对松针上。这个卵群白里略带点黄色，上面还有一些鳞片状的东西，看起来就像屋顶上叠着的一层层瓦片。这些鳞片牢牢地粘住小圆柱体的顶部，它们是一些柔软的绒毛，可以防止雨水或者露珠渗透到里面，这样就可以保护

虫卵。那么，这些绒毛是从哪里来的呢？原来，这都是松毛虫母亲从自己身上脱下的毛。

如果用钳子把小圆柱体上面的一层带有绒毛的鳞片拨开，我们就会看到那些虫卵了，它们就像一颗颗白色珐琅质的小珠子。这些小卵密密地挨挤着，排成纵队，整个圆柱体里有三百多枚卵，这些卵都是一母所生。

九月时，松毛虫卵就开始孵化了。把鳞片稍微掀开一点点，可以看到里面有黑色的小脑袋在啃咬着，试图弄破、推开上面的顶板。那些小脑袋下面是淡黄色的身体，上面长满了纤毛，纤毛有黑色的，也有白色的。这些小脑袋都黑得有些发亮，竟有身体的两倍粗。

幼虫出生后，就会立刻爬到卵壳外面，吃旁边的针叶。如果有几条幼虫吃饱了，它们便排成一条长队，一起前行。等同伴们都吃饱了，那些小虫便开始做帐篷了。这时，它们会在自己巢的附近用一张稀疏的网做成一个小球，这个小球由几片叶子支撑着。在中午太阳光最强烈的时候，小虫们便在那个球形的帐篷里面睡大觉。下午凉快一些之后，它们就都跑出来去找东西吃。那个帐篷是在不断扩建的，一天以后就会有榛子那么大，两个星期后就能有苹果那么大了。

这个帐篷不仅能解决小虫们住的问题，还能解决它们吃的问题。小虫们一边扩建帐篷，一边吃着帐篷内的针叶，这样那些柔弱的小家伙还能减少一些外出觅食的危险。当它们把支撑着帐篷的针叶都吃光了以后，帐篷就会被风吹落。这时，小虫们便会选择一个新的地方，另建一个帐篷，继续在里面吃、住。它们就像游牧民族一样，过着迁徙生活，有时甚至能迁徙到松树的顶端。

到了十一月，天气变冷时，松毛虫便开始在松树的高处选择一个树叶密集的枝梢，在那里搭建冬天的帐篷。此时的松毛虫已经换了一套行装：背上长了六个红色的小圆斑，小圆斑周围环绕着红色和绯红色的刚毛，红斑中间又夹杂着金黄色的小斑，身体两边和腹部长着白色的毛。

过冬的帐篷建成以后，松毛虫便会用丝织的网将附近的叶子网罗起来，使得帐篷更加牢固。这个帐篷大概有两个拳头般大小，从上往下渐渐变小，并把支撑它的树杈囊括进来。这个卵形帐篷的中央有一圈较粗的乳白色丝带，丝带里还夹杂着一些松叶。帐篷的顶上还有一些圆形的孔，这些孔就是松毛虫们爬进爬出的洞口。

帐篷外面的松叶顶端有一张丝网，这是松毛虫们经常晒太阳的阳台。上午十点钟左右，松毛虫们就会集体外出，到阳台上晒太阳。它们在暖洋洋的阳光下慵懒地打着盹儿。

到了傍晚，它们便会醒来，集体回巢。它们一边爬行一边吐出丝线，这就使它们的巢越来越大，也越来越坚固。为了使巢牢固得足以抵挡住冬天的狂风，它们还把一些杂物掺在丝线里。松毛虫们一路吐着丝，并且顺着外出时吐的丝带回到巢里。

松毛虫的巢有大有小，最大的要比最小的大五六倍。为什么会有这么大的差距呢？因为每个松毛虫家庭中，其成员的数量是不断变化的。在大量繁殖的家庭中，总是不可避免地有成员损耗，幸存下来的往往是少数比较强壮的个体。

松毛虫在出行时，总会排成整齐的队伍，第一条毛虫往哪里爬，后面的毛虫就跟着往哪里爬。它们一条接着一条，首尾相连，中间几乎没有任何空隙。领头的那条毛虫会吐出一根很细很细的丝线，后面的毛虫也会跟着吐出同样的丝线并叠附在第一根上，从而形成一条加厚加宽的丝带。这条丝带又软又滑，它便是松毛虫们所修筑的路。

松毛虫们为何要不计代价地修筑这样一条路呢？这是因为松毛虫往往在夜间外出觅食。它们常常在松枝间爬来爬去，一边前行，一边啃食针叶。吃着吃着，它们便不知道自己走出家门多远了，也分辨不清家的方向了。等吃饱了，它们该回家了，这条一路铺设的丝带便是它们通往自己家园的平坦大道。有了这样一条大道，它们便不必再爬上爬下、爬左爬右地摸索着前进了。正因为有了这条丝带，松毛虫们就可以排着队，很快就会顺利地回到家了。

有时，松毛虫们

在白天也要排着长队远行。这个时候，那条丝带同样可以起到指引路标的作用。这个队伍越长，铺设的丝带也就越宽。有时离家太远了，松毛虫们不能在天黑前赶回家，就只得在外面风餐露宿。这时，所有的松毛虫会蜷成一团，紧紧地彼此依偎着。第二天，它们便会沿着那条指引道路的丝带回到自己的家。

在松叶间寻找食物时，松毛虫们也会分散到各处去。但是，一到集合的时间，它们便都循着丝线的路径从各个方向聚拢到丝带上来。所以，这条丝带并不仅仅是一条指引回家的路，它还是凝聚成员的一条纽带。

每一个松毛虫队伍中，都会有一条领头的松毛虫。至于这条松毛虫为何有资格作为领头，这完全出于偶然。它既不是指定的，也不是固定的领头。它担当总指挥的任务也许只完成一次就够了，等到下一次队伍重新组合时，领头的松毛虫也会随之更换。尽管松毛虫队伍的领头都是临时的，可是不管哪条毛虫担当了这个职务，它都会非常尽心尽责。在前进的过程中，领头的毛虫总是在不停地探头，寻找着前

进的路径。

有一次，我在松树上取下一段松毛虫的丝带，把它铺在盆沿上，形成一条环形的路。这条路没有终点，不知道松毛虫队伍走在这条路上，会不会一直打转。很快，我看到一大群松毛虫向着盆沿爬来，它们应该是到这条丝带处集合了。接着，这些松毛虫排着长队，开始在花盆沿上爬行。我清除了一些松毛虫，以使剩下的松毛虫队伍正好组成一圈，这样它们都首尾相连，根本就不存在所谓的领头毛虫了。每条松毛虫都紧跟着它前面的那条松毛虫，坚定不疑地前行。于是，我看到这支队伍开始在丝带的指引下，绕着花盆沿机械地做着环形运动。

我想再过上一两个小时，这支队伍中的某一条松毛虫便会突然发现它们的错误，从而带领大家重新选择一条道路。可是，几个小时过去了，天都快黑了，这些松毛虫竟然不顾饥饿，也不为找不到家而焦急，仍在那里转着圈。天越来越晚了，也越来越冷了，那些松树上的松毛虫都出来了，开始找东西吃。这一队松毛虫却还在转圈，虽然它们爬行的速度减慢了，可仍旧坚持不懈地绕着花盆沿走着。它们已经走了十多个小时了，一定饿坏了。其实，离它们两步远就有一棵松树，只要它们离开那个花盆，就能大吃一顿了。

第二天一大清早，我就去看那些松毛虫。它们还排着环形的队，只是那支队伍并没有继续前进，也许是因为夜里太冷了，它们不得不停下来，蜷起身子睡着了。等空气渐渐暖和些了，那些松毛虫便又行动起来，继续在那里转圈。结果，它们又转了一天。晚上仍然很冷，那些松毛虫分成了两队，它们紧紧地依偎在一起，或许这样能暖和一些吧。按理说，队伍现在分开了，就应该有了两条领头的松毛虫，它们会带领这两支队伍离开这个圈子。可是，到了白天，这两支队伍在行进中又接上头了，那个封闭的圈子又恢复了原样。它们依然在那里转着圈。

接下来的夜晚更加寒冷了，这些松毛虫又挤作一团。第二天醒来，我发现这支队伍有了变化。许多松毛虫被挤出了丝带。这一小支队伍的领头开始往花盆里面爬，其他的也跟随它。可当它们发现花盆里并没有想要的食物后，便又爬回盆沿，归入了大部队。

第六天的白天，天气非常暖和，有一条松毛虫可能是热得呼吸困难，便从花盆壁上往下溜，可是还没溜到一半，它竟又回去了。直到第八天，它们终于沿着花盆的外壁爬了下来，重新找到了回家的路。

我最后计算了

一下，这些松毛虫大概一共走了八十四个小时，行程四百多米。这些小可怜虫在外面度过了这样一段饥寒交迫的日子。只有在夜晚寒冷的时候，它们才打破一点儿秩序，但白天醒来以后，却又恢复原来的机械运动。不过，它们最终还是回到了家，没有被全部活活饿死，单凭这一点，我们就不得不承认它们还是有一点儿头脑的。

正月时，松毛虫会进行第二次蜕皮。这次蜕皮结束，它们背部中央的毛就会变成橙黄色，在那些橙黄色的毛中间还夹杂着一些白色的毛。同时，它们的背部还长了八条狭长的裂缝，这些裂缝可以自由开闭。每个裂缝里面都有一个小疙瘩，小疙瘩周围是一片非常灵敏的鼓泡。这些鼓泡很敏感，只要受到刺激，就会即刻缩回去，随之出现一个气孔。很快，这个气孔也会关闭。不过，过不了多久，裂缝又会打开，那个小疙瘩又出现了，若是再受刺激，它还会缩回去，并闭合裂缝。若是刺激太强烈了，那个裂缝便不会再打开。

在松毛虫休息时，裂缝总是打开的，在行走时则是关闭的。这些裂缝和里面的小疙瘩是做什么的呢？是不是用来呼吸的呢？

我曾经用尖状的东西轻轻地碰触松毛虫打开的裂缝，里面的鼓泡立刻缩了回去，接着裂缝闭合了。我想办法使松毛虫发痒，可仍没有让它再次打开裂缝。同样地，我用一滴水滴在裂缝里的那个小疙瘩上，鼓泡也会立即缩回，并关闭裂缝。我据此可以初步判定，松毛虫裂缝里的局部鼓泡是它的感觉器官，这个感觉器官与它的生活习性应该有着很大的关系。

寒冷的冬天和宁静的夜晚是松毛虫

们最活跃的时候，不过若是遇上狂风大作，或者是冰冻天气，松毛虫便只好待在家里。那里非常安逸，因为它们丝织的大帐篷可以阻挡雨水和寒风。

松毛虫对于坏天气是非常惧怕的。一滴雨、一片雪都能让它们瑟瑟发抖。所以，能否提前得知天气的状况，预料恶劣天气何时来临，对于松毛虫们来说是非常重要的。因为它们在夜里要结队到很远的地方寻食，如果遇到特别糟糕的天气，对它们来说无疑会是一场灾祸。而在冬季里，这种恶劣天气往往喜欢搞突然袭击。不过，松毛虫们自有办法预知天气，以避免灾祸。

有几个护林人听说我的松树上养了许多松毛虫，都想来看看松毛虫是怎样列队夜游的。晚上九点多钟，我领他们来到了我的园子，我们点上灯细细寻找，在树枝上竟没有见到一条松毛虫。真是奇怪，前几天晚上还看到它们成群结队地出来吃针叶呢，怎么今天连个影儿都见不到了呢？我们又等了几个钟头，一直到半夜，它们都没有出现。我只得很扫兴地把那几个护林人送走了。

第二天早上，我发现外面正在下雨，而且山上还有积雪，昨晚肯定是风雪交加。我突然想，莫非那些松毛虫早就知道天气要发生变化，所以昨晚才没有从巢里出来吗？我越想便越觉得自己的这个想法很合理，于是决定仔细观察，来证实这个猜想。

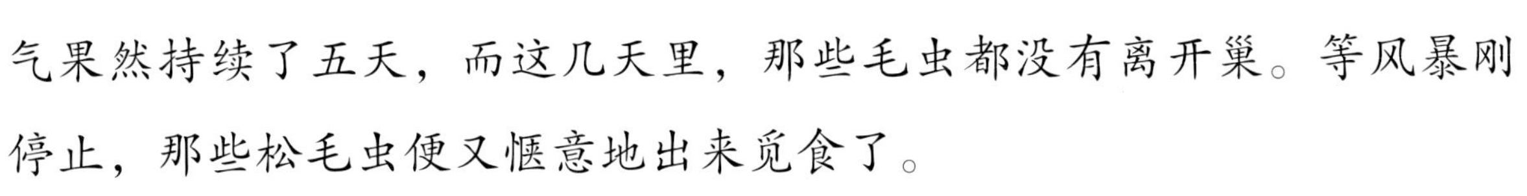

有一天，报纸上预报有低气压将侵入我们这个地区，并且会有风暴和冰冻。这样的天气果然持续了五天，而这几天里，那些毛虫都没有离开巢。等风暴刚停止，那些松毛虫便又惬意地出来觅食了。

二月份有几天，松毛虫们又突然隐居起来了，可是天空一点儿征兆都没有啊。难道又有某个强低气压要抵达这里了吗？果然不出所料，两天以后，报纸上就登出强低气压逼近的消息，接着就下起了鹅毛大雪。等低气压结束了，松毛虫们便像往常一样又出来自由活动了。

松毛虫们的巢使它们与狂风、暴雨、大雪等恶劣天气隔绝开，使那糟糕透顶的天气丝毫影响不到它们。每当气压降低的时候，竟没有一条松毛虫到外面来冒险。松毛虫们能够预测天气的本事，渐渐地被我们全家人承认。我觉得在那些松毛虫的身上肯定是有一个很灵敏的器官，这个器官能够很好地感受到大气的变化，让它们预知天气的好坏，从而躲避严寒和风暴。这让我想起了它们身上那可以自由闭合的裂缝，以及裂缝里面的鼓泡。或许它们会经常取一些空气放在那裂缝里面，然后经过一番检验，最后测出是否有低气压来临。不过这个推测还有待更加深入和彻底的研究。

到了三月份，松毛虫们便要不断结队行走，陆陆续续地离开它们的巢，做最后一次旅行了。这时，松毛虫的体色更淡了，浑身微白，背上还有一点橙黄色的毛。

三月二十日，从早上开始，我就密切观察一队松毛虫，这个队伍大概三米长，有一百多条松毛虫。它们缓缓地往前爬着，经过了高低不平的地面后，这些毛虫就分成了互不相干的几个队伍。过了两个多小时，一支队伍到达了一个墙角下，那里的泥土很松软，似乎很容易挖掘。这一队的领队，一边走着，一边探测着泥土，它后面的松毛虫只是被动地跟着它往前走。经过一番挑选，领头的松毛虫终于找到了一个比较合适的地方，停了下来，用额头推着土，还用大颚挖掘。其他的松毛虫也解散开来，它们也摆着身子，开始忙碌起来。它们用嘴巴挖泥土，还用脚不停地推。它们是在挖掘深埋自己的洞，等洞挖好了，它们就会集体“埋葬”在里面。松毛虫们一般把自己埋在离地面约十厘米的深处，它们埋在土里后便开始准备织茧。

半个月以后，我挖开了埋着松毛虫的土地，在里面发现了一些小茧。那些茧外面由一个白丝袋包裹着，白丝袋的外面沾了些泥土，所以看上去比较脏。松毛虫们在三月份把自己埋在地下，等变成了长着翅膀

的飞蛾以后，它们又是怎样钻出地面的呢?

到了七八月份，由于雨淋日晒，泥土变得很僵硬了，而蛾子的身体又那么柔弱，除非它有什么特殊的工具，才能从泥土里钻出来。为了更仔细地观察，我把虫茧放入玻璃试管，并用泥土塞满，然后压紧。八月的时候，我发现试管里的泥土开始有点湿润。松毛虫蛾在钻出茧子的时候，把自己缩成一个圆柱体，翅膀紧贴在脚前，触须弯向后方，紧贴在身体的两旁。只有它的腿可以自由活动，这是为了帮助它的身体钻出泥土。我用放大镜仔细观察松毛虫蛾的眼睛及其上方的四五个横向的黑色小鳞片，那些小鳞片一层层排列成阶梯状，摸上去有些粗糙并且坚硬，其中在它额头中部顶上的那一片鳞片最长而且最硬。试管里的蛾子用它们的头撞撞这边，再撞撞那边，试图钻出土层。终于，它们钻出了一条隧道，从土里钻了出来。

钻出泥土的松毛虫蛾开始慢慢地张开它们的翅膀，伸展开触须，使全身的毛都蓬松开。松毛虫蛾的前翅是灰色的，上面还嵌着几条棕色的曲线；后翅是白色的，腹部还有些淡红色的绒毛。它的背部还有一些挤得很密的鳞片，这些鳞片稍微一触擦就会脱落。这种鳞片便是松毛虫蛾用来做盛卵的小圆柱体的原材料。

残酷的生存竞争

我在荒石园内经常能看见三种叶甲，它们分别是百合花叶甲、田野叶甲和十二点叶甲。在适宜的季节，只要我需要它们，不必费力寻找，它们就会出现在我面前。

百合花叶甲身材中等偏小，体态匀称，呈美丽的珊瑚色，头和脚则是乌黑发亮的。这种小虫的胆子很小，如果你在百合花上发现它，伸手去抓，它就会吓得全身瘫痪，随即掉在地上。

当百合花的花蕾刚露出来时，你有可能在花蕾集结成的小包中看到一种红色的昆虫。再看看百合花的叶子，此时出现了一个很大的口子，就像一块破布似的，上面满是暗绿色的小污物。而且，这些污物竟然能一点点地移动。当你好奇地用麦秸尖试探拨一下，你会看到一只难看的肚子圆凸的淡橘黄色幼虫露出来，它就是百合花叶甲的幼虫。

这只幼虫身上披着的“外衣”，实际上是由它的粪便制成的。百合花叶甲幼虫大便的方式很独特，

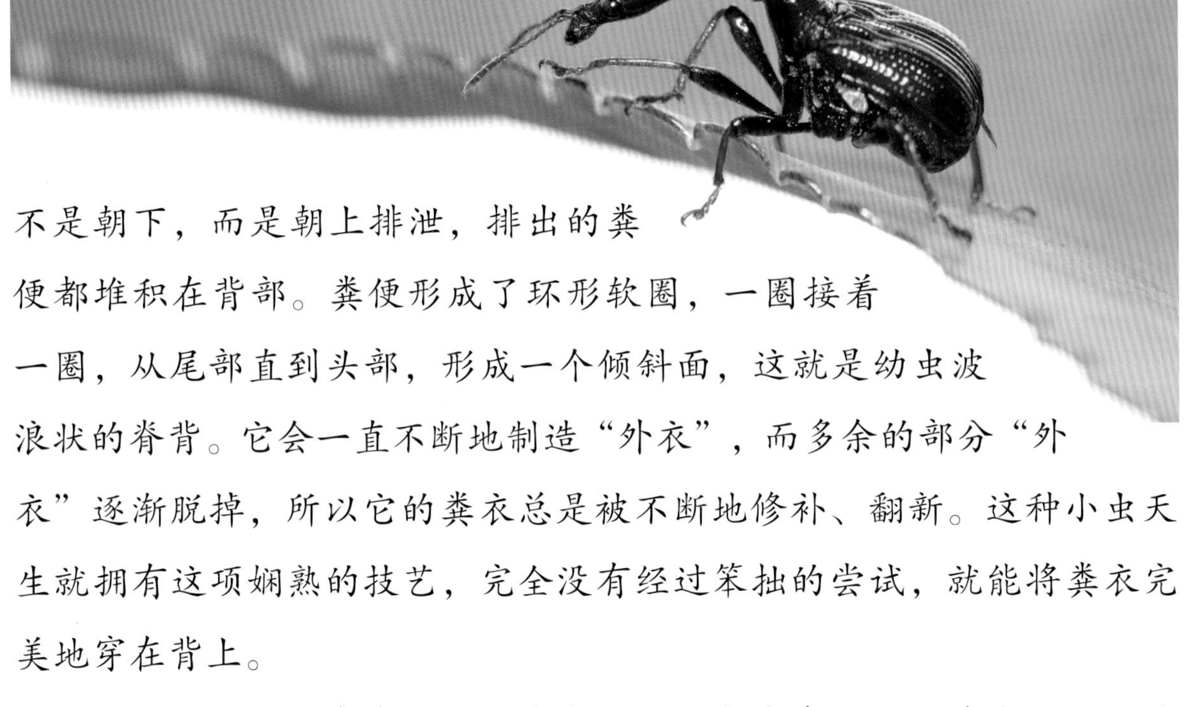

不是朝下，而是朝上排泄，排出的粪便都堆积在背部。粪便形成了环形软圈，一圈接着一圈，从尾部直到头部，形成一个倾斜面，这就是幼虫波浪状的脊背。它会一直不断地制造“外衣”，而多余的部分“外衣”逐渐脱掉，所以它的粪衣总是被不断地修补、翻新。这种小虫天生就拥有这项娴熟的技艺，完全没有经过笨拙的尝试，就能将粪衣完美地穿在背上。

百合花叶甲通常在五月份产卵，它把卵产在叶子的背光面，平均排成三到六短列，卵的形状为圆柱形，呈鲜橘红色。卵上有一层黏性的分泌物，可以让它们牢牢地粘在叶子上。

十二天后，幼虫就出生了。刚出生的幼虫长五毫米，头和腿都是黑色的，其他部分则是暗琥珀色。胸廓的第一个体节上有褐色的肩带，肩带从中间断裂，在第三个体节背面的身体两侧各有一个小黑点，这是它们早期的服装。这时候，幼虫的短腿和臀部紧贴叶子，双腿派不上用场，需要用臀部推动身体向前运动。

同一组卵中孵出的幼虫，很快就开始在各自的卵壳旁吃东西了。它们在厚实的叶子上为自己掘洞，挖掘时还会注意不破坏另一面的表皮。于是，叶面上就会呈现一块半透明的地板，地板可以使幼虫安心享受美味，还没有掉下去的危险。吃东西时，这些幼虫之间并没有什么次序，也不注重节约。

很快，幼虫的肚皮会越胀越大，这时肠子开始发挥作用，排出了第一个球状物，这个小球体积不大且呈流体。紧接着，它会在不到一天的时间内，慢慢地为自己制作出一套衣服。

这件粪衣有什么作用呢？或许可以使幼虫躲避阳光的照射，免得柔嫩的表皮发生皲裂，或许可以抵抗敌人的袭击——谁愿意啃咬污物堆呢？也或许只是一种流行的任性、怪异的心血来潮吧！

关于这个问题，我们可以问问百合花叶甲的亲密伙伴——田野叶甲和十二点叶甲。

田野叶甲身穿三色服装，蓝色的鞘翅边缘镶着白色的带子，中间装饰着三个白色饰结，在它的红色前胸中心还佩有蓝色的圆盘。田野叶甲的卵是暗绿色的，呈圆柱形，并不像百合花叶甲那样排成一列，而是相互隔离，竖立在芦笋叶、细枝或含苞待放的花儿上，哪里都有，毫无秩序可言。

田野叶甲幼虫并不像百合花叶甲幼虫那样把自己隐藏在粪便下，它一生都光着身子，十分干净。田野叶甲幼虫呈淡绿黄色，身体后部十分肥胖，前部一点点变细；它的主要运动器官是肠子末端，形成的局部鼓泡，弯曲着缠绕在枝杈上作为幼虫的支撑，推动它前行。而它真正的腿却很短，长在身体非常靠前的地方，十分艰难地拖着笨重的身体；肛门上的指状物体是腿的助手，相当有力气。别看它双腿不完整，却敢于在枝杈上移动。

田野叶甲幼虫拥有十分独特的休息姿势：沉重的臀部搁在后腿上；身体前部抬起，优雅地打着弯儿；黑色的脑袋直直地竖立着。看起来就像是一座蹲着的狮身人面像。在太阳的照射下，在午睡和安静消化食物的时刻，这个姿势比较多见。

在阳光充足、燥热的日子里，这只赤身裸体、手无寸铁的幼虫总是半睡半醒的，很容易被捕获，或者遭到劫掠。在芦苇丛中飞舞着的小飞虫看起来很小，实际上却很狡诈，当田野叶甲幼虫休息时，它们就会嗡嗡地飞到幼虫的臀部上做些坏事。凡是被小飞虫骚扰过的田野叶甲幼虫，身上都会粘有一些白色的小点。这些小点是什么呢？

我把这些田野叶甲幼虫收集起来进行饲养，一个月后，我发现这些幼虫都萎缩干瘪了，变成了褐色，只剩下一个干瘪的皮壳。这个皮壳的一头裂开一条缝，一只双翅目昆虫的蛹露出来。几天后，寄生虫孵出。

这只小飞虫呈浅灰色，身上竖着稀疏粗糙的纤毛，样子与家蝇很像，却不及家蝇的一半大。它属于寄生蝇系，寄生蝇在幼虫时期经常在各种毛虫体内生活，这些田野叶甲幼虫身上的白点，就是令人讨厌的双翅目昆虫的卵。这些寄生蝇的后代最初不露声色，在为变态做好准备之前，它们并不会触碰宿主的主要器官，否则宿主就会死亡，它们也就难以生存了。所以一开始，受害者田野叶甲幼虫并不会有任何不适的感觉。等到寄生者进入成长末期，田野叶甲幼虫的身体就会被掏空，留下一张皮成为寄生者的掩蔽所。

一只田野叶甲幼虫的脊背上有八到十只，甚至更多的寄生蝇，但最终只有一只寄生蝇能够从受害者的体内出来，因为受害者的小小身体并不够几只寄生蝇食用。这时候，寄生蝇之间就会相互残杀。对于受害者身体里的寄生蝇来说，同类或异类的肉并没有多大区别。不过，无论寄生蝇之间的竞争多么凶狠激烈，寄生种族都不会灭绝。

百合花叶甲就是靠着厚厚的粪衣，摆脱了同伴田野叶甲所遭受的苦难，在它们的身上，你永远也找不到令人讨厌的白色污点。难道非得利用令人恶心的污物才能抵御寄生蝇的侵害吗？当然不是，只需在没有双翅目昆虫容易产卵的庇护所里居住就可以了，十二点叶甲采取的就是这种办法。

十二点叶甲与田野叶甲杂居在一起，只是它的体形稍大，衣服是红色的，鞘翅上对称地分布着十二个黑点。它的卵是深橄榄绿色的，呈圆柱形，一头尖，另一头的一段像是被截去了，看起来非常像田野叶甲的卵。田野叶甲在细枝杈的叶子上固定自己的卵，十二点叶甲则把自己的卵单独安置在未成熟的果子上。这些果子很像豌豆大小的小球，幼虫孵出后，会为自己打开一条狭窄的通道，钻进果子，吃果肉。每个果子只够一只幼虫食用，因此，果子上面只能生活一只幼虫。然而，我不止一次看见一个果子上有两枚、三枚、四枚卵的情况。当然，第一只孵出的幼虫才具有优势，它会成为这个果子的物主。只要别的幼虫胆敢来它旁边就食，就会被它弄死。这种残酷无情的竞争，随时都会发生。

十二点叶甲幼虫的身体呈暗白色，胸部的第一个体节上带有不连贯的黑色肩带。它完全没有田野叶甲幼虫在芦笋叶子上吃食的高超技能，也不能将臀部变成可以缠绕和紧抱的指头。它最爱做的事情就是睡觉，所以它注定会因不走路寻食而变得肥胖。在同一个组群中，每种虫子都能根据既定的生活方式获得相应的天赋。

神秘的池塘

我总是喜欢凝视着碧绿的池塘，因为那是一个由许许多多小生命组成的神秘世界。在池塘边，成群的小蝌蚪在暖和的池水中嬉戏着、追逐着；有着红色肚皮的蝾螈也摇摆着它的宽尾巴，在水中缓缓前进；芦苇草丛中，一群群石蚕幼虫急急忙忙地将身体隐匿在一个用枯枝做成的小鞘中。池塘深处，水甲虫们在不停地跳跃着。它们前翅的尖端有一个可以呼吸的大气泡，胸下有一片胸翼，在阳光下闪闪发光，好像威武的大将军胸前佩戴的闪着银光的胸甲。

在水面上，一群闪着亮光的豉虫在欢快地打着转！不远处的水中，一队池鳐正在迅速地向这边游来。还有水蝎，它们交叉着前肢，在水面上悠闲地做出一副仰泳的姿势。蜻蜓幼虫正在水中时不时地冲刺前进。每次冲刺前，它都以极快的速度把身体后部漏

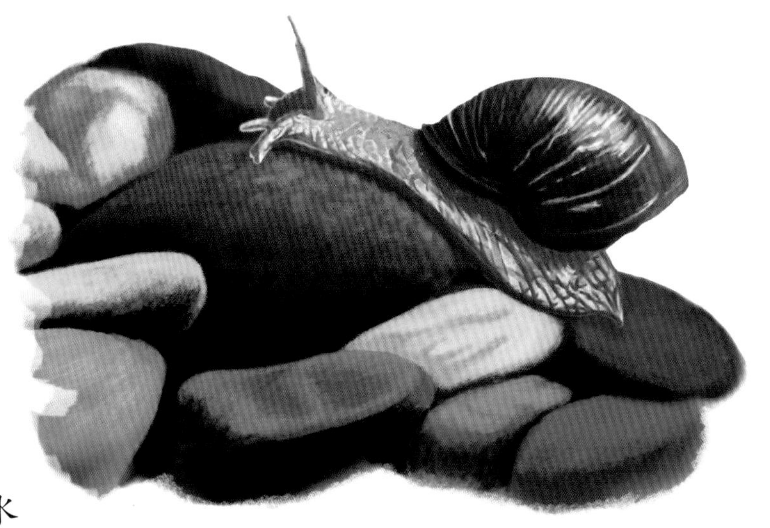

斗里的水挤压出来，使身体借着水的反作用力，以同样的速度冲向前方。

在池塘水底，还躺着许多沉静又稳重的贝壳动物。有时候，小小的田螺们会沿着池底缓缓地爬到水边，小心翼翼地张开沉沉的盖子，眨着眼睛，好奇地张望这个美丽的水中乐园，尽情地呼吸一些陆上的空气；水蛭们伏在它们的征服物上，不停地扭动着身躯，看起来得意扬扬；成千上万的孑孓在水中有节奏地一扭一曲，好像在表演舞蹈，可过不了多久，它们就会变成让人厌烦的蚊子了。

在阳光的孕育下，这个直径并不大的池塘犹如一个辽阔神秘而又丰富多彩的世界。它怎能不引起一个孩子强烈的好奇心呢？下面就让我来讲讲，在我记忆中的第一个池塘是怎样深深地吸引了我，激发起我的好奇心的吧。

我小的时候，家里很穷。除我母亲继承的一所房子和一块小小的荒园之外，几乎什么也没有。“我们将怎么生活下去呢？”这个严肃的问题常常挂在我父母的嘴边。“如果我们来养一群小鸭子，”母亲说，“一定可以换得不少钱。”“这个主意不错！”父亲高兴地说道，“那我们就试一试吧。”

两个月之后，我们家里真的孵出了二十四只毛茸茸的小鸭子。因为鸭子自己不会孵蛋，所以就由母鸡来孵。可怜的老母鸡分不出孵的是自己的亲骨肉还是别家的“野孩子”，只要见到圆溜溜，和鸡蛋外形差不多的蛋，它都很乐意去孵，并把孵出来的小生物当作自己的亲骨肉来对待。我们家的一只黑母鸡和从邻居家借的一只黑母鸡就承担

起了孵小鸭子的重任。

我们家的那只黑母鸡，每天不厌其烦地和那些小鸭子们做游戏。我把一只装着许多水的木桶放在院子里，让小鸭子们尽情地在里面玩耍。这只木桶为它们提供了一个水中乐园。每到阳光明媚的日子，小鸭子们总是一边沐浴温暖的阳光，一边在木桶里洗澡嬉戏。它们是那么快乐和幸福，这让旁边的黑母鸡羡慕得不得了。过了两个星期，那只小小的木桶无法满足小鸭子们的需求了。因为它们需要大量的水，这样它们才能在里面任意地翻腾跳跃。它们还需要吃许多小虾米、小螃蟹和小虫子之类的食物，这些食物只能在互相缠绕的水草中找到。怎样才能让那些可爱的小鸭子得到足够的水和食物呢？

我突然想起，在村外那座山附近有一块很大的草地和一个不小的池塘。那是一个很荒凉很偏僻的地方，没有什么猫狗的打扰，倒是可以成为小鸭子们的天然乐园。于是，我领着小鸭子们赶往它们的乐园。但是因为走了太多的路，我赤裸的双脚渐渐地磨出了泡。小鸭子们的脚蹼没有完全长成，还不够坚硬，所以它们似乎也受不了这样的折腾。走在崎岖的山路上，小鸭子们不时地发出呷呷的叫声。我们走一阵儿歇一阵儿，终于到达了目的地。

那池塘的水浅浅的、温温的，水中露出的土丘仿佛一个个小小的岛屿。小鸭子们飞奔到池塘边，忙碌地寻找食物。吃饱喝足后，它们便下水洗澡。洗澡的时候，它们常常会把上半身潜入水中，只露着尾巴直指蔚蓝的天空，就好像是在跳水中芭蕾。看着它们优雅而美妙的舞姿，我心里美滋滋的。把目光

从小鸭子们的身上移开，我开始去仔细观赏水中其他的景物。

在附近的泥土上，我惊奇地发现了几段互相缠绕着的“绳子”，它们又粗又松，黑沉沉的，像是沾满了黑色烟灰的细绒线，好像刚刚从袜子上拆下来的一样。我走了过去，本想把那“绳子”放在手心里，细细地观察一番，可是这东西竟滑溜溜的，还有点儿黏，刚捏起来就从我的手指缝里溜了下去。我试了好几回，可都是白费力气。不料，有几段“绳子”的结突然散开了，从“绳子”里面跑出一颗颗“小珠子”，“小珠子”只有针孔那么大，后面还拖着一条扁平的尾巴。这回我认出它们了，原来就是我们很熟悉的小生物——蝌蚪。

在这个池塘里有许多奇妙的生物。其中有一种生物，它那黑色的背部在阳光下闪闪发光，身体不停地在水面上打着旋儿。

在池水深处，有一团浓绿的水草。我轻轻地拔开一束水草，立刻就有许多水珠争先恐后地浮到水面上，然后聚成一个大大的水泡。我继续往水草下观望，看到了许多像豆子一样扁平的贝壳，一些看上去像戴了羽毛的小虫，还有一些舞动着柔软的鳍片的小生物。

看累了池塘中的小生物，我又把目光转向池塘周围。池塘的水通过一条小小的渠道进入附近的田地。在田地里生长着几棵赤杨。我跑到赤杨旁边，发现了一只美丽的甲虫，它大概有核桃那么大，身上有一些蓝色。我轻轻地捉住它，把它放进一个空蜗牛壳里，再用叶子塞好。我打算把它带回家中，细细欣赏一番。

接着，我又回到池塘边，继续观察那神秘的水世界。远处清澈的泉水源源不断地从岩石上流下来，先流到一个小水潭里，然后汇成一条小溪，溪水再缓缓流入池塘。看着看着，我突发奇想，如果把顺流直下的小溪看作一个小小的瀑布，让它去推动一个磨，那不是很好玩吗？于是，我开始着手做一个小磨。我用稻草做成磨的轴，再用两个小石块作为它的支架。不一会儿，磨就完工了，而且做得很成功，只可惜当时没有小伙伴和我一起玩，只有小鸭子来欣赏我的杰作。

此外，我还想筑一个小水坝。正好池塘边有许多乱石可以利用，我便耐心地挑选起石块。挑着挑着，我忽然发现了一个奇迹。当我翻开一个大石头时，发现石头上有一个小拳头般大小的窟窿。阳光穿过窟窿射到水面上，立即出现一团耀眼的光，就好像钻石在阳光下发出的光芒。这使我想起了神龙传奇的故事。这里难道就是神龙守护的地下宝库吗？这些发光的碎石都是神龙赐给我的宝物吗？接着，我看到潺潺的泉水底铺着许多金色的颗粒，它们都粘在一片细砂上。这些难道就是金子吗？我把石头打碎，想看看里面还有什么珠宝，可是只见一条小虫从碎片里爬出来。它的身体呈螺旋形，上面好像遍布着一节一节的疤痕，而且有节疤的地方显得格外沧桑和健壮。

我不知道它是怎样钻进石头内部的，也不知道它为什么要钻进去。

为了纪念刚刚发现的这个“宝藏”，我在衣袋里都塞满了碎石。这时候，天快黑了，小鸭子们也吃饱了，于是我把它们驱赶到一起，欢快地对它们说：“走，咱们得回家了。”在回家的路上，我的脑海里充满了幻想，尽情地想着我的蓝衣甲虫，还有那些捡到的宝贝。可是一踏进家门，父母就看到我身上快撑破的衣服，我那膨胀的衣袋里面尽是一些没有用处的石头。

“我叫你看鸭子，你却只顾着玩耍，捡那么多石头回来，是不是还嫌我们家周围的石头不够多啊？赶紧把这些东西扔出去！”父亲冲我吼着。我只好把我的那些宝贝统统抛在门外的废石堆里。母亲看着我，无奈地叹了口气，说道：“孩子，你真让我为难。如果你带些青草回来，我也不会责备你，那些东西至少可以喂喂兔子。可这种碎石只会把你的衣服撑破，这种毒虫也只会把你的手刺伤，它们能给你什么好处呢？是不是有什么东西把你给迷住了？”母亲说得不错，的确有一种东西把我迷住了——那就是大自然的魔力。

几年后，我知道了那个池塘边的“钻石”其实是岩石的晶体，所谓的“金粒”也不过是云母碎粒而已，它们并不是神龙赐给我的什么宝物。尽管如此，对于我，那个池塘始终保持着它的神秘，在我看来，池塘里的那些东西远比钻石和黄金更有魅力。

许多年以后，我拥有了一个室内池塘，它是由铁匠和木匠合作建造而成的。这个池塘的下面是用木头做的基座，四周是用铁条做成的池架，然后镶上玻璃。池塘上面盖着一块可以活动的木板，上面有一个排水的小洞，木板底部是铁做的。

这个池塘完工后，我先往池里放进一些滑腻腻的硬块。这个东西表面长着许多小孔，看上去很像珊瑚礁。硬块上面盖着许多绿绿的绒毛般的苔藓，这些苔藓能够使池水保持清洁。想知道这是为什么吗？那我们就来仔细观察一下吧。

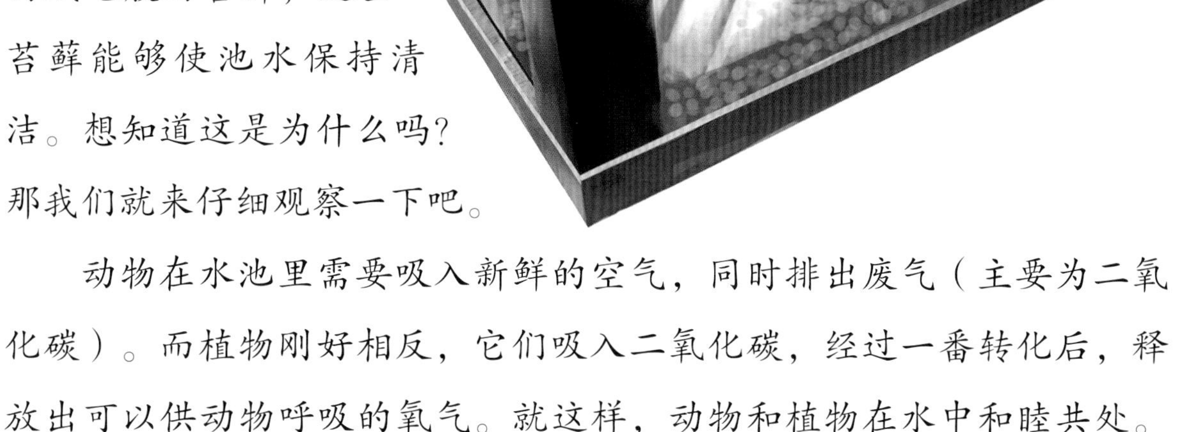

动物在水池里需要吸入新鲜的空气，同时排出废气（主要为二氧化碳）。而植物刚好相反，它们吸入二氧化碳，经过一番转化后，释放出可以供动物呼吸的氧气。就这样，动物和植物在水中和睦共处。那些绿苔藓就起到了净化池中空气的作用。

站在洒满阳光的玻璃池边，我们能看到：在长满水草的“珊瑚礁”上有些许闪烁的星光，好像清晨绿苗遍地的草坪上泛着的零零碎碎的露珠。这些露珠不断地消逝，又接连不断地出现，它们会倏然在水面上飞散开来，好像水底下发生了小小的爆炸，冒出一串串的气泡。

原来，水草分解了水中的二氧化碳，得到碳元素。碳可以用来制造淀粉，而淀粉是生物细胞不可缺少的物质。这样，水草通过分解二氧化碳获得了生存所需的营养物质，而它所吐出来的废气是新鲜的氧气。这些氧气一部分溶解在水中，供给水中的动物呼吸，一部分离开水面，跑到空气中。我们看到的那些气泡就是氧气。

我常常注视着池水中的气泡，展开无限的遐想：在很久很久以前，陆地刚刚脱离了海洋，那时候，草是第一棵植物，它吐出第一口氧气，供给动物呼吸。于是，各种各样的动物相继出现了，而且一代一代繁衍下来，逐渐演变成今天多彩多姿的生物世界。

“搬运夫”石蛾

我家附近生活着五六种石蛾，每一种都有自己独特的技艺。其中有一种石蛾被人们称为“搬运夫”，因为它能在搭建房屋时载负大量细小的茎秆和芦苇残屑。

这种石蛾的家是座乱七八糟、破败不堪的建筑，简直是个流动的大杂物堆，用来建筑的材料也是五花八门。对于年幼的石蛾新手来说，这种建筑工程是从编织一种粗糙的藤柳深篓开始的，编织材料是一种爆竹柳。石蛾幼虫一旦发现这种材料，就会用大颚将其侧根段锯成一根根细小的直棍，然后再把它们固定在篓子的边缘，使这些棍子始终横在那里。这就是石蛾在幼虫时期的堡垒，是最佳的防御系统。

不过，这些石蛾幼虫很快就会抛弃这种壁垒，变身为工匠，开始建屋。它们所用的材料很随机，有水稻茎秆、灯芯草管、枝杈碎屑、小树枝……特别是沼泽鸢尾的种子。这些东西被杂乱地叠放起来，成为一种莫名其妙的物体，一个荒诞的堆积物。随着石蛾幼虫的长大，这个藤柳深篓变得十分狭窄，成了拖累它们的沉重负担。这时，石蛾便会截去建筑的一段，拆开并抛弃后半部分，以便它们向更高、更宽的地方搬迁。

这些石蛾不仅会随意地搭建粗糙的建筑，而且擅长用精致的贝壳铺砌的技艺。在选择镶嵌材料时，石蛾并不加以区分，它们会把所有废弃的贝壳都嵌到屋架上，找到什么就嵌入什么，比如瓶螺、田螺、椎实螺等。除了砾石，几乎什么样的东西都会被石蛾所利用。

为了了解石蛾建筑房屋的过程，我将三四只石蛾从它们的房子里取出来，放进了一个便于我观察的杯子里，还为它们提供了两种性质截然相反的材料：一种是柔软的、易弯曲的水生植物，如水田芹；一种则是坚硬的、不易弯曲的木质细枝。石蛾可以根据自身的需求进行选择。

由迁移引发的慌乱过去后，石蛾开始着手准备建造新房屋了。我着重观察了其中一只石蛾，它用腿胡乱地收集起一束植物的侧根，然后横在上面定居下来。它的臀部像波浪那样起伏运动，对这束侧根进行调整，很快地，它就制成了一根不太结实的悬吊腰带，一张有多个拴系点的狭窄吊床。它在悬吊腰带的支撑保护下，把身子不断伸长，然后向前伸出中间的腿，一旦遇到一节植物的侧根，它就将其紧紧挽住，接着爬到更高的地方，似乎在测量需要剪下的长度。量好后，它就用大颚咬断这根线。这根线在石蛾的前肢下不断地被转动、挥舞、放下……似乎是在选择最佳的安置位置。选好位置后，石蛾开始运用吐丝器进行黏结工作了。

最后，一个白色细短绳结成的匣子诞生了。石蛾在剪切那些侧根时，把它们的尺寸估算得很准确，并使它们始终横向地缚在匣子的“石井栏”上。但事情到此并未结束，石蛾会继续在它的匣子里旋转身体，采取各种各样的姿势，以便让吐丝器正好面对要加固的地方。

从上述的工作看，石蛾本该制作完成一座精致协调的建筑，但实际上并不是这样，建筑依然是杂乱无章、粗陋不堪。不过这可不是石蛾技艺不精，而是取决于建筑材料的千差万别，谁让这些截段是那样参差不齐的呢！

之后，石蛾开始考虑制作一个更加牢固的房子。为此它弄断了固定匣子的缆绳，外出寻找合适的材料。很快，它就找到了一根干燥的藤柳细枝。石蛾先在藤柳上仔细丈量，然后用大颚锯下它要的截段，用前肢抓住，将其横放在颈部下面，带回住所。接着，它又按照之前的方式修建了一座相当漂亮的建筑。建筑的总体呈多边形，近五边形。这座建筑之所以匀称整齐，很有规律，是因为从一个阶段到另一个阶段，石蛾转身的弧度与每次黏结的范围是相等的。

所以说，石蛾这个工人并不是忘记了自己的才能，只是缺少优质的材料。如果有合适的建筑材料，它就能建造出合乎规范的建筑。它能够用大小相同的扁卷螺壳制作华丽的匣子，也能够用一束细根制作出漂亮的柴捆。那么别的材料呢？

石蛾有使用种子的癖好，这使我产生了用种子进行实验的想法。最终，我选择了稻米，因为它具有坚硬的质地、好看的颜色和类似球状的外形。当然，

石蛾是不会直接用稻米开始它们的工程的，水田芹的侧根构成的匣子给它们提供了基础。石蛾把稻米的籽粒放到这个匣子上，有的直立着，有的倾斜着，集结成一座精致美丽的小象牙塔。

这两项实验证实，石蛾并不是愚蠢荒谬的家伙，如果它交上好运，遇到了好的材料，它就能加工出一些漂亮的东西；运气不佳时，它也会像别的动物那样，造出一些丑陋不堪的东西。

石蛾还具备一个特点——坚韧不拔。大多数昆虫不会重复做过的事，只根据习惯把做过的事继续做下去，不会考虑破坏或消失的部分。石蛾却习惯重新做起，它是从哪里得到这种才能的呢？

在天然环境中，石蛾有天敌，其中最大的敌人是龙虱。为了免遭敌人的毒手，石蛾会立即放弃它们的匣子。当然，这也是建立在具有重新建造房屋才能的基础之上的。

这些具有建筑天赋的石蛾还可以在没有其他支撑物的情况下，无限期地使自己停留在水面上。它们能集结成不沉的小船在水面上休息，甚至还能在水面上划桨移动。这种特长来自何处呢？石蛾选用的小柴捆、贝壳、藤柳等材料能够使匣子漂浮吗？

我把石蛾从匣子中取出，分别用这些匣子做了实验。在这些匣子中，不管是由木质碎片构成的，还是由各种成分混合构成的，没有一个能够漂浮起来。另外还要加上一点，石蛾本身也不具备漂浮的能力。

那么，在没有水草的支撑，而石蛾和它的匣子密度又比水大的情况下，它究竟是如何停留在水面上的呢？答案马上揭晓。

我从水中取出一只石蛾，将它和匣子放在吸墨水纸上，它立刻不安起来，在纸上顽强地爬行。当一半身子脱离匣子后，它紧紧地抓住纸面，收缩身子，同时把匣子拉向自己。每次爬行时，它都把匣子稍稍抬起。之后，我又把它重新放入水中，现在它漂浮起来了。匣子垂直倒立在水中，后孔与水面齐平，不一会儿，一个气泡从孔中跑了出来。匣子没有空气装载物，马上沉了下去。然后，我又用镶嵌贝壳的匣子做了实验，结果也一样。

看来，石蛾是借助临时“气球”使自己浮在水面上的。将石蛾的匣子后部截掉一部分，我们可以看到里面有个横膈膜，那是吐丝器的产物，横膈膜的中间有一个圆形洞口。匣子的能量就来自那儿。

匣子均匀整齐，内壁十分光滑，装填着缎子似的物质。石蛾在后部把两只钩子刺入“缎子”里，就能随心所欲地在匣子内部前进或倒退。当它的腿和身体前部在外面操作时，它就能够控制匣子。石蛾的身子静止不动时，会占据整个空间，但是一旦身子向前收缩，尾部与匣子之间就会有一个空隙。通过后天窗，这个空隙就会立刻充满水。石蛾不停地收缩伸展，水在“鳃”（分布在背部和腹部柔软的浓密纤毛）的周围就得到了更换。

这种活塞的推动就像人的呼吸一样，但它并不能改变整体的密度。要减轻重量，必须将匣子上升到水面才行。为了达到这个目的，石蛾越过水草堆，从一个支撑物来到另一个支撑物。虽然它们身在一堆乱糟糟的柴捆中，运动起来困难重重，但它们依然坚忍不拔，顽强地实施自己的计划。

到达目的地后，它们会将身体后部稍稍露出水面，推动一下活塞。之后，匣子内的空隙中就充满了空气，“小船”和“船夫”也就能够漂浮在水面上了。

可见，石蛾在制作匣子时，并不需要把那些轻重不同的材料按照正确比例组合起来。它们会使用更好的妙法巧计升上水面，漂浮在水上或潜入水中。它们利用水草阶梯升到水面，只要拖带的重量没有超过自身的承受范围，匣子的平均密度就不重要了。另外，由于水具有浮力，负载的物体在水中移动时其重量也会有所减轻。

进入匣子内的气泡后，石蛾不进行其他操作就能够长时间漂浮在水面上。如果石蛾想再次潜入水中，只要完全缩回匣子就行了。当空气完全排出匣子，“潜艇”的密度大于水的密度，“潜艇”就会马上自动下沉。

因此，除小石子外，其他任何东西都能作为建筑材料，使石蛾的匣子具备潜艇的功能。不管是粗大的还是细小的，藤柳还是贝壳，种子还是木棍，都是合适的材料。虽然这一切是随便拼凑起来的，但它们构成了一个无法攻克的堡垒。只有以下一点必须严格遵守：总体的重量必须略微超过排开水的重量，否则，在水下，如果不能抵抗住流水的冲击力，它就不可能保持稳定。同样，当心惊胆战的石蛾想离开变得险象环生的水面进入水中时，也不能立刻下沉。

当然，石蛾并不需要特意花费脑筋，去考虑匣子轻重的问题。因为几乎整个匣子都是在水底制作的，所有材料也都来自水里，并且沉降在那儿，匣子的密度自然要比水大。

大孔雀蝶

大孔雀蝶是欧洲最大的蝴蝶，它美丽非凡，全身披着红棕色的天鹅绒外衣，脖子上还系着一个领结。它的翅膀上点缀着灰色和褐色的小斑点，一条浅白色锯齿形的线横贯中间；翅膀边缘有一圈灰白色；翅膀中央有一个圆圆的斑点，好像一只大眼睛，这只“大眼睛”还有黑得发亮的瞳孔和一些色彩丰富的弧形眼帘，那些弧形线条有白色、栗色和紫色等色彩，在阳光的照耀下真是变化万千。

大孔雀蝶如此美丽，那么大孔雀蝶毛虫又如何呢？虽然大孔雀蝶毛虫全身略微发黄，但也同样有着美丽的外表。它的体节末端看起来像是镶嵌着一个个蓝色的珠子，这与它的体色十分相称，看上去漂亮极了。它的茧多呈褐色，有点粗大，看上去就像渔夫的鱼篓。这种形状奇怪的茧常常在杏树的树皮上，而大孔雀蝶毛虫就是以杏树的叶子为食的。

五月六日的早上，我目睹了一只大孔雀蝶从茧里钻出来的情景。在我的实验室的桌子上，有一只雌大孔雀蝶脱去了束缚它的外衣，以美丽的姿态展现在我的眼前。我马上用一个金属丝网做的钟罩将它罩了起来，想细细地欣赏一番。

到了晚上九点的时候，我正准备睡觉，突然听到隔壁房间里一阵乱哄哄的声响，好像是挪东西的声音。我的儿子小保尔连衣服都没有穿好，就在屋子里不停地跑来跑去。他一边跑一边大声地喊着："快来呀！快来看呀！房间里满是像鸟一样大的蝴蝶！"我赶忙从床上爬起来，跑过去看。房间里确实飞满了大孔雀蝶，已经有四只被小保尔捉到了麻雀笼子里，剩下的那些还拍打着翅膀在天花板下飞舞。

我看到眼前的这一切，不禁想起了那只被我罩起来的大孔雀蝶。于是，我让小保尔穿好衣服，跟我一起去实验室看那只被监禁的蝴蝶。我和小保尔正往实验室走时，正巧看到保姆在厨房里用她的大围裙驱赶大蝴蝶，她一开始还以为这些大蝴蝶是蝙蝠呢。看来，大孔雀蝶已经把我的房子占满了。像这样一大群蝴蝶侵入我居室的情形，以前还从来没有发生过。

当时，实验室的一扇窗户是开着的。刚一进去，我们就看到了一种令人难忘的景象：一大群大孔雀蝶围绕着那个大钟罩飞来飞去。它们一会儿飞上天花板，一会儿又俯冲下来；一会儿飞出去，一会儿又飞回来。它们向我们扑来，用翅膀将蜡烛扑灭。整个实验室简直变成了一个可怕的洞穴，里面盘旋着一些怪物。它们扑打着我的肩膀，钩住我的衣服，还擦蹭着我的脸。

我大致数了数，在这间实验室里的大孔雀蝶将近有二十只，再加上其他房间里的，一共有四十多只。今晚可真是大孔雀蝶们的盛会。这些大孔雀蝶都是为了钟罩里的那只雌大孔雀蝶而来，它们是来向这位妙龄“少女”表达殷殷情意的。我不知道它们是怎样得到消息的，竟都急急忙忙地赶来看望这位美丽的“少女”。

在接下来的七八天时间里，每天晚上，那些大孔雀蝶都会如期而至，来到这位被囚禁的蝴蝶身边。这时正是多雨的季节，风雨雷电经常发生。在这样恶劣的天气里，就连那些凶狠强壮的猫头鹰都不会轻易离开它们的巢穴。可是这些大孔雀蝶却不顾风雨雷电的威胁，毅然克服重重困难来与这只雌大孔雀蝶相会。

我的实验室被许多大树遮蔽着，屋前长着高大挺拔的法国梧桐，路边还长满了丁香和蔷薇，那些松树、杉树和柏树把整座房子包围得严严实实的，这些大孔雀蝶竟然能在黑暗中迂回前进，历尽苦难来到目的地。大孔雀蝶的这种无畏与执着实在是让人佩服。而它们在这风

雨之夜艰难前进，竟然没有一点点被擦伤的痕迹，这也不得不令人称奇。

原来，大孔雀蝶有一种特殊的光学器械，这使它具有一种异乎寻常的视觉，从而能够感受到普通视网膜所观察不到的光线。这个光学器械呈多面体，比夜鹰的大眼睛装备更加精良。所以，即使在黑夜，大孔雀蝶也能够一往直前，顺利跨过重重障碍，对它来说，黑暗与光明并没有太大的差别。不过，大孔雀蝶也有出错的时候。一般来说，灯光对于夜间活动的昆虫无疑是一种诱惑，它们会以此来确定方向。可是，大孔雀蝶却正好相反，当我拿着灯走进实验室时，那些刚刚到来的大孔雀蝶却因为那盏灯的光亮而迷失了方向，结果漫无目的地乱飞乱撞起来。

大孔雀蝶短暂的一生中只有一件最为重要也最为迫切的事情，那就是寻找配偶。它们不管路途多么遥远，也不在乎途中有多少障碍，都要找到自己的配偶。它们大概要有两三个晚上，每晚花上几个小时去寻找自己的配偶。当许多其他蝴蝶成群结队地飞去吸食蜜汁的时候，大孔雀蝶也不会去想自己要吃些什么，这样一来，它们的寿命又怎么长得了呢？在它们短暂的生命里，就只来得及去寻找一个伴侣而已。

大孔雀蝶是如何得到配偶的信息的呢？是不是通过它们的触角来获取信息的呢？我发现，雄大孔雀蝶身上有很宽的触角，似乎可作为探测器。就在发现大孔雀蝶们侵入我居所的第二天，我在实验室里看到有八只大孔雀蝶在窗户的横档上停留下来，安安静静地待在那里。我便用小剪刀把它们的大触角剪掉了。

然后，我把罩子里的雌蝶搬到别处去了。天黑的时候，我又去看那几只大孔雀蝶，结果发现已经有六只飞走了，剩下的两只有气无力地落在地板上，已经奄奄一息了。即使我不剪掉它们的触角，它们也会因迅速衰老而很快结束生命。

那六只飞走的大孔雀蝶去了哪儿呢？它们还能找到那只雌蝶吗？我把罩子放在露天地里，那个地方很黑。天黑后，我提着灯、拿着网去罩子那里，想把围着罩子飞的那些大孔雀蝶用网捉住，然后把它们关进隔壁的一个房间。这样，我就可以准确地计算出有多少只大孔雀蝶来访了。

十点多钟的时候，我结束了捕捉，数了数那些被关进房间的大孔雀蝶，一共有二十五只雄蝶，其中一只是被剪掉触角的。这个实验并不能肯定触角是引导大孔雀蝶找到配偶的器官。于是，我对另外二十四只大孔雀蝶也实施了同样的手术，把它们的触角也剪掉了。

第二天，我又把罩子挪到了一个新的地方。这个地方就在关大孔雀蝶的那个房间的对面，应该很容易被找到。结果，先前被囚禁的大孔雀蝶中只有十六只飞了出来，其余的几只已经十分衰弱，不久就死了。而飞出来的十六只大孔雀蝶竟没有一只找到罩子。我在罩子旁边只捉到了七只新来的大孔雀蝶。

那么，被剪掉触角，是不是它们找不到配偶的原因呢？我们暂时还是把它作为一个疑点。我们再考虑一下，当大孔雀蝶失去了美丽的衣饰，它还有勇气去寻找那美丽的少女吗？

到了第四天晚上，我又捉了十四只大孔雀蝶，把它们关在了房间里，让它们在那里过了一夜。第二天天亮时，我就趁它们待着不动时，把它们前胸的毛拔掉一些。这一次，我也没有发现哪一只蝴蝶身体衰弱，飞不起来。到了夜里，这十四只大孔雀蝶开始活动了。我又跑到放罩子的地方，结果这一夜捕捉到了二十四只大孔雀蝶，其中有两只是被拔过毛的，仍然没有一只被剪掉触角的大孔雀蝶出现。

被我罩起来的雌大孔雀蝶活了八天，它在里面静静地待着，并且为我引来了很多雄大孔雀蝶。我用网把这些雄蝶捉住，并把它们囚禁在房间里，为它们做一些小小的手术，观察它们的变化。

因为老杏树正是大孔雀蝶们赖以生存的家园，而在我们这个地方老杏树并不多，所以这么多的大孔雀蝶涌向这里算是一个奇迹了。

现在，我们来对所观察到的一切做一下分析和总结吧。大孔雀蝶大概是从三个方面获取远处信息的，即视觉、听觉和嗅觉。但是，它们不可能有神话中的猞猁那样能够穿透厚墙看清东西的眼睛，也不可能看到几千米外的事物，所以，引导它们找到配偶的自然不会是视觉。声音似乎与获取信息也没有什么关系。雌大孔雀蝶虽然也可以召唤异性，但是它发出的声音非常微弱，怎么能让身处几千米之外的异性听到它的召唤呢？所以，大孔雀蝶还是无法靠听觉准确地找到自己的配偶。剩下的就是嗅觉

了。那些不怕艰难险阻、急急忙忙赶来的大孔雀蝶难道是受了气味的引诱吗？我曾在罩子下面放了一个大圆底器皿，里面盛满了柏油。雄大孔雀蝶们好像并没有受到刺激性气味的影响，仍然毫无顾忌地飞向罩子。看来，嗅觉也不是引导它们找配偶的原因。

每天晚上，成群结队的大孔雀蝶飞到罩子周围，而罩子里面的那只大腹便便的雌蝶只是紧紧抓住罩子的金丝网，在那里一动不动地待着，好像对外面乱哄哄的世界漠不关心。但是，它又好像是在等待着什么。

有时候，几只雄大孔雀蝶一起扑向罩子的圆顶，在上面盘旋着，不停地用翅膀拍打着罩子。这几只雄蝶虽然是情敌，却不见它们争风吃醋、互相拼杀。每一只雄蝶都竭力想钻进那网罩，但是经过种种尝试，它们发现所做的一切都是徒劳的，根本就不能与罩子里的少女亲密接触，所以，只得悻悻地离开了。

我每天晚上都把罩子换一个位置，可是这样做并没有使那些雄蝶晕头转向，它们仍然能找到那个被囚禁的少女所在的位置。每次我都要到罩子前一天晚上所在的位置去看一看，可是那个地方竟没有一只雄蝶出现。由此看来，它们并不是凭着记忆来旧地勘探一番，发现罩子不见了才转而飞向新的地方的，应该有一个比记忆更可靠的向导指引它们找到罩子的位置。

我们人类利用电磁波可以发无线电报，这是一个很伟大的发明，难道大孔雀蝶先于我们掌握

了这项技术吗？我又做了一项实验，把雌蝶分别放在白铁、木头和硬纸做的盒子里，然后把盒子封严。罩子里也放有一只雌蝶，只不过罩子外面又加了绝缘的玻璃罩。到了晚上，竟没有一只雄蝶飞来。于是，我把那些盒子微微打开一点缝，结果雄蝶们成群结队地赶来，用翅膀拍打着盒子和罩子，向里面的雌蝶求爱。

不过即使这样，也仍然无法证明大孔雀蝶们是通过无线电报进行信息传递的。因为，只要有一道屏障在，无论它的传导性能好不好，都会阻断雌蝶发出的信号。要想使信号传递出去，就必须使关押雌蝶的容器不完全封闭，容器内外的空气必须可以相互流通。可是这样的话，问题又回到了气味的可能性上，然而这一可能性已在前面的柏油实验中被否定了。

我做了这么多实验，可是还没有弄明白其中的缘由。于是，我想跟踪观察大孔雀蝶的婚礼。可是，它们的婚礼是在夜间进行的，我必须借着烛光才能看到它们。然而，烛火总是会被那些盘旋飞舞的大孔雀蝶扑灭，即使烛火没有被扑灭，也会把大孔雀蝶身上的绒毛烧坏，这样一来，它们会因烧伤而变得惊慌失措，也就无法提供可靠的证据了。它们即使没有被烧到，也会停留在火光边，一动不动，就像着了魔一样。所以，我只好放弃了对大孔雀蝶婚礼的观察。

小条纹蝶

放弃了对大孔雀蝶的观察之后，我便想观察一种与大孔雀蝶生活习性不同的蝴蝶，它的婚礼应该是在白天举行，只要它在婚礼上足够灵活敏捷就行。

有一天，一个卖菜的小男孩送给我一只非常漂亮的茧子。那茧子呈浅黄褐色，是钝圆形的，看上去很坚固。我初步判断这是橡树蛾的茧，如果真是这样的话，那对我而言便是个意外的收获了。

其实，橡树蛾还有一个名字，那就是小条纹蝶，这个名字来自雄蝴蝶的外衣：浅红色的大衣看起来就像僧侣的长袍，大衣上有横向的条纹，前面的两瓣翅膀上还长着像眼睛一样的略带白色的小圆。

小条纹蝶在我住的这一带并不常见。如果你一时心血来潮，带上网兜去捕捉这种蝴蝶，并不一定能捉到它。就连我在这里生活了二十多年，也从来不曾在村庄周围，特别是我的花园里看见过它。我也曾经发动所有的朋友和邻居，让他们帮我找这种茧，我自己也时常在枯叶堆里、乱石丛中搜寻，可是都没有找到这种珍贵的茧子。

后来，那个漂亮的茧子里果然羽化出了一只小条纹蝶。它大腹便便，穿着和雄蝶一样，只是那个袍子的颜色要稍微淡雅一些，呈米黄色。我把这只孵化出来的小条纹蝶关进了钟形的金属网罩中。实验室有两扇朝向花园的窗户，一扇关着，另一扇则不分昼夜地开着。两扇窗户相距四五米，阳光正好从窗口照射进来，小条纹蝶就置于两个窗口之间，处于半明半暗之中。

小条纹蝶孵出后的这一天及第二天，没有发生什么值得记述的事。它只是用前腿紧紧地抓着网罩静止不动，就跟那只被囚禁的雌大孔雀蝶一样。

小条纹蝶渐渐成熟起来，肌肉也显得结实了许多。第三天，这个小条纹蝶开始活动了。它似乎已经做好了出嫁的准备，它那隆重的婚礼就要拉开序幕了。下午三点多钟的时候，我正在花园里漫步，突然看到一群蝴蝶在那扇开着的窗户前盘旋。我赶忙跑进实验室，又看到了像大孔雀蝶来袭时一样令人眼花缭乱的景象。

一群雄性小条纹蝶在实验室里混乱地飞舞着。据我估算，它们大约有六十只。罩子里的那只雌蝶将自己的大肚子垂在网纱上，仍然是一动不动地等待着。那些雄蝶有的停在网罩上，用前腿推搡身边的其他雄蝶，希望为自己抢占一个比较有利的位置。就这样，这

些雄蝶疯狂地喧闹了三个多小时。眼看着太阳就要落下去了，很多雄蝶也飞走了。剩下的那些便也像大孔雀蝶一样，停在窗户的横档上，它们是想找一个地方停留下来，好为第二天的狂欢养精蓄锐。

当天晚上，我顺手把别人送我的一只非常瘦小的螳螂放进了关小条纹蝶的那个钟形网罩。没想到，这个小举动却给小条纹蝶带来了意想不到的灾难。第二天，我发现那只小螳螂正在吞食那只小条纹蝶，小条纹蝶的头和胸部以上的部分已经没有了。为此，我感到万分的惊讶和痛苦，但是已经无法挽回了，我不得已中止了对小条纹蝶的观察和研究。

又过了三年，我还是幸运地得到了两只小条纹蝶的茧子。在八月的中旬，两只茧子中相继羽化出了两只雌性小条纹蝶。于是，我又用它们来重复之前的实验。小条纹蝶跟那些大孔雀蝶一样聪明灵巧，它们能识破我的种种计谋。无论我把网罩放在哪个位置，它们都能够找到，并直接飞向被关在里面的雌蝶。

我把雌蝶放在各种盒子里，只要盒子没有被封严，那些雄蝶就能毫不费劲地找到雌蝶。不过，如果盒子被封得很严实，雄蝶就会得不到信息，也就不会飞来了。即使把封严的盒子放在显而易见的地方，也没有一只雄蝶飞向它。这让我那关于气味的疑问又重新萌发了。

我曾经对大孔雀蝶做过实验，我原以为柏油的气味很浓烈，可以掩盖住雌蝶的气味，现在我要在小条纹蝶身上再做一次气味实验。这次，我把药箱里所有能够散发香味或臭味的东西，统统拿了出来，并把这些东西分放在十几只小碟子里面。我把一部分小碟子放在关押雌蝶的网罩里面，另一部分放在网罩外面。小碟子里面盛有樟脑、薰衣草精油、石油，还有一些散发臭鸡蛋气味的硫化物。我一大早就把这些东西布置好了，这样在那些雄蝶赶来之前，这些气味刚好充分挥发。

下午的时候，我的实验室里充斥着各种气味，既有沁人心脾的芳香，也有令人作呕的恶臭。这些纷繁的气味混合在一起，能不能让那些雄性的小条纹蝶迷失方向呢？实验的结果证实了这个问题的答案是否定的。雄蝶们依然蜂拥而至，飞向被关押的雌蝶。这次实验后，照理说我应该放弃对气味指引雄蝶找到配偶的猜想，可是一次偶然的发现，让我更加坚定了这个猜想。

一天下午，我本来想知道雄蝶是不是受视觉的引导才找到雌蝶的，于是，我把雌蝶放进一个透明玻璃罩里，并让它栖息在一段带枯叶的橡树枝上。我把玻璃罩放在桌上，并正对着打开的窗户。这样一来，当雄蝶飞进屋时，肯定能看到那个玻璃罩中的雌蝶。本来昨天晚上和今天上午，这只雌蝶是一直待在网罩里一个铺满细沙的瓦罐中的，现在我觉得那个金属网罩和瓦罐有些碍事，就随手将它们放在了房间的一个半明半暗的角落里，那里离窗户有十几步远。

这一切准备工作做好后，我就静静地等待那些雄蝶。可是，事情的发展跟我想象的完全不一样。来访的雄蝶们竟没有一只停留在玻璃罩前，它们对玻璃罩里的那只雌蝶竟视而不见。这些雄蝶全都飞到了房间的另一端，飞到那个放网罩和瓦罐的半明半暗角落里。它们在网罩的顶上拍打着翅膀，不停地探寻着。整个下午，那些雄蝶一直在网罩周围喧闹不已，就好像雌蝶真的在里面似的。

这个结果让我有了新的思考。昨天晚上和今天上午，雌蝶一直待在网罩里，时而趴在纱网上，时而又伏在瓦罐的沙土上。它所接触过的东西上，特别是它那大肚子碰过的东西上，一定是渗透了某种特殊的气味，这气味在沙土里能够保持一段时间，并散发到周围。而那些雄蝶正是受了这种气味的引诱才到达这里的。所以，是嗅觉在指引小条纹蝶。

虽然玻璃罩被放在十分显眼的位置，但是罩子内外的空气是不流通的，所以，雄蝶嗅不到气味，也就不会前来。然而，当我把玻璃罩稍稍垫高，让它和玻璃板之间留有一点点缝隙时，雄蝶们一开始仍不会马上飞来。不过等上半个小时，那些雄蝶便好像收到了什么指令，纷纷飞向玻璃罩。

这个发现让我非常兴奋，于是接下来又进行了一些实验。早上，我把雌蝶关进金属网罩，还是让它栖息在那段橡树枝上。很长时间以后，树枝上的那堆枯叶已满是雌蝶的气味了。当那些雄蝶快要到来时，我把橡树枝拿出来放在离窗口不远的一把椅子上，让雌蝶继续关在金属罩里面。

雄蝶们来了，它们进进出出，上上下下，始终在窗口附近飞舞，它们都

向放橡树枝的那把椅子靠近，竟没有一只飞向放金属罩的大桌子。雄蝶们在橡树枝周围不停地扑腾着翅膀，它们在树枝的上上下下不停地搜寻、探索，并抬起、移动那段树枝，最后竟把树枝弄到了地上。就在这时，又有两位新的访客到来了，它们径直飞向了刚才放树枝的那把椅子，并在上面急切地寻找着。又到了夕阳西下的时候，那些来访者纷纷地离开了，之后也再没有新的访客飞来。

接下来我又用不同的材料来代替橡树枝，为雌蝶做了呢子、法兰绒、棉絮、纸、木头、玻璃、大理石和金属的床，让雌蝶在这些床上待上一段时间，因此这些床对雄蝶的吸引力都不亚于雌蝶本身。只不过因为材料的质地不同，其保持吸引力的时间也有长有短。

根据蝴蝶的种类不同，它们传送气味的时间也有早有晚。刚羽化出来的雌蝶需要一段时间的成熟期，才能够发出气味信号。有时，雌大孔雀蝶早上羽化出来，当天晚上就可以引来雄蝶，不过通常情况下，它们要等到第二天才能做到这一点。雌小条纹蝶招引雄蝶的时间则比较晚，它们一般在羽化出的两三天后才向求婚者发出气味信号。

伟大的嗅觉

昆虫的感觉器官十分敏锐，这使它们具备了一些令人目瞪口呆、惊诧不已的本领。在松树上爬行的毛虫通过背部的裂缝，就能以此预测未来几天的天气，而撒普罗米兹蝇和包尔波赛虫则拥有灵敏的嗅觉，能够以此探寻地下的奥秘。

我曾经把一块腐烂的块菰埋进铺有一层新鲜沙土的短颈大口瓶里，很快，就来了一种淡红色的鞘翅目昆虫，不久又来了许多双翅目昆虫，其中就有撒普罗米兹蝇。

我实在想不通，撒普罗米兹蝇是怎么知道地下埋有块菰的。它们的腿软弱无力，一粒沙子就能将其扭歪，它们的翅膀、“丝绒服装”也不可能使它们深入地下去寻找块菰。它们必须把自己的卵安放在地面上——埋藏块菰的准确地点，才能使孵出的小虫免于漂泊流浪，快速找到食物。因此，撒普罗米兹蝇一定是靠嗅觉找到块菰的位置的。它们的嗅觉比寻找块菰的狗还要灵敏，狗是经过训练的，但它们生来就知道。

我很想把撒普罗米兹蝇列为研究对象，但它们难得一见。所以，另一个地下蘑菇的发现者——

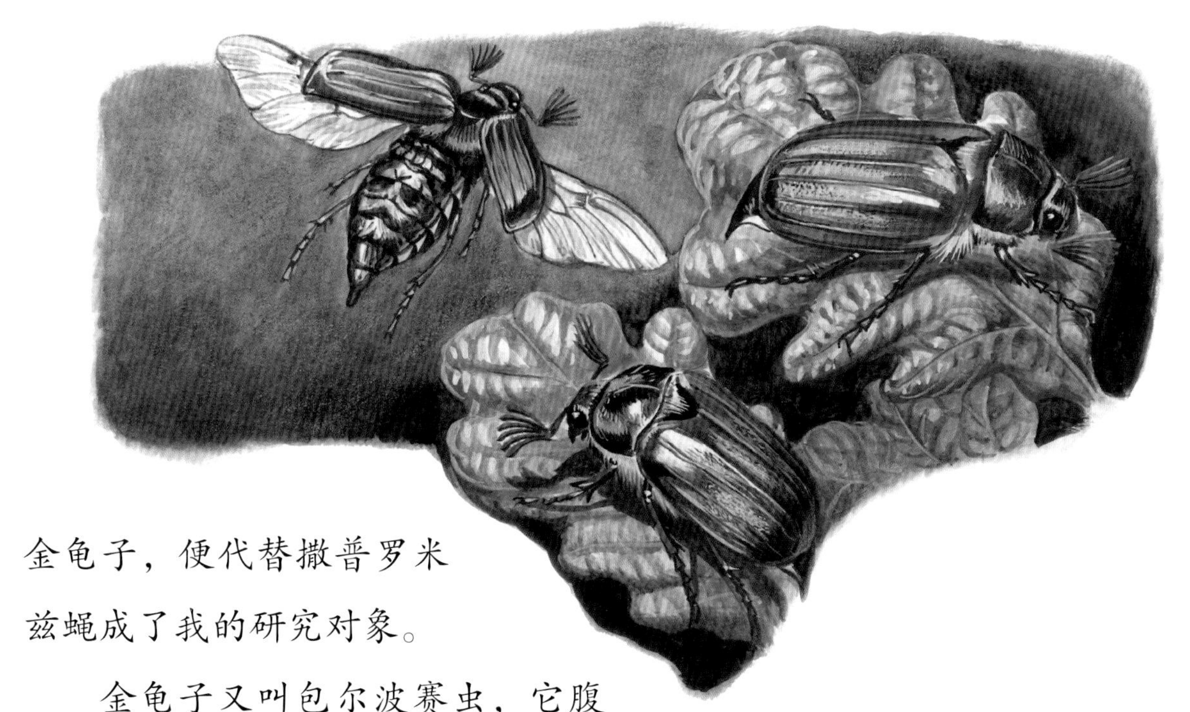

金龟子，便代替撒普罗米兹蝇成了我的研究对象。

金龟子又叫包尔波赛虫，它腹部苍白而柔软光滑，身子圆滚滚的，个头与樱桃差不多；它的腹尖与鞘翅边缘摩擦，能发出类似小鸟看到鸟妈妈觅食归来时发出的啁啾声。它最喜爱的食物不是块菰，而是与块菰类似的东西——齿菌孢囊。

在松林中，包尔波赛虫的洞穴分散在各处，洞穴的大门敞开着，外面仅仅围着一个沙土环形垫子，整个洞穴从入口到底部呈半凸槽形。包尔波赛虫是游牧族，它们总是频繁更换洞穴。当食物充足时，它们就在洞底下怡然自得地生活；当食物不足时，它们就迁居到别处。包尔波赛虫经过一片地域时，只凭灵敏的嗅觉就能辨认出此处有没有齿菌孢囊。为了得知它们是如何搜寻食物的，我特意进行了实验。

我在一只宽大的瓦钵里装满筛过的新鲜沙土，用手指粗的木棍在沙土上挖了六个深两厘米、相互间隔适当的井坑。每个井坑的底部都埋有一个齿菌孢囊，每个孢囊的上方插着一根麦秸，以便知晓它们的位置。之后，我把收集到的八只包尔波赛虫放在瓦钵里，它们起初很不适应，总想逃走，有的往上爬，有的躲藏在瓦钵边缘的缝隙里，没有一只是寻找齿菌孢囊的。我见暂时观察不到什么情况，便离开了。

几个小时后，天已经黑了，我再次探访了它们，只见三只虫子依

然藏在网罩边缘的沙土下面，另外五只则在掩埋孢囊的麦秸下各挖了一个垂直的井坑。第二天，第六根麦秸下面也出现了一个井坑。当我把沙土一点点除去时，我看到每个井坑底部都有一只包尔波赛虫在啃食着它们的美餐。

后来，我又做了一次实验，实验的结果也同上次一样。土地表面很平整，并没有到处翻挖的痕迹，这说明实验对象能够很准确地判断食物的埋藏地点。难道齿菌孢囊具有强烈的气味，能使包尔波赛虫闻到吗？实际上并非如此，齿菌孢囊没有散发出任何凭借人的嗅觉就能感知到的气味。

动物尸体腐烂后所散发的气味，能够吸引西绪福斯虫、双翅目昆虫和埋葬虫等昆虫蜂拥而至。在植物家族中，蛇根海芋也具有这种腐臭味。无数加工尸体的昆虫闻到恶臭，都会飞快地赶来。它们会先扑向树叶，在叶面上滚动一番后，再纷纷钻进蛇根海芋的袋囊里。在里面，它们疯狂地乱蹿乱动，就好像是一场纵酒狂欢。等到醉意消失后，虫子们便恋恋不舍地离去，只留下一堆死尸和奄奄一息的虫子，以及一些支离破碎的昆虫腿、鞘翅。

我曾剖开过一朵花的袋囊，把里面装着的东西倒在瓶子里，清点出了四百多只虫子：拟白腹皮蠹一百二十只，安堵拉徒司皮蠹九十只，帕拉达利斯皮蠹一只，撒波尼迪丢斯腐阎虫一百六十只，色斑腐阎虫四只，脱污腐阎虫十五只，半斑腐阎虫十二只，酒腐阎虫两只，光腐阎虫两只。从中我发现很多和皮蠹、腐阎虫同样醉心于动物腐尸的昆虫——西绪福斯虫和埋葬虫，并没有出现在这里。另外，双翅目昆虫也没有出现在这些花中。刚开始，的确有很多苍蝇赶来，它们停在花瓣上，钻进恶臭的袋子中，但几乎马上就醒悟过来，匆忙离开。花朵里只剩下皮蠹和腐阎虫了，这是为什么呢？

我的朋友比尔（忠心耿耿的狗）有很多怪癖，其中一个就是喜欢在干燥的动物尸体上摩擦，就好像这具尸体是它的小香水瓶一样。这些喜爱死动物气味的昆虫难道就没有类似的习性吗？皮蠹和腐阎虫来到蛇根海芋花里，虽然可以自由自在地离开，却整天在那儿乱蹦乱动。大量昆虫在狂欢的嘈杂喧闹中死去。阻留住它们的不是食物，因为蛇根海芋花没有提供给它们任何食物；也不是产卵，因为它们不会在这个饥饿之乡安置幼虫。那么这些疯狂的虫子在那儿干什么呢？显然，它们陶醉于那恶臭的气味，正如比尔在那只动物尸骸上摩擦一样。

这种嗅觉上的陶醉，把这些虫子从附近地区，甚至从相当远的地方吸引过来。一股浓烈的腐肉味为它们提供了信息。这股气味只在几百步远的距离内刺激着我们的嗅觉。在我们的嗅觉所不能及的距离，那些虫子却受到了召唤，变得乐不可支、欣喜若狂。

齿菌孢囊——包尔波赛虫的美味佳肴，压根儿就没有这类能够在空气中散播的剧烈气味。它没有气味，至少对我们人类来说是这样。但对于包尔波赛虫而言，不管地下的齿菌孢囊散发出来的气味多么淡薄，它们都可以感知到这些气味。

昆虫的几何学

昆虫的技艺有时会让人瞠目结舌，它们的建筑到处都体现了几何的完美。

黄斑蜂用各种绒毛植物提供的棉绒建造巢，巢的形状圆润周正，颜色洁白如雪，手感柔软细滑，真是美妙绝伦。卵石石蜂在建巢时，会先建一座小塔，它们先从坚硬的路面上刮一些粉末，再用唾液搅拌成砂浆。在砂浆凝固之前，它们还会在里面掺一些碎小的石子，这样不仅可以使小塔的表面更加美观，还可以使自己的建筑物更加牢固，并且能够节省一些砂浆。卵石石蜂在建第一座小塔的时候并不受什么制约，而接着要盖的房子就不能那么随便了，它们要严格地与第一座小塔相协调、相搭配。为了整个建筑物的牢固，就要使所有圆柱形的小塔都紧紧地结合在一起。为了节省材料，就得让相邻的两个小塔共用一堵墙。而按照常规，这两个条件似乎并不能同时满足。圆柱与圆柱组合在一起，彼此间只能在一条线上相接触，它们不能大范围地共用一堵墙，而圆柱与圆柱之间的空隙又会给整个建筑物的牢固和平衡造成麻烦。卵石石蜂是怎样解决这个几何难题的呢？它们自有妙计。它们改变圆柱的形状而不改变圆柱的容积，圆柱内部始终保持圆形，而圆柱的外部则由圆形变成了不规则的多边形，而那些多边形的角则正好把圆柱间的空隙填满。

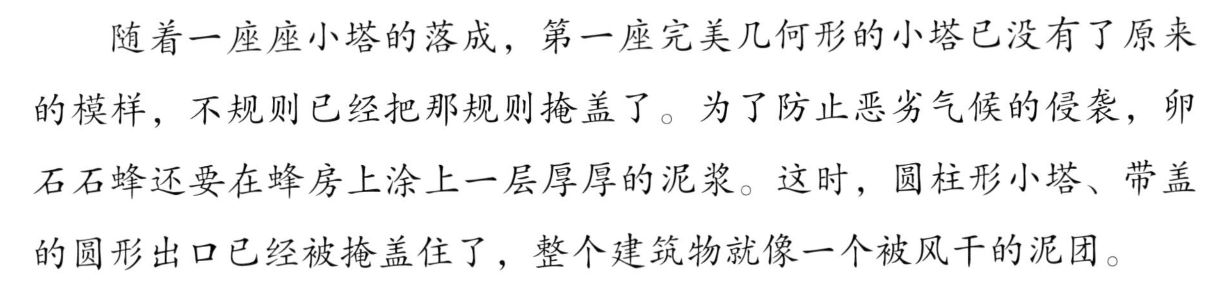

随着一座座小塔的落成，第一座完美几何形的小塔已没有了原来的模样，不规则已经把那规则掩盖了。为了防止恶劣气候的侵袭，卵石石蜂还要在蜂房上涂上一层厚厚的泥浆。这时，圆柱形小塔、带盖的圆形出口已经被掩盖住了，整个建筑物就像一个被风干的泥团。

长腹蜂是捕捉蜘蛛的高手，它会用泥土筑起第一座小塔，上面装饰着螺旋形的圆圈。这座小塔如此完美，充分地表现了建筑者的高超才能。可是，随后紧贴这座小塔建成的隔室，却完全破坏了这种完美。一个个隔室背靠着背，互相挤压，甚至会变形。这都是为了一个目的：节省材料并使整体牢固。

黑蛛蜂是一位陶艺师，它把一只蜘蛛放在一个樱桃大小的黏土坛里，这是它为自己的幼虫准备的食物。这个黏土坛的外面还装饰着结节状的轧花滚边，其形状就是被截去一头的椭圆形。但是这位陶艺师并不满足这个简单的造型，其他一些同样的黏土坛做好后，就会被排成一行，或者组合在一起。尽管每个新的黏土坛都是按照固定的椭圆形来建造的，但是它们被组合以后，多少都会走点形。坛底和坛底相连，平缓的椭圆形没有了丘峰，取而代之的是平坦的小酒桶底。坛子紧紧地挤靠在一起，凸凸的肚子都被挤平了。

黑胡蜂制造的陶器造型则更为美观，它呈圆拱凸肚形状。圆形拱顶的顶端还有一个开口，那开口就是黑胡蜂给自己的幼虫装填食物的入口。把食物装满后，黑胡蜂就用一根线把卵悬挂在那个陶器里，然后用一块黏土将这个入口塞起来。

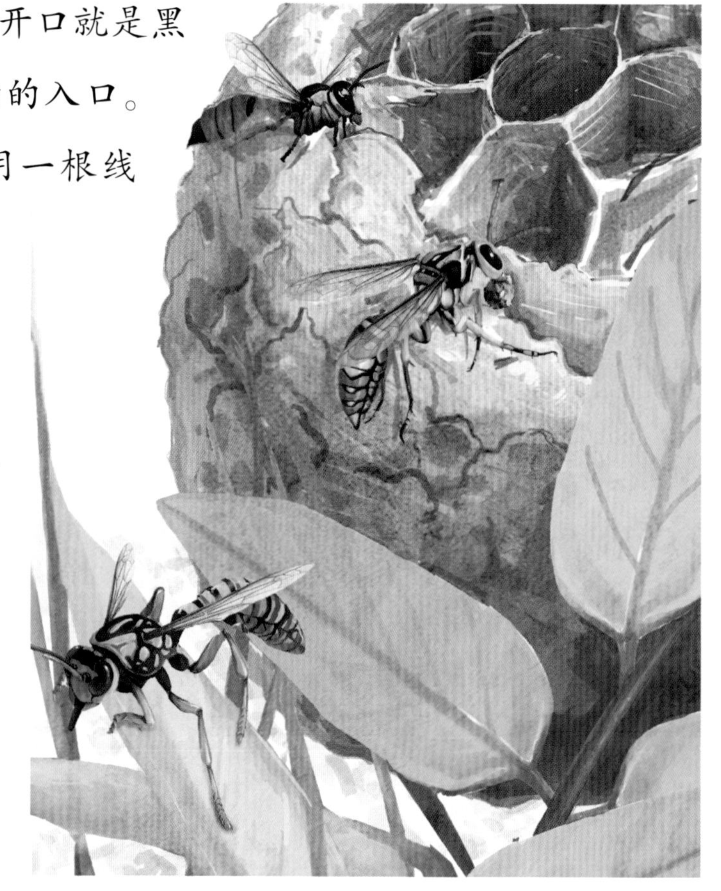

黑胡蜂把一些小蜂房组建在一起，它们必须根据最先建好的蜂房所留出的空隙大小来随时改变正在建的房子的形状。在环境的限制下，它们不得不用断开的线条来代替最初设计的优美圆润的曲线。

黑胡蜂遵循自己的艺术准则，用自己生产加工的材料筑起一个个弧度平缓的椭圆形建筑。类似这种精巧的搭配与构造，在圣甲虫的梨形巢上也能得到体现。

在膜翅目昆虫的建筑物上似乎都可以看出其螺旋形风格，这也可以让我们想象出它们是怎样进行工作的。胡蜂用大颚含着一大团材料，然后沿着建好的毛坯建筑的边缘向下旋转，它在所到之处都留下一条软软的、浸透着唾液的物质拉成的带子。

胡蜂的工作时断时续，要经历千百次的飞来飞去。大颚里储存的物质很快就消耗完了，它必须飞到附近的植物上，刮下一些被潮湿空气沤软又被太阳晒得发白的木质茎，并把里面的纤维抽出，劈开，然后把一缕一缕的丝搓成黏团。大颚里含满了黏团，胡蜂便又赶紧回去接着拉带子。

这座建筑的初建者——母胡蜂，最初只是单枪匹马来建造，繁忙的家务把它弄得精疲力尽，它只是匆匆地搭了一个屋顶。之后，母胡蜂的孩子们和工蜂都来了，它们担负起继续建造的任务。这个建筑队有的干这个，有的干那个，在工地上热火朝天地忙碌起来。但是，在忙碌中它们却丝毫不会忙乱，它们筑起来的巢十分有规则。随着巢高度的变化，建筑物的直径会渐渐变小，当修筑到圆顶时，宽敞的椭圆形顶端便逐渐缩成了一个锥形，最后形成了一个优美的出口。虽然建筑队的成员们各司其职，但是它们共同建筑了一个和谐的整体。

因为这些昆虫建筑师天生就深谙几何学的奥妙，它们对几何知识是无师自通的。这种按照一定程序来建造房屋的癖好，构成了各种昆虫的独特标志。卵石石蜂的小土塔，长腹蜂的黏土绳形长线，黄斑蜂的棉袋，黑胡蜂的别致圆屋顶，胡蜂的纸气球……这些都是它们所特有的艺术品，是其他种类所无法模仿的。

我们人类的建筑师在开工前先要苦心设计、反复计算，但是昆虫建筑师们却省去了这一环节，它们从刚刚建筑的那一刻起，就已经心里有数了。我们人类的数学测量方法是聪明的，但我们对发明这些方法的人，不必过分地佩服，因为和那些小动物的工作比起来，这些公式和理论显得又烦琐又复杂。

黄蜂

黄蜂是人们所熟知的，但是大家对它总是敬而远之。如果你想要征服黄蜂的巢，但又没有足够准备的话，那无疑就是一场冒险。

九月的一天，我和小儿子保尔去寻找黄蜂的巢。保尔的眼力非常好，不久他便发现了一个蜂巢。只见一群黄蜂摩肩接踵地飞来飞去，不停地忙碌着。我和儿子小心翼翼地靠近那个蜂巢，生怕惊动了那群黄蜂，招来它们猛烈的攻击。我们不敢靠蜂巢太近，因为那样会让黄蜂感到不安，脾气暴躁的黄蜂们就会群起攻击，其后果是不堪设想的。

我要想办法把蜂巢挖出来，然后带回家仔细观察和研究。我拿出带来的一点石油、一根三十厘米长的空芦管和一块比较坚实的黏土。这几样东西虽然简单，但还是非常有用的。这是我在以前的几次观察中积累的一点儿经验。我要让蜂巢里的黄蜂窒息，因为只有死了的黄蜂才不会蜇人。这个方法有些残忍，但

是为了安全起见，我又不得不这样做。因为除了观察蜂巢，我还想观察一下黄蜂，所以，希望蜂巢里还会留下一部分没有死的黄蜂。也正因如此，我选择了刺激性不太大的石油。接下来要做的就是把石油倒进蜂巢的穴里去。假如把石油直接倒入巢穴里，那肯定是不行的，因为蜂巢穴的出入孔道口大约有三十厘米长，而且几乎和地面是平行的，这个长长的出口直接通到地底下的小巢。而把石油直接倒入洞口，这些石油会被通道处的泥土吸收，就到不了地下的小巢。所以，我把已经准备好的那根空芦管插进那个长长的出入孔道，让它作为一根导管。这样倒进的石油便会顺着空芦管流到蜂巢里面去了。这个方法既可以节省石油，也可以节省时间。

将芦管插入黄蜂的巢穴是需要一定技巧的，因为我们并不能确定它的出入孔道是朝哪个方向的，需要不断地试探。可是，黄蜂巢里的警卫会突然飞出来，毫不客气地攻击我们。为了防止黄蜂的攻击，我和保尔一个人往巢穴里插芦管，一个人则要在旁边防卫，不停地挥动着手帕，驱赶前来阻止我们的黄蜂。芦管终于插进去了，我们把石油倒进芦管，过了一会儿，便听到蜂巢里面一阵喧哗。我又迅速地用那块泥巴将出入孔道的口塞住，再用脚把它踩实，防止黄蜂逃脱。至此，我们的工作便告一段落了，接下来的就是等待。

这时，已是晚上九点钟，我和保尔趁着月色回家了。一路上我们谈论着昆虫，享受着这个猎取黄蜂的快乐夜晚。

第二天一大清早，我和保尔便带着锄头和铁铲，来到昨天发现的那个蜂巢洞穴处。芦管还静静地插在孔道里，我和保尔很小心地挖掘着蜂巢附近的土，挖了有六十七厘米深时，蜂巢就露出来了。这个蜂巢一点儿也没有被损坏，真是让我高兴不已。

黄蜂的这个地下巢穴是很大的，里面的建筑也很整齐。自然界中不会有这种现成的精致巢穴的，它是黄蜂们亲自挖掘建造的。黄蜂们开始创建这个巢的时候，也许是利用了鼹鼠丢弃的洞穴，但是其他的大部分建筑工作还是要由黄蜂们自己来完成。在蜂巢洞口上面并没有成堆的土，那些挖掘出来的土都到哪里去了呢？原来，参与建筑这个巢穴的黄蜂有成千上万只，这些黄蜂飞到外面去的时候，身上都会带上一粒土屑，然后把它抛撒到远处去。

蜂巢是用一种很薄却很柔韧的材料做成的，这种材料就像一种棕色的纸，这种“纸”是由一些木头的碎屑组成的。这“纸”上有一条条色彩深浅不一的带，颜色的深浅是由于木头的种类不同而造成的。蜂巢呈宽的鳞片状，铺了一层又一层，就像是厚厚的毛毯，而且上面有很多孔，孔里面含有大量的空气。

黄蜂们的建筑十分符合物理学和几何学的定理，它们利用空气这种不良导体来保持家里的温度，在建筑窠巢的外墙时，还可以利用极小的空间，造出足够多的小房间，小房间在占地面积和材料应用上也是非常经济的。

这些建筑家虽然有着聪明精巧的一面，但是，当它们遇到挫折时便会显现出愚笨的一面。我曾经做过一个实验，可以证明这一点。有一次我用一个大玻璃罩罩住黄蜂的洞口。当它们飞出地穴，发现自己的飞行已受阻时，会不会另外挖掘出一个通道，以脱离这个玻璃罩呢？这正是我所想知道的。第二天清早，我再去洞口观察，发现黄蜂们已经成群地从地下飞上来。它们可能是急着要出去寻找食物，所以，一次又一次地撞击透明的玻璃。每次撞上去，它们又会跌落下来，然而，它们似乎并不甘心，仍然固执地往上撞。等这一批黄蜂撞累了，它们便回到穴中，换另一批黄蜂来撞。但是，它们的努力是没有丝毫效果的。竟没有一只黄蜂会想到在玻璃罩底下挖掘一个通道。

这时，一些在外面过夜的黄蜂回来了。它们围着大玻璃罩不断地盘旋，过了一阵儿，一只带头的黄蜂便到玻璃罩的边沿下面去挖土，其他的黄蜂也纷纷效仿。大家一起动手，没多久，一条通路就被挖通了。外面的黄蜂钻了进去，回到了自己的家。我又用土将黄蜂们开辟的那条通道堵上，想看看里面的那些黄蜂通过观察和思考，会不会找到这条可以给它们带来自由的通道。或许刚刚进去的那些黄蜂会给里面的伙伴指引一下道路，告诉它们可以挖掘一个通道，让大家都逃离这个大玻璃罩。

但是，黄蜂们的表现让我很失望。里面的黄蜂仍然一群一群

地交替着乱撞，看上去没有什么计划，也没有什么目的。时间久了，有许多黄蜂已经饿死了。一个星期过去了，大玻璃罩下的黄蜂全军覆没了，地面上一堆黄蜂的死尸。

我挖出了那个黄蜂的蜂巢，仔细观察起来。掀开蜂巢的厚包，我看到里面隐藏着许多小的蜂房，那些蜂房上下排列着，由一些稳固而坚实的柱子连接着。这些小蜂房有十几层，它们的口都朝向下方。这是因为幼蜂都是倒挂着生长的，它们无论是吃饭还是睡觉，头都是朝下的。蜂房与外壳之间有较大的空隙，这种空隙就像一个公共的通道，将各个蜂房连接起来。在这些通道里，黄蜂们忙碌地进进出出。蜂巢外壳的一端有一个比较粗陋的裂口，这个裂口就是蜂巢与外面世界相通的进出口。

在黄蜂的大家庭中，有很多成员一生都在不辞劳苦地工作着：它们担负着修建蜂巢和养护幼虫的任务。这些成员便是工蜂。为了更细致地观察工蜂是怎样工作的，我把蜂巢的一部分放在大玻璃罩下。那些蜂巢里还居住着许多蜂卵和幼虫，并且还有很多工蜂在悉心地照看着它们。为了便于观察，我将蜂巢分割成几小块，让蜂房的口朝上，并列地排放在玻璃罩里。然而，这样颠倒排放并没有使那些习惯了倒挂的小东西们感到不适应，而且工蜂依然在忙碌地工作着，就好像什么都不曾发生过一样。

为了更好地模拟黄蜂的生活环境，我用一个泥制的锅扣住玻璃罩，以此来代替蜂巢的土穴，使蜂巢的内部恢复以往的黑暗。而且，我还用蜂蜜来喂养它们，给它们提供足够的食物。工蜂们一面照料着巢里的卵和幼虫，一面又要修建房屋，它们好像是要建一个外壳。因为原来的那个外壳已经被我破坏了。看样子它们并不是想修修补补，而是要重新筑一道铜墙铁壁。于是，工蜂们一起努力着。没用多久，它们就建成了一个弧形的鳞片状的房顶，这个房顶足以遮盖住三分之一的蜂房了。于是，我选了一块软木头送给它们，希望这种“新型”材料可以对它们盖房子有点用。但是黄蜂们似乎并不领情，它们对这块软木头总是视而不见，仍然继续利用那些废弃的空巢，因为那些旧巢里的纤维是它们以前做好的，现在加以利用是再方便不过的了。而且，它们只需要少量的唾液，把旧材料放进大腮里咀嚼几下，便可以形成非常不错的浆糊，同时又为它们节省了很多唾液。就这样，工蜂们废旧立新，把不居住的小房间都拆除并粉碎，用它们造了一个类似篷子的东西。它们也会用同样的方法建造一些新的房间，以供新增加的成员使用。

这些工蜂除了辛辛苦苦地建造房屋，还有一项很重要的工作，那就是喂养幼虫。真是难以

想象，刚才那些刚健勇猛的建筑工人，转眼间竟成了温柔细心的保姆。它们是怎样喂养那些柔弱的幼虫的呢？原来，在那些工蜂的身上有一个嗉囊，嗉囊里面装满了蜜汁。这些细心的保姆带着蜜汁飞到一个小房间前面，然后把自己的头先探进小房间，又用触须的尖儿去轻轻触碰里面熟睡的幼虫。房间里的幼虫清醒过来，发现保姆的触须，于是微微地张开自己的小嘴，小脑袋摇来摆去地索要食物。幼虫忙乱地探寻着，看起来似乎非常急切。当它的小嘴接触到了保姆的嘴时，保姆的嘴里便会流出一滴蜜汁，蜜汁随即流进幼虫的嘴里。一滴蜜汁已经够这个幼虫享用的了。接着，保姆又带着蜜汁飞到另一个房间，继续喂养其他的幼虫。

从保姆嘴里流出的蜜汁会有一大部分流入幼虫的嘴里，还有一小部分会流到幼虫的身上。但是，这一小部分外泄的蜜汁是不会浪费掉的。在喂食的时候，幼虫的胸部会膨胀起来，就像一块围嘴布，外泄的蜜汁都会滴落在这上面。等幼虫把嘴里的蜜汁喝完，就会低着头吮吸滴在胸部的蜜汁。等蜜汁差不多都吸干净了，幼虫的胸部就会自动地收缩回去。幼虫吃饱后，便会缩回小房间里，又美美地睡觉去了。

大玻璃罩里的蜂巢是口朝上的，里面的幼虫自然也是头朝上的，所以在喂食时外泄的蜜汁自然会滴落在幼虫膨胀的胸部。不过，在正常的蜂巢里，幼虫的头是朝下的，那它们膨胀的胸部还能起到同样的作用吗？其实，无论幼虫的头朝上还是朝下，它那膨胀的胸部功能都是一样的。因为，倒挂着的幼虫在进食时，它的头是略微弯着的。因此，从嘴里溢出的蜜汁还是会堆积在它们那膨胀的胸部，况且，那蜜汁非常黏稠，会牢牢粘在那块“围嘴布”上。有时，那些喂食的工蜂也可能故意多放一些食物在那块“围嘴布”上，这样的话，即使下一次喂食不及时，幼虫也不会饿肚子了。

我为生活在大玻璃罩里的黄蜂们准备了足够的蜜汁，幼虫总能吃到这些营养丰富的食物。而那些生活在野外的黄蜂却没有这样的好运。到了深秋和冬天，万物萧瑟，黄蜂就很难有机会采蜜，也就没有足够的蜜汁来喂自己的幼虫了，它只好选择其他的食物。比如，它们会捉一些苍蝇，然后将苍蝇切碎，分给幼虫吃。

黄蜂是非常不好客的，它们绝对不允许那些家族以外的成员闯入自己的家园。即使是它们的近亲，若是不请自来的话，也免不了被扫地出门。托足蜂是一种与黄蜂外形十分相像的蜂，它们无论在体形上还是颜色上，都没有太大的差别。不过，只要托足蜂一靠近黄蜂的巢，黄蜂们便会迅速集合起来，攻击这个入侵者。往往还没等托足蜂反应过来，就已经被黄蜂们攻击得奄奄一息了，临死前它还想不明白，它那酷似黄蜂的外貌为何没能使它蒙混过关呢？

为了观察黄蜂对其他不速之客的反应，我先后把弱小的锯蝇幼虫和一种比较魁梧的幼虫放入大玻璃罩下的蜂巢里。结果，黄蜂对它们的待遇是不同的。我先把锯蝇幼虫放入蜂群，那条黑绿色的小虫立即引起了黄蜂们的注意。黄蜂们先是好奇了一会儿，然后对那小虫发起了攻击。它们先把小虫弄伤，再合力把受伤的小虫拖出蜂巢。在对付那条小虫的过程中，黄蜂们始终没有动用身上的毒刺。

然而，当我把住在樱桃树孔里的一种较魁梧的虫子放进蜂巢后，黄蜂们的表现就不一样了。一见到这只大一些的虫子，几只黄蜂便立即围堵上来，并用毒刺去攻击这只虫子。不一会儿，这只虫子就丧了命。但是，黄蜂们并不直接把这入侵者的尸体拖出巢外，而是一起来吃这条虫子，直到它小到可以被拖动为止。最后，黄蜂们会把那条尸骨不全的虫子扔出蜂巢。

大玻璃罩下的蜂房里，那些小幼虫在保姆们的精心喂养和保护下，不必怕饿肚子，也不用担心外敌入侵，所以它们一天天快乐地成长着。但是，所有的事情都有例外。在蜂巢里，竟有一些非常柔弱的小幼虫，它们不幸地患了病。这些幼虫不能进食，日益消瘦。那些喂养它们的保姆知道这些可怜的宝宝已经快要死了，竟毫不怜惜地把它们拖到巢外面去了。或许是为了巢内的其他成员不被传染，它们才决定把那些久病不愈的幼虫逐出家门的吧。

已经是十一月了，天气越来越冷，蜂巢里也发生了一些变化。已经看不到黄蜂们热火朝天地修房盖屋，也看不到那些保姆尽职尽责地喂养小宝宝了。保姆们显然已经失去了工作的热情，它们在为自己短暂的未来而伤感。它们看着那些饥饿而孤独的幼虫，不禁想到，等自己死后，谁会来照顾这些后代呢？如果它们得不到照顾，终究会慢

慢因饥饿而死。想到这些，保姆们便决定，还不如亲自结束了这些小生命，免得它们以后忍受不住饥饿的煎熬，最终悲惨地死去。接着，黄蜂们便展开了屠杀幼虫和蜂卵的行动。那些工蜂把幼虫咬死，然后拖到巢外，扔到垃圾堆里。它们又把卵撕开，分着吃了。工蜂们残酷地结束了那些幼虫和蜂卵的性命，而在不久后，它们也突然间集体死亡。它们应该算是寿终正寝了。

母蜂是蜂巢中最晚生出来的，还很年轻。所以，它们面对严冬的威胁，似乎还能抵挡一阵。但是，渐渐地，它们也表现出一种慵懒的姿态。在母蜂还健壮的时候，它们总是很在乎自己的外表，不停地拂拭着身上沾的尘土，让自己的外衣永远清洁、鲜亮。而当这些母蜂无心顾及自己的装束时，就预示着它们将要离开自己的巢穴了。它们带着一身尘土，最后一次离开巢穴，终于跌落在地上，一动也不动了。它们不愿死在蜂巢里，大概是想保持自己家园的清洁吧。

大玻璃罩里的蜂巢一天天静了下来，直到第二年的一月初，里面竟连一只活着的黄蜂都没有了。

不光是我的蜂巢里出现这种情况，就连野外的那些蜂巢里也会发生同样的事情。大多数的黄蜂必须死亡，这并不是由于什么特殊的原因，不是遭受了飞来的横祸，而是大自然的安排。试想一下：一只母蜂就可以繁衍出一个拥有三万居民的家族，假若这些居民都存活了下来，那种情形简直难以想象。

精致图文·全新版

VISUAL BOOKS

[法]法布尔/著　文心/编译

昆虫记

③ 彩带圆网蛛·蟹蛛·迷宫蛛·舍腰蜂·斑纹蜂·朗格多克蝎子·甲虫·金步甲·萤火虫·卷心菜毛虫

天地出版社 | TIANDI PRESS

目录

CONTENTS

彩带圆网蛛

在寒冷的冬季，很多动物都已经冬眠了。不过在阳光可以照射到的沙地或者野草丛中，你会搜寻到一种很有趣的东西。它是一个真正的艺术品，要是能得到它，那可是你的幸运。这个神秘的东西就是彩带圆网蛛的巢。

无论是从彩带圆网蛛的体色，还是从举止上讲，它都可以说是我所知道的蜘蛛中最完美的一种。它那胖胖的身体上有三色条纹，黄、黑、白三色相间，所以它也有“条纹蜘蛛”之称。彩带圆网蛛的八条腿环绕身体的四周，看起来就像车轮的辐条。

彩带圆网蛛从来不挑食，什么小虫子它都爱吃。苍蝇、蝴蝶、蜻蜓、蝗虫……只要是它能捕捉到的虫子，都会成为它的美食。只要是适合织网的地方，它都会立刻在那里把大网织起来。它喜欢把网织在小溪的两岸，因为这样比较容易捕获猎物。有时候，它也会在长有小草的斜坡上或者树丛里织网，因为蚱蜢经常在这些地方活动。

其实，彩带圆网蛛的网和其他蜘蛛

的网并没有太大的差别。整张网非常大，而且整齐对称。要说它的网有什么特别之处，那就是在它那张垂直大网的下半部分有一条又粗又宽的带子。这个带子从中心处开始，沿着蛛丝一曲一折，直到边缘。这种粗粗的带子可以使网更加坚固。因为有一些重量级的猎物稍一挣扎，就很可能把网挣破，所以用这种带子把网加固是很有必要的。

彩带圆网蛛从不主动去选择或捕获猎物，它只是把网织好，然后静静地待在网的中央，撑开八条腿，摆好阵势，等待那些猎物自投罗网。有些微弱无力的小虫无法控制自己的飞行，便被老老实实地粘在了网上。还有一些强大但比较鲁莽的昆虫，也会一不小心撞到网上。有一种蝗虫，它由于控制不了自己的飞行，所以常常撞到蛛网上。这时，彩带圆网蛛并不急于把它吃掉，而是先要从丝囊里射出一张丝网，将蝗虫缠住。然后，它才慢慢悠悠地靠近蝗虫，独自享用这顿美餐。

彩带圆网蛛很像古时候的角斗士。每逢要和强大的野兽角斗的时候，角斗士总是把一张网放在自己的左肩上。当野兽扑过来时，角斗士便会右手一挥，敏捷地把网撒开，把野兽困在网里，再用三叉戟一刺，便结果了那野兽的性命。不过，角斗士的网只有一张，而彩带圆网蛛可以自己制造网，一张不够，第二张立即跟着抛上来，第三张、第四张……直到它把所有的丝用完为止。彩带圆网蛛还有一个比角斗士的三叉戟还厉害的武器，那就是它的毒牙。它会用毒牙咬住蝗虫，接着美滋滋地饱餐一顿，然后回到网中央，继续等待下一个送上门来的猎物。

彩带圆网蛛的巢也是用丝织成的，那是一个很精致的丝织袋，这个袋是彩带圆网蛛放卵的地方。它的巢的大小和鸽子蛋差不多，形状像一个倒置的气球，底部宽大，顶部狭小而且是削平的，还围着一圈海扇蛤形的边。

巢的顶部是凹形的口，像是盖着一个丝制的盖碗。巢的其他部分都包着一层厚厚的细滑的白缎子，上面还点缀着一些丝带和褐色或黑色的花纹。这一层白缎大概是防水的。为了使丝袋里面的卵不被冻坏，所以，蜘蛛还必须为这个巢增加一些保暖设施。用剪刀把那层防雨白缎子剪开，就可以看见在巢下面有一层红色的丝。这层丝并不是一根一根地呈纤维状，而是很蓬松的一束。这就是未来的小蜘蛛们的暖床，在这里，那些小蜘蛛便可以很舒适地度过寒冷的冬天了。

彩带圆网蛛的巢中央还有一个锤子一样的袋子，这个袋子是用非常柔软的缎子做成的。彩带圆网蛛在做袋子的时候，先慢慢地绕圈子，同时放出一根丝，它的后腿把丝拉出来叠在上一圈的丝上面，这样一圈圈地加上去，就织成了一个小袋子。为了使袋子的口更紧一些，袋子与巢之间还用丝线连着。这个袋子的大小正好够装下全部的卵，而不留一点儿空隙。

雌蜘蛛产完卵后，它的丝囊又要开始工作了。雌蜘蛛这次要建造的是一张杂乱无章、错综复杂的网，这个网就是巢的墙壁。网织好后，雌蜘蛛会射出一种非常细软的红棕色的丝，然后把这种丝严严实实地裹在巢的外面。此后，它又会射出白色的丝，将其包裹在巢的外侧，给巢再加一层白色的外套。最后，雌蜘蛛还要射出不同颜色的丝，用它们来装饰自己的巢。至此，造巢的工作才算结束。彩带圆网蛛本身就是一个奇妙的纱厂，在这个简单而永恒的工厂里，它可以搓绳、纺线、织布、织丝带等，交替地做着各种工作。这个工厂里的全部设备就是它的后腿和丝囊。彩带圆网蛛是怎样随心所欲地抽出颜色各异的丝的呢？这其中的奥妙真是让人好奇至极。

雌蜘蛛在建完巢以后，便头也不回地离开了。它再也不会回来看望或者照顾它的孩子们，这并不是因为它狠心，而是那些孩子们有了这样温暖而舒适的巢，实在也不必担心什么了。它们会在阳光的温暖下，慢慢孵化。况且，雌蜘蛛此时也没有精力再去照顾它的孩子们了，为了建巢，它已经用去了所有的丝，甚至连给自己织张网来捕食的丝都没有剩下。它自己也确实没有什么食欲了，已经衰老的它看上去很疲惫，它只有无所事事地静静等待自己生命的终结。

产业争夺战

如果从经济学的角度来讲，产业就是一个非常难理解的词。但是，我们这里所讲的产业并没有那么复杂，它指的是你所占有的财产。

打个比方，一条狗找到了一根骨头，那么这根骨头就是这条狗的产业，是它不可侵犯的财产。同样，对于蜘蛛来说，蛛网就是它的产业，而且和狗找到的骨头相比，更有资格被称为产业。因为，狗找到骨头依靠的完全是自己的嗅觉和好运，没有什么技巧可言，它仅仅是一个发现者；而蛛网却是蜘蛛一点一点编织而成的，并且编织蛛网用的材料也是它自己生产的。所以，如果说在动物界中存在一种神圣的产业的话，那一定非蛛网莫属。

一位寓言家曾经说过：只有实力最强的人才掌握着真理，而那些弱者唯有俯首听命而已。我觉得这位寓言家表达得夸张了些，他真正想表达的意思其实是：在两条争夺同一根骨头的狗中，只有胜利的一方才是那根骨头真正的主人。但是，这并不代表胜出的狗就是最优秀的，这位寓言家完全明白这个道理。大家是不是想和我一起看看这“最强者”的风采？那就跟我一起和圆网蛛共同生活几个星期吧。那么这里就出现了第一个问题：作为蛛网的编织者，蜘蛛能不能分辨出哪个蛛网才是自己做的呢？

为了解开这个疑惑，我把相邻的两只彩带圆网蛛对调了位置——把它们分别放在对方的网上。这两只彩带圆网蛛刚一来到对方的网上，就立刻向网的中央跑去，然后脑袋朝下，伸开八条腿一动不动地坐着。看来，它们对对方织的网都非常满意。而且，它们完全没有发现有什么不对劲的地方，就像待在自己家一样，丝毫没有要搬回去的意思。其实，这一点我早就想到了，毕竟它们属于同一个种族，它们织的网几乎是一模一样的。

于是，我决定换两只不同种类的圆网蛛试试。我把一只彩带圆网蛛放到了一张由圆网丝蛛织的网上，又把一只圆网丝蛛放到了彩带圆网蛛织的网上。这两种蜘蛛织的网差别很大，彩带圆网蛛的网比较密，圈数也比较多。

就这样，这两种蜘蛛都被带到了一个完全陌生的环境中，接下来它们会有什么样的反应呢？我非常好奇。

它们脚下的蜘蛛网，一个网眼太大，而另一个网眼则太小，所以我猜，它们俩应该都会表现出惊慌失措的样子，因为这两张蛛网的差别实在是太大了，我觉得蜘蛛们应该能感觉得出来。但是，我错了。这两只蜘蛛不仅完全没有被吓到，而且它们根本没有意识到周围环境的不同，还是像待在自己家一样，安静地坐在蛛网的中央，等着猎物的“光临”。

这样看来，圆网蛛是分辨不出自己的网的。你只要给它一张蛛网，它就会把那里当作自己的家。而且，即便这张网破了，只要还能用，它们就不会去修补或者重新编织。

它们的这种习性，使我的荒石园里发生了很多悲剧。

为了方便研究，我把在树林里发现的所有种类的圆网蛛都捉回了荒石园的灌木丛里，这样，我就能很方便地找到我想要研究的对象了。很多圆网蛛都把家安在荒石园中的迷迭香丛中，这个地方既朝阳又避风，很适合蜘蛛生存。

每次，我都把新捉来的圆网蛛直接放到树丛的某处，然后让它们自己去安家。一般情况下，这些圆网蛛被我放在哪儿，就会在哪儿静静地待上一天，直到晚上才会动身去寻找自己喜欢的住处。

有的圆网蛛会亲自织网，而有的却没有那么多的耐心。在被我捉来之前，这些圆网蛛都有自己的网，或在小河旁边的灯芯草丛里，或在一片红豆杉的矮树丛里。但是，现在它们什么都没有了。那么，那些不想自己织网的懒蜘蛛会怎么做呢？是重新回到自己原来所在的地方，找回自己的财产，还是去抢夺别人的产业呢？面对这两个选择，圆网蛛自然是选择最省力的方法了，也就是去做强盗。

这不，我现在就看到一只正准备行动的彩带圆网蛛。这只彩带圆网蛛朝着一只圆网丝蛛的蛛网爬去，后者也是刚刚搬到这里来的。圆网丝蛛没有动，仍旧趴在蛛网的中央，看起来是信心十足啊。很快，一场恶战就开始了，它们展开了一场激烈的争夺战。最后，彩带圆网蛛取得了胜利，它把那只圆网丝蛛捆绑起来，拖到了蛛网的中央。就这样，客人把主人吃掉了，而且吃得心安理得。这顿饭吃了整整二十四个小时，直到圆网丝蛛被吸得一干二净。

彩带圆网蛛靠这种野蛮且残酷的方式，抢夺了圆网丝蛛的蛛网，将其变成自己的产业。而且，只要蛛网没有破，它就会一直使用下去。

虽然彩带圆网蛛所使用的方法很残忍，但我觉得这还是可以理解的。因为彩带圆网蛛和圆网丝蛛不属于同一个种类，在自然界的法则里，不同种类的动物之间为了能生存下去而不断地斗争、残杀都是很平常的事情。那么，如果是两只同种类的蜘蛛，它们之间又会发生什么事情呢？

一直没有遇到这样的机会，所以我就亲自动手了。我把一只彩带圆网蛛放到另一只彩带圆网蛛的蛛网上，然后静静地在一旁观察。事情远没有我想象的那样和谐。客人一来到网上就变成了入侵者，对蛛网的主人发动了猛烈的攻击。一时间，两只彩带圆网蛛打得难解难分，不分胜负。到最后，又是入侵者取得了胜利。同样，战败的那只彩带圆网蛛成了胜利者的食物，即便它们两个是亲姐妹，胜利者仍旧吃得心安理得，津津有味。自然而然地，战败者的蛛网也成了战胜者的产业。

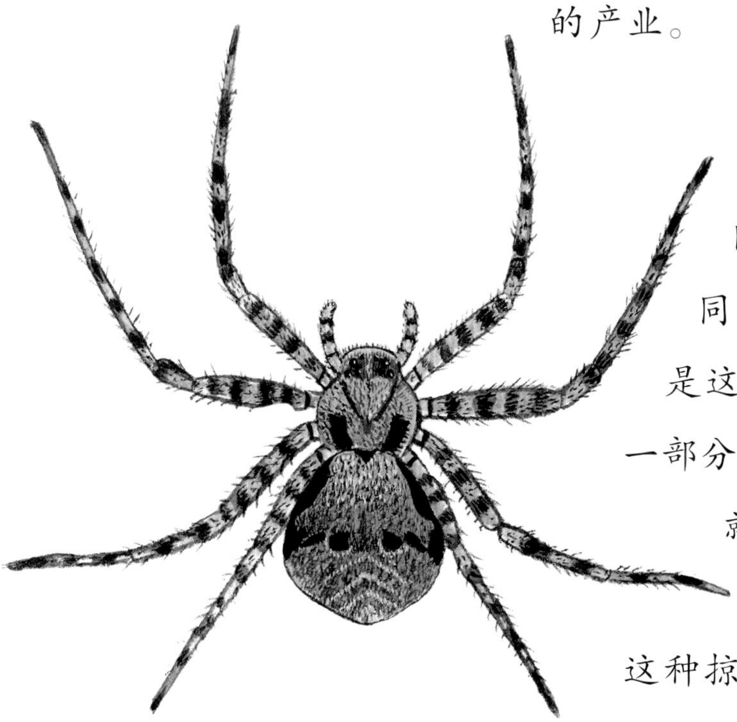

通过上面厮杀的场景，我看到了胜利一方的真实面目。它们以同类为食，抢夺同类的财产。以前的人类不也是这样做的吗？一部分人掠夺另一部分人，让弱者成为自己的食物。就连现在，不同的民族之间、人与人之间，仍然存在着这种掠夺行为，只是不再把失败者当作食物罢了。因为人们在品尝过更加美味的小羊排后，就对人这种食物失去了兴趣。

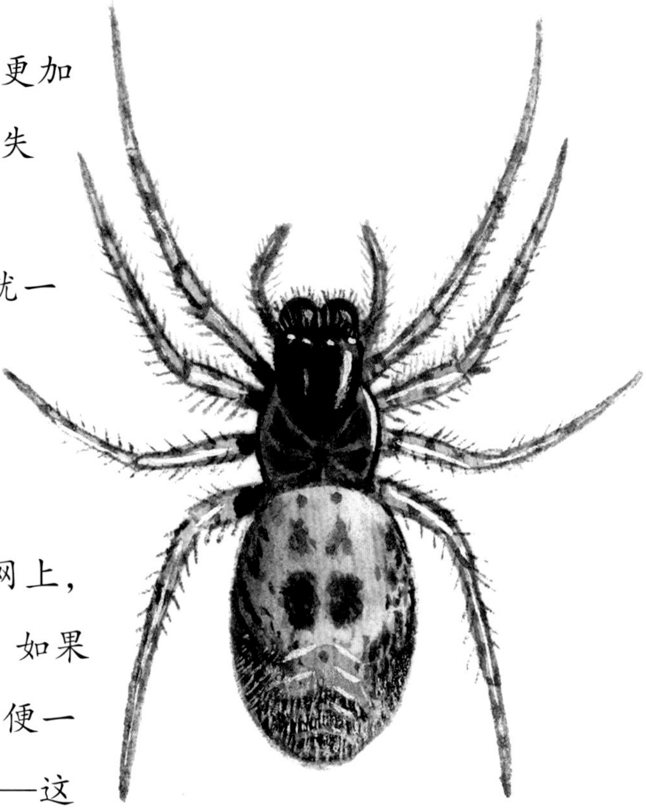

但是，我们也不要因为这样就一味地指责圆网蛛，毕竟它们并不以蚕食同类为生，只有在非常特殊的情况下它们才会这样做。

我把这两只蜘蛛放在对方的网上，从这一刻起，你的网就是我的网，如果你不同意，那我就会把你吃掉，以便一次性地把问题和争议全部处理掉——这就是圆网蛛的生存法则。不过，圆网蛛的这种“霸道”行为只有在非常特殊的情况下才会出现。

我之所以这样为圆网蛛辩解，很大一部分原因可以说是出于内疚，因为这场厮杀毕竟是我一手造成的，而这场厮杀的结果也注定会造成以上的悲剧。

其实圆网蛛们都非常珍惜自己的蛛网，只有当失去了自己的蛛网，它们才会主动去劫掠别人的蛛网。这种强盗式的行为，你在白天是看不到的，因为圆网蛛只有在晚上才会织网。当圆网蛛失去了自己赖以生存的财产，并且自认为已经足够强大的时候，才会去攻击其他的蜘蛛，直到杀掉对方，占有对方的产业。就让我们原谅它们吧！

以上我们介绍了两种类型的圆网蛛——彩带圆网蛛和圆网丝蛛。从外形上看，这两种圆网蛛有很大的不同：彩带圆网蛛的肚子圆圆的，形状像一个橄榄球，腰部缠绕着白色、深黄色及黑色的带子；圆网丝蛛的肚子则是瘪瘪的，肚子上围着一块白围裙，上面还装饰着月牙形的花纹。

如果仅从外表上看，我们根本不会把这两种蜘蛛联系到一起。但是，在进行分类时，天赋的主要特征才是最重要的分类依据，外形并不是很重要。这两种蜘蛛虽然看起来长得并不像，但是它们具有非常相似的生活习性。

彩带圆网蛛和圆网丝蛛都喜欢在白天捕猎，它们从早到晚都待在自己的蛛网上，而且它们的蛛网也很相似，都有着“之”字形的曲线。所以彩带圆网蛛把圆网丝蛛吃掉以后，就会继续使用圆网丝蛛的蛛网。如果入侵者和胜利者是圆网丝蛛，那么，它同样会把彩带圆网蛛吃掉，然后霸占彩带圆网蛛的产业。也就是说，不管谁是胜利者，它都会很惬意地继续生活在对方的蛛网上。

接下来，让我给大家介绍另外一种圆网蛛——冠冕圆网蛛吧。冠冕圆网蛛全身呈棕红色，毛发蓬松，这种圆网蛛最大的特点就是背上有个呈十字形的大白点。它们非常害怕阳光，所以，在白天的时候它们就会藏到附近的隐蔽处，等到了晚上才出来结网、捕猎。它们的蛛网，无论是在结构上，还是在外形上，都与彩带圆网蛛的蛛网非常相似。

我想象着，假如我让一只喜欢在白天活动的彩带圆网蛛去拜访一只只在晚上才出没的冠冕圆网蛛的话，那又会发生什么事情呢？于是，我就行动了，我把一只彩带圆网蛛放到了一只冠冕圆网蛛的蛛网上。

蜘蛛自身所具备的感知系统很快就告诉藏在隐蔽处的冠冕圆网蛛：有客人来访。它赶紧回到自己的蛛网上，四处张望，不久就发现了这位不速之

客——彩带圆网蛛。但它好像觉得自己没有彩带圆网蛛那么强大，于是就急急忙忙地又躲回了隐蔽处，没有采取任何的应敌措施。

彩带圆网蛛好像也没有搞清楚这到底是怎么一回事。以往它被放到同类蜘蛛的网上，就会与对方进行一场恶战，它一旦战胜对方，就会饱餐一顿，还理所应当地占据对方的蛛网。但是，现在的情况却是如此不同，蛛网上空荡荡的，没有任何敌人来阻止它，也没有蜘蛛来和它厮杀。于是，彩带圆网蛛就一直傻傻地站在那儿，一动也不动。

我决定刺激它一下。于是，我就用一根长麦秸拨弄它。如果是待在自己的蛛网上，彩带圆网蛛一定会激烈地抖动蛛网，以吓跑侵略者。但是这一次，无论我怎样拨弄、刺激它，它都无动于衷，只是站在那里一动不动。

我非常好奇，又观察了很久，终于找到了原因。因为这蛛网的主人——冠冕圆网蛛一直藏在蛛网上方的隐蔽处，静静地窥视着自己的财产。

难道彩带圆网蛛害怕了？我用长麦秸继续拨弄它，终于它向前挪动了几步。但是，我发现彩带圆网蛛的动作非常迟缓，它的脚好像抬不起来，甚至还扯断了几根蛛丝。是不是因为冠冕圆网蛛的蛛网黏性太大了呢？

在接下来的很长一段时间，彩带圆网蛛一直待在蛛网的边缘，冠冕圆网蛛则是一直藏在隐蔽处。它们就这样紧张而又安静地窥视着对方的一举一动。

终于，太阳下山了。冠冕圆网蛛从隐蔽处爬了出来，开始了它新一天的工作。它直接爬到了蛛网的中心位置，看都没看彩带圆网蛛一眼。而彩带圆网蛛却好像受了惊吓，一转身就跳了下去，很快就消失在迷迭香丛中。

之后，我又进行了很多次实验，结果还是一样。彩带圆网蛛的胆子原本很大，但是它现在却变得如此胆小，不敢主动出击，甚至还当了逃兵。这或许是蛛网的结构不同，或者是黏性不同的缘故吧。

而冠冕圆网蛛——这个黑暗的使者，则静静地在隐蔽处等待着，直到夜幕降临，它才鼓起勇气，重回自己的蛛网。而且它刚一出现，就让侵略者落荒而逃。在这里，胜利属于被侵略者。

在我们人类看来，这个结果才是最令人满意的。但是，我们不要因此就赞美圆网蛛。因为作为侵略者的彩带圆网蛛如此忌惮冠冕圆网蛛是有它的理由的，而且它也不得不这样做。

首先，它的对手躲在一个十分隐蔽的“碉堡”里面，它不知道“碉堡”里面会有什么埋伏；其次，冠冕圆网蛛的网黏性很大，使用起来很不方便，彩带圆网蛛才不会为了一个并不一定有价值的东西而拼上自己的性命呢。

但是，当一只失去自己蛛网的彩带圆网蛛遇到另外一只彩带圆网蛛或者圆网丝蛛的网时，它们就会毫不犹豫地主动出击，直到消灭对方，占领对方的财产。

对此，我们可以这样说：在蜘蛛的世界里，力量比权利更重要。也可以说，在野蛮的种族中没有权利可言。

在动物的世界里，获得食物的方法就是不顾一切地你争我抢，只有胜利者才能吃到美食。除自己能力不足外，没有什么能够阻止它们的这种残暴行为。

只有我们人类才能够摆脱这种本能的限制。我们制定出了规则，规定出某种权利，并随着时间的流逝，将这种权利的范围一点一点地充实、完善。

在人类的世界里，动物界里的那种生存法则，终将会彻底地消失，取而代之的将是文明！

蟹蛛

蟹蛛有一个美丽的外表。它的皮肤像缎子一样美丽，有的是乳白色的，有的是柠檬色的。腿上还有粉红色的圆环，背上有深红色的花纹，有的在胸的左边或者是右边还有一条淡绿色的带子。这身外衣虽然比不上彩带圆网蛛的服装华丽，但是由于它的花纹特别细致，颜色搭配又很协调，所以，更显典雅、高贵。虽然蟹蛛有件美丽的外衣，但是它的身材却不是很好，看上去就像一个又矮又胖的锥体。身体的一边

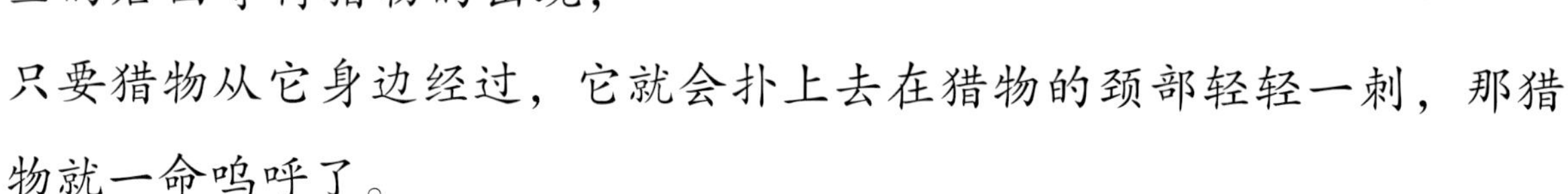

还有一块稍稍隆起的肉，就好像是骆驼的驼峰。蟹蛛走路的时候跟螃蟹一样是横向的，所以，它被叫作蟹蛛。

蟹蛛是一种不会织网的蜘蛛，它有自己独特的捕食方式。蟹蛛经常会埋伏在花丛的后面等待猎物的出现，只要猎物从它身边经过，它就会扑上去在猎物的颈部轻轻一刺，那猎物就一命呜呼了。

勤劳的蜜蜂在采蜜的时候是非常用心的。当蜜蜂在一个花蕊上聚精会神地工作时，蟹蛛便悄悄地爬出来，慢慢逼近蜜蜂的背后，然后猛冲上去，在蜜蜂的颈背上刺一下。这一刺正中蜜蜂颈背部的神经中枢。蜜蜂的神经中枢被麻痹以后，它的腿就开始硬化，不能动弹了。蟹蛛心满意足地吮吸着蜜蜂的血，吸完以后便大摇大摆地离开。

蟹蛛在筑巢方面同样很出色。一次，我看到它正在一丛花中间筑巢，那巢是一个白色的丝袋，形状就像一个顶针。这个丝袋就是那些卵居住的地方，丝袋的口上还盖着一个扁圆形的绒毛盖子。在盖子的下面，也就是房屋的顶部是一个用绒线织成的圆顶，那绒线里还夹杂着一些凋谢的花瓣。这个圆顶就是蟹蛛的瞭望台。就在这个瞭望台上，蟹蛛会一直守望着四周，像个卫兵一样，为巢里的卵宝宝站岗放哨。

自从产了卵以后，蟹蛛就慢慢消瘦下去，精神紧张地在瞭望台上注意周围的动静，好像随时准备开战。

蟹蛛舒展开自己的身体，把它的卵遮住。渐渐地它已经非常孱弱，似乎一阵风吹来，就能把它卷走。它不吃不喝，不眠不休，只是静静地待在卵上，一刻不离地守护着它们。

蟹蛛用身体来遮蔽它的卵，等待着它们孵化。此时的雌蜘蛛的生命已经很微弱了。而且蜘蛛的卵只要靠太阳的热量就足够了，所以，雌蜘蛛在此守候的目的并不是孵化卵。

这样大概过上两三个星期，雌蜘蛛因为一点东西都没有吃，所以一天比一天消瘦。但是，雌蜘蛛仍然无怨无悔地守护着巢里的卵，它为何要苦苦地支撑呢？

我们知道彩带圆网蛛非常勤快地为它的孩子们造了一个安乐窝，之后，它便一去不回头，因为它的寿命太短了，所以再也不能顾家了。它在第一个寒流来袭的时候，生命就会结束，而它的卵则要来年春天才能孵化出来。彩带圆网蛛的孩子们离开那个气球形状的巢时，没有谁来帮它们把巢打破，因为它们的母亲早已离开这个世界了。幼小的蜘蛛又没有能力自己破巢而出，所以只能等到巢自动裂开时，它们才能爬出来。但蟹蛛的巢不像彩带圆网蛛的巢那样，顶上的盖并不会自

动裂开，那小蟹蛛们是怎样从这封闭得很严密的巢中爬出来的呢？在它们爬出来之前雌蟹蛛也已经耗尽了生命，谁帮它们来打破巢呢？

在小蟹蛛们孵化出来以后，我发现在巢的盖子边缘有一个小洞，这个洞并不是早就有的，显然是谁悄悄地在那盖子上咬了一个孔，为的就是让里面的小蛛们可以通过这个孔钻出来。蟹蛛的巢的四壁很厚，那些柔弱的小蛛们绝对没有力量把它抓破。这个小孔肯定是雌蟹蛛在它生命垂危的时候咬的。它一边为巢里的孩子们站岗放哨，一边静静地感受丝囊里那些小生命的举动，等里面的小生命们开始躁动不安起来，雌蟹蛛就用尽最后一点力气，在盖子上咬出了那个小孔，此后，雌蟹蛛就会安心地死去。

虽然，它虚弱得可能随时死掉，可是为了这最后一个愿望，它一直顽强地支撑了几个星期。雌蟹蛛死的时候非常平静，它的胸还死死地抱着那个巢，身体慢慢缩成僵硬的一团。

七月的时候，实验室里的小蟹蛛从巢里爬了出来。我把一捆细树枝插在铁笼上，那些小蟹蛛便爬上铁笼，又顺着树枝爬到了枝梢，开始用丝线织网。它们在那网床上休息几天，便又开始搭吊桥。不久，小蟹蛛的身体在太阳的照射下，积聚了能量，动作变得活跃、敏捷起来，飞快地在树枝上纺着线。每一只小蟹蛛后面都拖着长长的丝，它们纷纷爬到树枝的最高处。突然，一阵风吹来，挂在树枝上的细丝被扯断了，小蟹蛛们就靠着它们的“飞行器”随风飘走了。

蛛网

圆网蛛是会织网的蜘蛛中的佼佼者，它的纺织技术可算得上一流。你总能在花园里发现圆网蛛的踪迹。

黄昏的时候，在花园中散步时，我会很容易地在迷迭香丛里找到一只圆网蛛，并能看到它在慢慢地爬行。在阳光下观察幼小的蜘蛛，看它们在白天工作，是一件很有趣的事情。成年蜘蛛总是在黑夜里纺织，而每年固定的月份里，小蜘蛛们便会在太阳落山前的两个小时左右就开始工作。

这时，小蜘蛛们离开它们白天待的居所，各自选定一个地盘，便在那里纺起线来。它们都分散开来，各自干各自的，互不打扰。我曾跟踪一只小圆网蛛，细细观察了它工作的情况。

这只小圆网蛛先在迷迭香的花上爬来爬去，从这根枝爬到那根枝，在那一小片的范围内忙忙碌碌。过一会儿，它开始打起基础来，它用自己的后腿把丝从身体里拉出来，放在一个地方作为地基。然后，

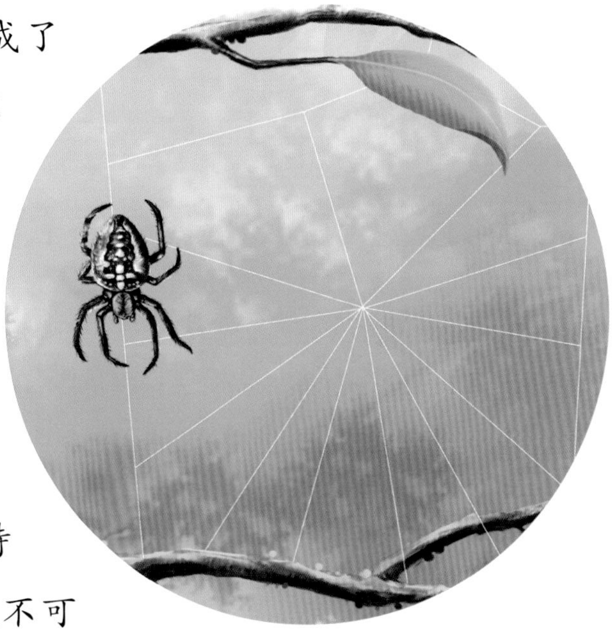

它又爬上爬下地忙活了一阵，织成了一个丝架子。这个架子的结构并不规则，它只是一个垂直而扁平的“地基”，但这是圆网蛛所需要的。正是由于它的错综交叉，所以这个“地基”很牢固。

接着，那只小圆网蛛又在不规则的架子表面上横着拉上一根特殊的丝。这根丝非常细，但它却是不可缺少的。这根丝的中央有一个小白片，这个白片就是一个丝垫子。

接下来，小圆网蛛就开始正式织网了。它先从中央的白色丝垫开始，沿着横的细丝向外爬，很快爬到那个丝架的边缘。然后，它又迅速地从边缘爬回中央。小圆网蛛就这样在中央白垫和架子边缘之间往复地爬着。它爬的速度非常快。它一边爬一边抽丝，所以，它每走一趟就在架子上拉一条半径，做成一条辐。不一会儿工夫，丝架上就有了很多辐，但是这些辐并不均匀，也没有次序，看上去有点散乱。

蜘蛛是故意在织网的过程中打乱次序的。它在同一个方向拉了几条辐以后，就要迅速地在另一个方向补上几条。因为只有这样才不至于因为网的某一个方向上偏重，而导致整张网扭曲变形。它织网时故意不按次序，就是为了时刻保持网的平衡。

经过小圆网蛛一番无次序的工作之后，一张网的辐就全部织好了。这张网是一个完整的圆，辐与辐之间有着相等的距离。蜘蛛能织出这样富有几何规则的网，实在令人叹为观止。

把所有的辐都布置好后，小圆网蛛就会回到中央的白色丝垫上，然后从这里出发，踏着辐，开始绕螺旋形的圈子。这时，它又开始了另一个程序。小圆网蛛用很细的丝在辐上盘起密密的线圈，这些线圈在网的中心，这里便是蜘蛛的“休息室”。接着，越往外围，线圈就越稀疏，而且丝也越来越粗。不一会儿，小圆网蛛就随着螺旋线圈到了离中心很远的地方。每次经过辐，它都把丝绕在辐上，使它与辐粘在一起。最后，它终于把线圈绕到了架子的边缘。这时，你会发现这些螺旋形的线圈也并不是圆润的曲线，而是一段一段的折线，也可以说这些线圈其实就是辐与辐之间的横档。

小圆网蛛在工作时，动作非常快，而且它在网上不停地振动，还不时地跳跃、摇摆、扭曲，你根本就无法看清楚它工作的细节。在织网时，小圆网蛛有两条腿在不停地动着，其中一条腿把丝从身体里抽出来，然后把丝递给另一条腿，这条腿再把丝绕在辐上。那种丝是有黏性的，所以丝被粘住以后，随着小圆网蛛往前爬，身体里的丝就很容易地被拉出来了。小圆网蛛会一直把丝绕到中心处，也就是到了它的“休息室”。这时，它就会把中央的丝垫吃进肚子，大概是想储存一下原料，到下一次织网的时候便可以用吃下的丝再纺出线来吧。

如果仔细观察,你会发现用来做螺旋线圈的丝与用来做辐和“地基”

的丝不同，前者看上去更为精致。我用显微镜观察时发现，这种用肉眼几乎都看不清的细丝竟是由几根更为细的丝线缠合而成的。而且，这种细线还是空心的，空心里面还有很黏稠的液体。这种黏液从丝线的线壁渗出来，使丝线的表面都有了黏性。这种黏性足以把一根小草牢牢地粘住，所以，圆网蛛的猎物也就是被这种黏液粘在网上的。

既然这种网能粘住各种猎物，那为什么蜘蛛本身不会被粘住呢？我想，也许是圆网蛛的脚上有什么特殊的物质让它可以在有黏性的网上轻易地滑过吧。这种特殊物质最有可能是一种油，因为油是一种使物体表面变滑的好材料。于是，我从小圆网蛛身上切下一条腿，把它浸泡在二硫化碳中，因为二硫化碳可以溶解油。经过这样一次清洗，那条蜘蛛腿果真牢牢地被蛛网粘住了。由此可见，蜘蛛的腿上涂了一层特殊的“油”，所以它才不会被蛛网粘住。但是由于这种“油”是很有限的，所以，圆网蛛并不总是停在螺旋线圈上，而是更愿意长期待在网中央的“休息室”里。

蜘蛛的电报线

在强烈的阳光下，有许多蜘蛛都受不了这种暴晒，所以白天时它们就找一个庇荫的地方躲起来。可是在六种圆网蛛中，有两种会坚持一直待在网的中央，不怕烈日的焦灼。这两种圆网蛛便是彩带圆网蛛和丝光蜘蛛，它们从不轻易离开网去阴凉的地方休息一会儿。而其他几种圆网蛛则不会在大白天趴在网上，它们会在离自己网的不远处，找一个隐蔽的场所，然后在那里用叶片和丝线做一个窝，就在那窝里面静静地待着。

阳光明媚的白天，是昆虫们最为活跃的时候。这时候蜘蛛们布下的大网，对那些玩得忘乎所以的小虫们可是莫大的威胁。那些失去了警惕心的昆虫们只要一碰到那张网，便被牢牢地粘住了。可是，除了彩带圆网蛛和丝光蜘蛛一直在网上等待，其他的圆网蛛都在阴凉里悠闲地避暑呢，它们能知道自己的网已经捕获了猎物吗？它们是怎样知道网上发生了什么事情的呢？我把死蝗虫轻轻

地放在好几只蜘蛛的网上，那样明显的位置，它们应该很容易看得见。有几只蜘蛛还趴在网上，有的则躲在隐蔽的窝里，它们都没有发现网上的死蝗虫。我又把死蝗虫拿到它们的面前，可是它们仍然无动于衷，就好像没有看到似的。于是，我用一根长棍拨动网上的死蝗虫，那网也跟着振动起来。这回，停在网中央的彩带圆网蛛和丝光蜘蛛立刻向死蝗虫扑过来，而那些隐藏在窝里的蜘蛛们也都赶回自己的网，它们熟练地抽出丝将死蝗虫死死地缠了起来。

从这个实验我们可以得出结论，蜘蛛们并不是靠眼睛来判断猎物什么时候落入网中的，而是靠网的振动获得信息的。在网上等待的蜘蛛们能感知网的振动是很容易理解的，然而那些隐居起来的蜘蛛又是怎样知道自己的网在振动的呢？原来，在网的中心有一根丝一直延伸到那些蜘蛛隐居的地方，这根丝根据网与隐居的地方的距离不同而有长有短。这根丝就是那些隐居的蜘蛛感受自己网振动的导线。

这根丝是从网的中心引出的，因为网的中心连接着整个蛛网上所有的辐，所以每一根辐的振动都能影响到它。这样，猎物无论是在网的哪一部分挣扎，振动都会传导到这根连接着中心的导线上。躲在远处隐蔽窝里的蜘蛛们就是靠这根线得到猎物落网的消息的。这根线就是蜘蛛们获得信号的工具，就类似于一根电报线。

这根电报线的作用并不只传递信息，它还是一座便捷的桥梁。这条斜线可以减小坡度，蜘蛛在得知猎物落网的消息后，可以直接靠它赶到网中，这既缩短了距离，又节省了时间。

对于这根电报线的妙用，小的蜘蛛们还是不太懂得，这种接电报线的技术只有老蜘蛛们才能运用自如。当那些老蜘蛛们坐在凉爽的安乐窝里静静思索或者闭目养神的时候，它们会留心那根电报线传来的信号，并做好出征的准备。但是，这样长时间的警惕与守候是很劳神的，所以为了能够好好休息，减轻工作的紧张和压力，它们总是把那根电报线缠在腿上。我曾经亲眼见过这种情景。

我在两棵常青树间发现了一张角蛛的网，那张网随着风轻轻摆动着。这张网的主人早已藏到隐蔽的居所里去了。沿着它的电报线找去，很快就会发现它的窝，那个窝就是一个用枯叶和丝做成的圆屋顶，角蛛的身体就全都缩在里面，它的后端堵在洞口。角蛛的身体埋在窝里面，它当然是看不到网上发生的一切了。不过，它的后腿忽然伸出窝，我看到它后腿的顶端连着一根丝线，没错，这就是那根电报线。我故

意放了一只蝗虫在那网上，想看一下那个隐居的猎手是怎样感受电报线传来的信号的，在接收到信号的时候，它又有什么样的反应。当那只蝗虫在网上挣扎的时候，网就振动起来，网的振动又通过那根电报线传到蜘蛛的腿上。蜘蛛立即钻出窝，沿着电报线快速来到网上，然后心满意足地享用起猎物来。

蛛网时常被风吹动，那么蜘蛛们会不会被弄得草木皆兵呢？可是，通过观察，我发现要是因为风吹动而使网振动时，那些隐居的蜘蛛们并不出动，它们似乎很明白这是假信号。原来，那根电报线还有这样一个神奇的功能：它能够区分网的振动是来自猎物的挣扎还是风的吹动。它就像人类使用的电话一样，把各种真实的、确切的声音传递过来。蜘蛛就是用一个脚趾接着电话线，用腿“听”蛛网那边传来的信号，准确地分辨出哪些是真信号，哪些是假信号。

婚礼与捕猎

婚礼本是一件十分美好的事情，但是对于圆网蛛的婚礼，我只想简单地说一下。因为它们的婚礼非常粗野，而且很有可能变成一个悲剧。

我只见过一次圆网蛛的婚礼。那是八月的一个晚上，天气很热，一只胖胖的雌圆网蛛静静地待在蛛网上。我感到很奇怪，因为这个时候，它们一般都在织网。难道有什么特别事情要发生吗?

果然，不一会儿，这只雌圆网蛛的领域里来了一位不速之客——一只又矮又瘦的雄圆网蛛。对此，我非常好奇：在这寂静的夜晚，这两只蜘蛛之间既没有呼唤，也没有发出什么信号，它们是怎样感知到对方的呢?对此，我没有肯定的答案。

雄圆网蛛来到蛛网上，小心翼翼地向雌圆网蛛靠近。但是，到达一定的距离后，它就停了下来，转身往回走。难道它后悔了?还是觉得时机不成熟?这些都不是，真正的原因是雌蛛似乎感到了威胁，摆出了一副

迎战的架势。雄蛛害怕了，所以又退了回去。

过了一会儿，雄蛛鼓起勇气再度出发，这一次，它走得更近了些。可不久，它又被吓跑了。

雄蛛就这样来来回回地走着，每一次都会更靠近一些。终于，雄蛛成功了，它来到了自己新娘的身旁。现在，它们面对面地站着，但是相对于雄蛛的激动，雌蛛只是冷冷地站着，一动不动。雄蛛试探性地用脚碰了碰雌蛛，雌蛛被吓得掉下了蛛网，不过一瞬间它又爬了回来。

雄蛛继续用脚挑逗雌蛛，终于，雌蛛做出了回应，开始奇怪地跳来跳去。它抓着一条蛛丝，像体操运动员一样连续地翻跟头。在翻转中，雌蛛把自己的大肚子呈现在雄蛛的面前，以方便雄蛛时不时地碰触一下。除此之外，就什么都没有了，婚礼结束了。

达到目的的雄蛛匆匆转身逃跑，好像那不是它的新娘而是魔鬼。因为它知道，如果自己不及时离开，就会被吃掉。

接下来的几天，我每天都会去看那只雌蛛，可是我再也没有见过那只雄蛛，也没能再次欣赏到那套体操动作。

激动的新婚之夜后，新娘并没有休息，它还有更重要的事情要做：吐丝——编织卵袋——孕育生命。

这种雌圆网蛛是在晚上捕猎的。雌圆网蛛头朝上地趴在网的中心，随时警惕着蛛网发来的振动讯号。如果蛛网发生振动，那就说明有猎物落网了，雌圆网蛛就会迅速跑过去捕捉猎物。它等待猎物时的耐心真是令人佩服啊！

在大自然中，极富天赋的猎手们若想美餐一顿，就得依靠高超的捕猎技巧和耐心的等待。圆网蛛就是这样的。为了一顿美餐，它必须整晚耐心地等待，可有时它还是会一无所获。对此，我深表同情，因为我和它们一样，每天为了果腹而发愁，我也在编织一张网，用来捕捉思想这个猎物，但是思想往往比昆虫要难捉得多。不过，我觉得我

们还是要充满信心，因为生命中最美好的东西往往存在于未来。

一天，乌云密布，预示着一场暴风雨即将来袭。但是，一向对天气十分敏感的雌圆网蛛仍然在傍晚出现了。它毫不畏惧暴风雨的气息，仍然辛勤地织网，为捕猎做着准备。

到了夜里，天放晴了！白天的那些乌云都散开了，月亮也钻出了云层，向大地洒下了一层银白色的月光。一切都安静极了。我提着灯，来到蛛网前，仔细地观察着。

昆虫们都出来活动了，它们各自忙碌着。突然间，一只蛾子落入了蛛网中，雌圆网蛛抓住了它。雌圆网蛛今天终于可以饱餐一顿了。

由于灯光太暗，我无法看清它捕猎的每一个细节。于是，我就选择了在白天捕捉猎物的彩带圆网蛛进行观察。在阳光下，我可以观察到每一个细节。

我把一只猎物放到蛛网上，它剧烈地挣扎着，具有弹性和黏性的蛛网跟随着猎物的挣扎不断地摆动，既没有松垮，也没有被扯断。除非猎物一下子把蛛网挣破，否则它将无法逃脱被吃掉的命运。但是，很少有猎物有这个能力。

圆网蛛感受到蛛网的振动，跑了过来。它先观察了一下，以确定发动攻击的成功率。我发现，对待不同的猎物，圆网蛛会采用不同的攻击方法。

首先，假如面对的是蛾子之类的小型昆虫，圆网蛛就会挤压它的大肚子，从纺织器里拉出丝头，粘在猎物身上。然后，它用腿踢猎物，使猎物转动，这样吐出来的蛛丝就会密密地缠在猎物的身上。圆网蛛踢动猎物的速度快极了，这样的旋转，真算得上是一场视觉盛宴。

还有一种比较少见的捕猎方法。圆网蛛靠近猎物后，不是转动猎物，而是围绕着猎物旋转，它一边转一边吐丝。圆网蛛在自己的网上上上下下不停地穿梭着，直到把猎物捆绑起来。蛛丝具有极高的弹性，可以保证圆网蛛在穿梭时不会把网弄破。

接下来，我们假设猎物是体形健壮的昆虫，比如带刀的螳螂、大胡蜂等。我故意把这些昆虫放到蜘蛛网上，对于圆网蛛来说，这些猎物是不同寻常的，并且是不多见的。

圆网蛛会把这些猎物吃掉吗?

圆网蛛当然不会放过这些美味，只是它们会非常小心。当圆网蛛遇到这样的猎物时，它们不会离猎物太近，而是选择一个安全的距离停下。然后，转过身，从纺织器里释放出蛛丝，快速地结成一个网，接着把这个网抛向正在挣扎的猎物。在这黏性极高的捕猎网下，即使是带刀的螳螂或带匕首的胡蜂，也会变得不堪一击。

将猎物捆绑好后，不管猎物是强还是弱，圆网蛛都会采用同一种方法，给敌人最后致命的一击：用毒牙咬住猎物，把毒液注入到猎物的体内，然后离开，等待毒液发生作用。

当然，它马上就会再返回来的。

如果猎物只是个小块头，圆网蛛就会在现场把它吃掉；如果猎物体形较大，足够圆网蛛吃好几天，那它就会把猎物带回休息区，慢慢享用。

看着圆网蛛美美地吃着食物，我不禁开始思考一个问题：圆网蛛把毒液注入到猎物的体内后，猎物是不是就死了?

我想了想，推翻了自己的这个结论。因为圆网蛛要吃的并不是猎物的肉，而是猎物的汁液。并且，只有在猎物活着的时候，猎物的汁液才能流动，才能被圆网蛛吸食。

要证明这一点并不难。我把各种蝗虫放到不同的蛛网上。蜘蛛们赶过来，把猎物捆绑好，咬了一口就走到了一旁。

这时，我把蝗虫从蛛网上取下来，拿到手中观察，发现它们没有死，还在剧烈地挣扎着。我用放大镜看了好久，并没发现蝗虫身上有伤口。

但是，当我把它们放到地上后，它们的行动却很笨拙。这是不是因为被绑在蛛网上太久所产生的不安所造成的呢？如果真的是这样，那这种情况应该一会儿就会消失。

于是，我把这些蝗虫放到玻璃罩下，继续观察。一天过去了，它们的动作越来越笨拙，甚至还出现了麻木的现象。第二天，这些蝗虫都死了。

现在，我得出结论：圆网蛛的轻咬并不会马上杀死猎物，而是使其中毒，从而全身无力。

这样，在猎物死亡之前，圆网蛛就有足够的时间去吸吮猎物的汁液，并且能够保证进食时的安全。只要圆网蛛能在二十四小时内把猎物的汁液吸完，就不必担心猎物会变质，因为在这段时间内，猎物还存有一丝生命。我们不得不佩服圆网蛛的高明捕食手法啊。

但是，当我把我们这里最强大的昆虫蜻蜓放到蛛网上后，却看到了罕见的一幕：圆网蛛的毒液很快杀死了蜻蜓。

强大的蜻蜓在蛛网上拼命地挣扎着，蛛网剧烈地抖动，就在它即将成功脱离蛛网时，圆网蛛出现了，它毫不畏惧地奔向蜻蜓。圆网蛛先从纺织器里射出一股蛛丝，就立刻来到蜻蜓的身边，猛扑上去，狠狠地咬住了它。这次的啃咬持续了很长时间，并且圆网蛛的毒牙深深地刺进了蜻蜓的体内。然后，它走开了，等待蜻蜓毒发。

我赶紧把蜻蜓从蛛网上取下来。令我惊讶的是，蜻蜓已经死了！圆网蛛的毒液实在是太厉害了。

我把蜻蜓放在桌子上继续观察，但是，我用放大镜看遍了它的全身也没有发现伤口。看来，圆网蛛的毒牙非常细。与响尾蛇等公认的杀手相比，圆网蛛在猎物身上施毒的手法，更加让人吃惊。

我非常喜欢看圆网蛛就餐时的样子。

有一天下午，大概三点钟，我在迷迭香丛中发现了一只彩带圆网蛛，它刚刚捉到了一只蝗虫。

彩带圆网蛛高高地趴在蛛网的中央，一口咬住了蝗虫的右腿。之后它就保持这个姿势一动不动，甚至连嘴都没有动一下，像是正在进行一个长长的吻。

在这一天中剩下的时间里，我时不时地就去看它一下，但每次去，它的嘴都没有改变位置。到了晚上九点，我再一次去看它，这也是今天的最后一次，它的嘴还是没有改变位置。整整六个小时，这只彩带圆网蛛的嘴一直在吸吮猎物右腿的下半部分。那只可怜的蝗虫的汁液就这样源源不断地进入到彩带圆网蛛的大肚子里去了。

第二天早上，我又来到这里，那只彩带圆网蛛还在吃呢。于是，我强行把蝗虫从它的嘴里夺了过来。我发现蝗虫虽然还保持着原来的样子，但是它已经只剩下个空壳了。我在蝗虫的壳上发现了好几个洞，看来，在晚上的时候，彩带圆网蛛换了一种吃法。

不管是把猎物咬伤，还是立刻杀死，彩带圆网蛛总是随便地选择一个地方，然后咬下去。不管命运之神让它遇到什么样的对手——蝴蝶、蜻蜓、苍蝇、胡蜂、小金龟子或者蝗虫，它都会采用这个办法置敌人于死地。不管是螳螂、熊蜂，还是从没有吃过的猎物，也不管是大块头还是小个子，不管是柔软的还是坚硬的，步行的还是会飞的，彩带圆网蛛都来者不拒。彩带圆网蛛就是一种杂食动物，假如有机会的话，它甚至连同类都吃。

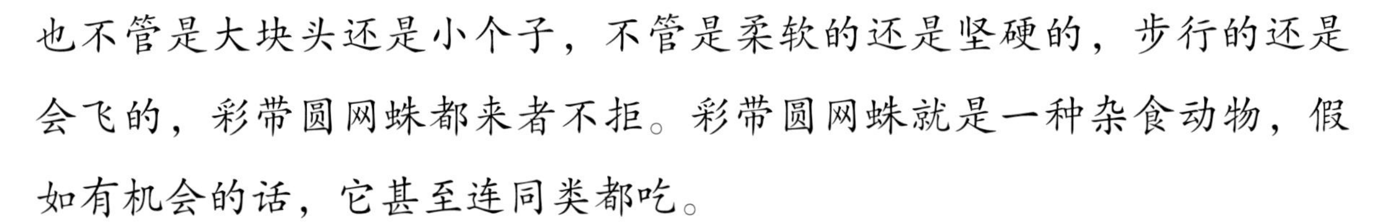

跟人类一样，昆虫也只有潜心研究一门技艺，才能做到精通。但是，作为杂食动物，想要捕捉到猎物，圆网蛛必须要了解各方面的知识，因此，它选择了一种更简单、直接的方法——毒素。这种毒素很神秘，不管咬到什么部位都能麻醉甚至杀死对方。

在了解了圆网蛛的猎物种类如此之多后，我不禁想到，它是怎样把这些猎物区别开的呢？例如，它是怎样区分相差甚远的蝗虫和蝴蝶的呢？假如你由此判定圆网蛛具有十分广泛的动物学知识，那你就太高估圆网蛛的智慧了。因为落网的猎物一定会挣扎，所以圆网蛛本能的反应就是把它捉住。很有可能，圆网蛛的智慧仅限于此。

夏日里的大迁徙

在大自然中，许多植物的种子成熟后，会自然地落到大地上，生根发芽，自然成长。

我的荒石园里有一株植物，它的学名叫作弹性喷瓜，人们都管它叫“驴瓜”。驴瓜的果实有椰枣那么大，味道苦苦的。果实成熟后，里面的果肉就会变成液体，种子就漂浮在这液体当中。果实的果壁非常有弹性，当它收缩时，里面的液体就会流动，并挤压果壁的某一点，当这一点再也忍受不了这种挤压后，果实就会破裂。最后，连带着种子和果肉一块喷射而出。假如没经验的人去摇动那些已经成熟的驴瓜果实，那么他肯定会被喷得满脸都是。

和驴瓜一样，凤仙花也能喷射种子。当凤仙花成熟后，只要你用手轻轻地碰一下它的果荚，果荚就会叭的一声裂开，将里面的种子喷射出来。

那些分量较轻的种子，往往带有翼、茸毛等飞行设备。这些设备能让种子飘在空中，跟着风一起去旅行。蒲公英的种子就是这样的，它们依靠着自己的茸毛游遍世界各地。你肯定有过这样的经历：把一朵蒲公英放到嘴边，轻轻吹一口气，蒲公英的种子就纷纷飘到空中，活像一个个小降落伞。当它们落地后，就会在泥土中生根发芽。

和植物一样，昆虫们也有像驴瓜喷射器和蒲公英茸毛一样的交通工具。凭借着这些交通工具，昆虫们完成了它们的迁徙，它们的家庭成员也会找到属于自己的地盘，邻里之间互不打扰。可以说，昆虫们所使用的交通工具，一点儿都不比驴瓜的喷射器和蒲公英的茸毛差。

为了弄清楚昆虫的迁徙方式，我特意观察了附近最有名的圆网蛛——彩带圆网蛛。它们长着黄、白、黑相间的条纹，美丽极了。它们的蛛巢非常精致，活像一个个用绸缎织成的精巧的气球。

彩带圆网蛛的蛛巢里究竟有什么呢？蛛巢的表层具有良好的防水性，里面有一条精美的棕红色的“羽绒被”，像白云一样柔软的“羽绒被”包裹着一个顶针形状的小丝袋，丝袋里面装的就是彩带圆网蛛的卵，这些卵大概有五百枚。

那么，蛛巢究竟是怎样开裂的呢？蛛网里有几百枚卵，等它们孵化出来后，如果要做到邻里间互不打扰，就需要分散到一个十分广阔的空间中去。刚刚孵化出来的小蜘蛛，行动不是很灵活，那它们是依靠什么方法迁徙的呢？

我从冠冕圆网蛛那里找到了答案。冠冕圆网蛛的孕育期较早，大概在五月份小冠冕圆网蛛就出生了。我是在荒石园里的一棵丝兰上发现它们的。这两窝刚孵化出来的小东西，身体暗黄，尾巴上长着三角形的黑色斑点。不久后，每个小东西的背上都会长出三个白色的“十字”。

当太阳照到丝兰的时候，其中的一群小蜘蛛非常活跃，它们一只接一只地爬到丝兰花的顶端，像是在表演杂技。这时，一阵微风吹来，小蜘蛛们的节奏被打乱了，它们往上爬了一会儿又返了回来，然后猛地一跃，飞到了空中，就像是一只只长着翅膀的小飞虫。很快，小蜘蛛们不见了。它们的动作实在是太快了，并且在这样喧闹的环境下，我根本看不清楚细节。

于是，我把另外一群小蜘蛛装到盒子里，带回了我的实验室，因为我需要在安静的环境下进行观察。

我把这群小蜘蛛放到离窗户两步远的桌子上，又给它们提供了一捆半米长的细树枝，因为我知道它们都很喜欢爬高。果不其然，这些小家伙全都爬到了树枝上，然后开始上上下下地拉丝。它们好像漫无目的地把树梢当作顶点，把桌子当作底边，就这样编出了一张放射状的蛛网。

小蜘蛛们在网上忙碌着。有些小蜘蛛从蛛网的上面跳下来，依靠

自身的重量把蛛丝从纺织器中拉出来，再顺着那根丝爬上去，把两根丝拧成一股，然后再跳下来，将丝束拉长。而有的小蜘蛛只是在网上跑来跑去，像是在编织一个网袋。

原来，蛛丝是从蜘蛛体内的纺织器里拉出来的！小蜘蛛们必须要通过跑动、拉伸，才能得到更细一点的丝。它们的这些活动，都是在为接下来的迁徙做准备。

不一会儿，我发现在窗户和桌子之间，有几只小蜘蛛正在快速地奔跑着，就好像踩在钢丝上一样。在能见度较高的情况下，我能看到每只小蜘蛛的身后都有一条丝线，在阳光的照射下，一闪而过。这条线的一端是小蜘蛛，而另一端就是桌子上的那捆树枝。但是，在小蜘蛛和窗户之间，我看不到任何的连接物。

我不停地变换角度观察，还是没有发现任何支撑它们向前爬的东西。这些小家伙就像在空气中划桨前行，又像被捆住双脚的小鸟向前不停地飞翔。

而蜘蛛是不会飞的，所以一定有什么东西支撑着它们向前进。虽然我看不到这个东西，但是我可以毁掉它。于是，我用棍子拦住一只正在向窗口爬行的小蜘蛛，并在它的前面当空劈下。结果，这只小蜘蛛立刻停了下来，并直直地掉了下去。看来，我刚刚的动作把它的“钢丝”弄断了！

这条“钢丝”其实就是一根极细的蛛丝，细到用肉眼根本看不到。我猜，这根蛛丝应该是被风带到窗前的，因为小蜘蛛们没有足够的力量将线穿过去。这根蛛丝又轻又细，只要很小的风，就能把它带走、拉长，然后粘在所碰到的物体上。“钢丝”搭好后，小蜘蛛们就能在上面自由地漫步了。

搭好这根“钢丝”需要借助风的力量。在实验室的门和窗之间确实存在一股风，只不过这股风太小了，不易察觉，我也是在看到烟斗里的烟缓缓地飘向一个地方时，才发现风的存在。屋外的冷空气通过门进入到房间里，房间里的热空气又通过窗户跑出去，这冷热空气的流动，也就是风，带着我们看不到的蛛丝，搭成了一条条“钢丝”。

于是，我关上门窗，让屋子里的空气保持相对静止，又用棍子把窗户和桌子之间的所有“钢丝”都扯断。就这样，小蜘蛛们都安静了下来。看来，没有了风，它们也就无法迁徙了。

没过多久，我发现它们又开始迁徙了，不过它们这次要去的目的地，是我根本没有想到的。在阳光的照射下，实验室的地板逐渐升温，产生了一股向上的气流，就像风一样。这股气流把被我扯断的那些蛛丝轻轻地托起，在桌子和天花板之间重新架起了一条条“钢丝”，这下，剩下的小蜘蛛纷纷跑到了天花板上。但是，由于大部分的蜘蛛已经通过窗户迁徙走了，所以剩下的只是一小部分，不能支撑长时间的实验，所以我决定再捉一些小蜘蛛回来。

第二天，我又在那棵丝兰上找到了一窝小蜘蛛，大概有五六百只。我把它们带回实验室后，它们就马上开始了和上一批小蜘蛛相同的工作——织网。在树枝和桌子之间，这些小蜘蛛一共织出了三张放射状的网。

正当这群小家伙忙着的时候，我也没闲着。我把实验室里所有的门窗都关上，尽量让屋内的空气保持静止，然后在桌子下放了一个已经点燃了的小煤油炉。别看这个炉子小，它发出的热量足够形成一股向上的气流。因为，我用蒲公英的种子做过实验：在与桌面相平的位置，我放开手中的蒲公英种子，结果，大部分的蒲公英种子飘到了天花板上。这样看来，这股向上的气流足以把蛛丝带到天花板上。

一切准备好后，很快就有一只小蜘蛛向天花板爬去。随后，其他的小蜘蛛也开始沿着不同的“钢丝”向上爬，也有一些顺着同一条“钢丝”爬的。不一会儿，大部分的小蜘蛛到达了天花板上，密密麻麻地

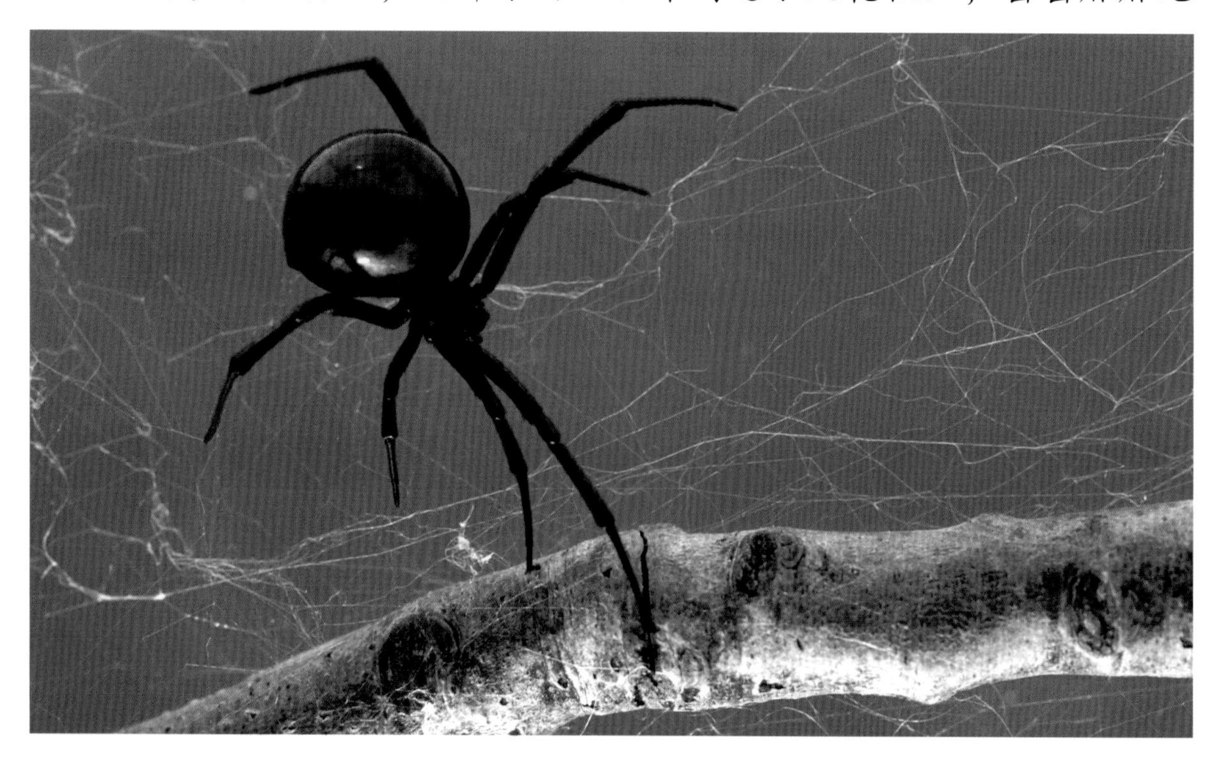

趴了一片。不过，也有些小蜘蛛到达一定的高度后就停了下来，还有的直接掉了下去。这也很好理解，因为它们爬的“钢丝”没能到达天花板，只是在半空中飘着。

天花板与桌子之间的距离大概有四米，而小蜘蛛们在没有吃任何食物的情况下，还能拉出这样一根至少四米长的蛛丝，真是太不可思议了！

如果让小蜘蛛们继续停留在天花板上，它们就找不到新的住所，找不到吃的东西，就会死去。所以，我打开了窗户，准备让它们重新寻找住所。煤油炉燃烧产生的热气向窗外飘去，这一点，我是从飘向窗户的蒲公英种子得知的。

接着，我用剪刀剪断了小蜘蛛们身后的丝线，这些丝线用肉眼就可以看到。丝线被剪断后，原本趴在天花板上的小蜘蛛们，都被风带到了窗外，然后消失不见了。

这些小家伙们已经飞走了，祝它们旅行愉快！

我已经知道了小蜘蛛迁徙的秘密：在大自然中，当太阳烤热地面，产生一股向上的气流时，小蜘蛛就会爬到树枝的顶端，然后从纺织器里拉出一根极细的丝线，这根丝线随风飘荡，直到粘到一个物体上，带着小蜘蛛前往那未知的目的地。

那小蜘蛛又是怎样从蛛巢里出来的呢？冠冕圆网蛛的巢只是一个简单的丝球，和彩带圆网蛛的“气球”蛛巢相比，实在是太寒酸了。所以，我决定从彩带圆网蛛那里找到这个问题的答案。

去年秋天，我饲养了一些彩带圆网蛛，从而得到了一些蛛巢。为了更全面地观察，我把一半蛛巢留在了实验室里，把另外的一半放到

了院子里的迷迭香丛中。

二月底，蛛卵开始孵化了。我用剪刀把蛛巢剪开，发现有一些小蜘蛛已经孵化出来了，分散在“羽绒被”上，剩下的未孵化的卵还待在卵袋里。

蛛巢里柔软的“羽绒被”就像是一个接待站，刚孵化出来的小蜘蛛就待在里面，直到四个月后才会离开。我仔细地数了一下，蛛巢里大约有六百只小蜘蛛。我非常好奇，蜘蛛妈妈是怎么把这么一大群孩子放进这样一个豌豆般大小的袋子里面的？并且这些卵看上去一点儿都不拥挤。

六月终于来临了，我想蛛巢里的小蜘蛛们一定迫不及待地想要出来了吧。它们从哪里出来呢？

我最先想到的是从蛛巢顶部的盖子里钻出来。彩带圆网蛛巢穴的顶部有一个向里凹陷的开口，上面有个盖子。在织巢时，这个盖子是最后完成的，所以我觉得它应该可以打开。

可是，无论在什么时候，也无论用什么工具，我都打不开这个盖子。是不是还有其他的神秘开关呢？于是我找了又找，但是，我仍然没有找到这个开关。

事实证明，我的想法是错误的。蛛巢上逐渐出现了很多不规则的裂痕，就像熟透了的石榴一样。终于有一天，在阳光的暴晒下，蛛巢突然裂开了。一些小蜘蛛喷射而出，它们似乎受到了惊吓，在丝团上焦躁地爬来爬去。

根据蛛巢上的裂痕，我猜想，蛛巢内部的空气在太阳的暴晒下发生了膨胀，从而引发了爆裂。为了将小蜘蛛们释放出去，彩带圆网蛛的巢需要吸收太阳的热量，

积聚能量，引发爆裂。我留在实验室里的那些蛛巢并没有爆裂，因为室内的气温比较温和。但是，我在这几个没有爆裂的巢穴上发现了几个洞，就像是用钻头钻出来时造成的。很显然，这些洞是小蜘蛛从里面钻出来时制造的。它们轮流用大颚耐心地啃咬某几个点，终于咬出了几个小洞。

随着蛛巢的裂开，一小部分小蜘蛛被喷射了出来，但是，绝大部分的小蜘蛛还留在巢中。出口已经打开，离开只是时间的问题。比起离开，它们还有一件更重要的事情要做——换一层新皮。蜕完皮，它们就可以开始自己的旅程了。当然，这个过程得花去几天的时间，并且蜕皮、迁徙都是分期分拨进行的。

小彩带圆网蛛的迁徙过程和冠冕圆网蛛如出一辙，这里就不再重复了。但是，一天早晨，只有一小部分小蜘蛛出发了，场面很冷清。

后来，我又观察了圆网丝蛛。很失望，它们的迁徙过程也不够热闹。

圆网丝蛛的巢穴也非常精美，仅次于彩带圆网蛛。它们的蛛巢呈钝圆锥形，还有一个星形的盖子。这蛛巢结实极了。所以，只有等巢穴爆裂后，小蜘蛛们才能从里边爬出来。

与小彩带圆网蛛在巢里蜕皮不同，小圆网丝蛛是先到树枝上安家，然后才开始蜕皮。蜕完皮后，小蜘蛛们就到高处的树枝上休养生息，等待合适的迁徙机会。

总而言之，蜘蛛的迁徙方式都是一样的，只是彩带圆网蛛和圆网丝蛛的迁徙场面还不够宏大、热闹。我能从其他的蜘蛛身上看到更加宏大的迁徙场面吗？我也许应该把目光转向其他比较普通的蜘蛛身上。我很期待。

迷宫蛛

很多蜘蛛都善于结网，可以说它们是纺织能手。比如圆网蛛就是无与伦比的纺织娘，它能编出垂直的网，然后坐享其成，等待猎物自投罗网。

而有些蜘蛛则很有创造性，它们不用织网，而是利用其他的方法，很聪明地猎取食物，其中有几种蜘蛛在这方面很有造诣。它们也已久负盛名，在很多有关昆虫的书中都提及过。

其中就包括一种美洲狼蛛，它居住在地穴里。美洲狼蛛的洞穴非常精致考究。美洲狼蛛的洞口有一个小圆盖，这就像一个活动门，是由一块圆板、一个槽和一个栓子组成的。当美洲狼蛛回洞以后，那活动门就会落进槽里，恰好把洞口关严。若是有谁想来侵犯，企图把那小门掀开的话，美洲狼蛛就会把它的小爪子插进一些小孔里，然后身子紧紧地贴在洞壁上，那扇门便无法打开了。

还有一种比较有名的蜘蛛是水蛛。它可以在水中用丝织成一个潜水袋，那袋里储存着空气。水蛛可以在这个袋里一边避暑，一边窥伺猎物。人类中也有幻想用石头在水下建造宫殿的，古罗马有一位皇帝，他生前曾叫人造一座水下宫殿，供自己享乐。可是，那个宫殿只能给人留下憎恶的回忆。不过，水蛛的水晶宫，却能够长盛不衰，永远散发着灿烂的光辉。

如果我亲眼看到过水蛛的话，肯定要多说一些它的情况，可是，我们这个地区并没有水蛛，所以我不得不放弃这个想法。至于那美洲狼蛛，我也是偶尔见过一次，之后再无缘重逢。

走遍周围的荒野，我发现最多的就是迷宫蛛，于是决定对它做一番研究。在树林里，我发现了高高悬挂的丝网，远远望去，那网上还挂着闪烁的露珠。太阳照射了半个多小时，网上的露珠消失了，现在可以仔细地观察蛛网了。那张蛛网织在一大丛蔷薇花上，有一块手帕那么大。网上密布的丝线又将网牢牢地固定在荆棘丛中。蛛网在荆棘丛中纵横交错、绕来绕去。荆棘丛中的每一根突出的细枝都成了蛛网的一个支撑点。网的四周是平的，越往中间就越凹陷，到了最中间就成了一个圆锥形的管子，大约有三十厘米深，插入叶丛中。

迷宫蛛就在那管子的入口处坐着。它的身体是灰色的，胸部有两条很宽的黑带，腹部还有两条细带，细带上点缀着一些白色和棕色的斑点。在它的尾部还有奇特的“双尾”，也就是它腹部末端长的两个小小的、能活动的附属器官。这在其他蜘蛛中是很少见的。

那个形似火山的蛛网是用不同的编织方法织成的。它的边缘是用稀疏的丝线织成的纱网；往中间就变成了轻柔的细纱，渐而成了绸缎；到很陡的地方，就成了近似菱形的格子网。而整个网又像是一艘被抛下锚的船。那些攀附在荆棘丛上的丝线有的长，有的短；有的松，有的紧；有的垂直，有的倾斜，总之是很杂乱地交叉地伸向高处，高高地吊起那张网。这样网外就又形成了一座迷宫。

迷宫蛛的网不像其他蜘蛛的网那样有黏性，其妙处就在于它的乱。把一只小蝗虫扔到迷宫蛛的网上，它刚一落脚，那网便摇晃起来。站不稳脚步的小蝗虫一下就陷进了“火山”，它开始挣扎，可越是挣扎，它便陷得越深，最后竟掉进了管底。这下迷宫蛛就可以不慌不忙地扑向那猎物，非常从容地美餐一顿了。

不过，到了快要产卵的时候，迷宫蛛就要搬家了。那张近乎完美的大网就这样被它永远地遗弃了。它必须去另觅新地，建筑巢房，以备产下蛛卵。在离它原来那张网不远的地方，就在低矮的植物丛中，可以看见迷宫蛛的巢。这个巢草率而杂乱地纠缠在一堆枯柴中间，那是一个比较精致的丝囊，丝囊里就装着迷宫蛛的卵。那样简单的巢似乎跟迷宫蛛的建筑风格有些不相符。也许是因为在那破烂不堪的环境里，迷宫蛛没有心思去精心编织。

要是换一个环境，它或许会用心把巢建造得更为精美。为了证实这个推想，我把六只快要产卵的迷宫蛛带回家，放在实验室的铁笼子里，在里面又放了一根百里香的树枝。到了七月底的时候，果然有了六个雪白的精巧而细致的巢。

这个巢是一个由白纱编织而成的卵形的囊，有鸡蛋那么大。巢的内部构造很乱，和它编织的那张网差不多。这座布满丝的迷宫只不过是一层保护墙，而在这丝墙的里面还装着一个卵囊，那卵囊呈星状，上面还分布着十字荣誉勋章的图案。卵囊是一个很宽大的暗白色袋子，周围有十几根圆柱子，使它可以固定在巢的中央。而那些柱子都是中间细、两头粗。这些柱子在卵囊周围排列着，形成了一个白色的围廊。雌蜘蛛就在这个围廊上爬来爬去，注意着卵囊里面的动静。

许多蜘蛛产完卵后就会离开自己的巢，而迷宫蛛则会自始至终守护着那些卵，它在白色围廊上踱来踱去，非常警惕地保护着自己的孩子。迷宫蛛产完卵后，它要吃东西，补充营养，然后继续抽丝，将它的巢不断加厚。一开始透明的墙不久后就变得不透明了。

大约到九月中旬，小迷宫蛛们就可以孵出来了，但是它们不会立即离开巢，而是要在里面度过寒冬。此时，雌蜘蛛仍要不断地纺丝，加厚巢的四周，保护里边的小蜘蛛。渐渐地，雌蜘蛛会越来越没有食欲，四五个星期后，它就生命垂危了。到十月底，雌蜘蛛用尽最后一点儿力气，替孩子们把巢咬破，便放心地死去了。到第二年春天，小迷宫蛛们便从自己的巢里爬出来，借助游丝，飘散到各处。

舍腰蜂

有许多昆虫都非常喜欢在我的屋子旁边建筑巢穴，在这些昆虫中，最令我感兴趣的莫过于一种叫舍腰蜂的动物了。舍腰蜂有着美丽动人的身材和非常聪明的头脑，还有一点应该注意的是它那非常奇怪的窠巢。但是，人们平时却很少注意到这种小昆虫。

舍腰蜂是一种非常怕冷的动物，它常常在太阳光下搭建自己的安乐居所。而且，如果有可能的话，居所旁边最好有一个大一点儿的火炉，还要有一些供燃烧使用的柴火。这些条件对于它们来说都是不可缺少的。

在七八月的大暑天，舍腰蜂会忽然出现，开始寻找适合它做巢的地点。它所中意的地点往往是烟囱内部的两侧。一旦选定了筑巢地点，它便立即飞走，不久又会带着少量的泥土飞回来，开始建造房子的底层。这样，筑造家园的工作便正式破土动工了。

尽管烟囱是一个非常舒服的藏身之处，但由于巢建在烟囱的内部，

自然就会有好多烟。如果烟升到蜂巢上面，巢中的舍腰蜂就要被“污染”了。如果烟雾太多的话，蜂巢里面的幼虫还有可能被呛死。不过，你不用替它们担心，因为它们的母亲早就想到这个问题了，所以舍腰蜂选定的筑巢位置是十分适当的，除烟灰以外，其他的脏东西很难到达。

不过，还是有一件非常危险的事在等着它。那就是当这家主人在做饭、洗衣服的时候，炉灶里的大量烟灰和大木盆里大量的水蒸气就会混合成浓厚的烟雾升上来，对它正在建造的房屋构成严重的威胁，有时甚至会使它面临家毁人亡的危险。所以，它们必须要有足够的勇气才行。

舍腰蜂的巢穴主要是用潮湿的泥土制作而成的，因此人们又把它叫作泥水匠蜂。舍腰蜂经常出没在我的小菜园里，因为那里有它需要的潮湿的泥土。它在掘取泥土的时候，常常先将脚直立起来，然后一边用下颚刮取表面的泥土，一边将泥土揉成一个豌豆大小的泥球。最后，它再用牙齿把泥球衔起，飞回去，添加到它的建筑物上。这项工作完成以后，它歇也不歇一下，就又接着飞回来，再做第二个泥球。在一天中，即使是天气最为炎热的时候，只要那片泥土仍然是潮湿的，那么，舍腰蜂的工作就会不停地进行下去。

舍腰蜂每次回巢时，途中总要穿过浓厚的烟幕。那烟幕实在太厚重了，舍腰蜂冲进去以后，它那小小的身躯就完全看不见了。不过，这时你常常能听到一阵不规则的呜呜声。原来，是舍腰蜂在一边工作一边唱歌。在这层厚厚的烟雾里，舍腰蜂快乐地从事着自己的本职工作，不辞劳苦地建造巢穴，直到最终建好。

我对常来家里做客的舍腰蜂一直有着非常浓厚的兴趣。我希望能和它们做一些交流。所以我和家人从不会打扰它们的生活，好让它们安心地筑巢建窝。那些舍腰蜂总是努力地进行着自己的工作，为自己的家而辛苦忙碌。我很想观察一下舍腰蜂的建筑以及它们的建筑才能，它们对食物的偏好和那些幼小的舍腰蜂的生长过程等，所以，我故意把炉灶里的火给弄灭了，这样就可以减少烟雾的量，以便清楚地看到舍腰蜂的巢。

舍腰蜂的巢穴就像一个罐子，大约有三厘米长，一点五厘米宽。巢的口朝上，有点儿大，巢的底部稍微窄一些。蜂巢表面被舍腰蜂仔细粉饰过，看上去很别致。这个泥罐子似的蜂巢里面贮藏着舍腰蜂的食物。舍腰蜂把巢穴建好以后，便把里面塞满了小蜘蛛，这些小蜘蛛就是舍腰蜂为自己的孩子准备的美食。舍腰蜂准备好了食物便把卵产在巢穴里面，然后将巢的口封起来。

舍腰蜂的幼虫会吃各种各样的蜘蛛。其中有一种是后背上有三个交叉的白点的十字蜘蛛，是舍腰蜂幼虫吃的最多的食物。因为这种背部有交叉点的十字蜘蛛多生活在舍腰蜂经常活动的地区，所以舍腰蜂不用到很远的地方便可以很容易地捕猎到。此外，舍腰蜂幼虫的食物里面还有一种危险的野味，那就是长着毒爪的毒蜘蛛。舍腰蜂在选蜘蛛的时候，会挑一些个头不是很大的，一方面是为了能够很容易地将其塞进巢穴里，另一方面是为了保护幼虫，因为食物的个头太大的话，

如果一顿吃不完，剩下的那部分就会腐烂，这样对巢里的幼虫会产生不利的影响。

舍腰蜂的卵并不是产在一堆食物的最上面，通过观察，我发现它们的卵是产在蜂巢里储藏的第一只蜘蛛的身上的。几乎所有的舍腰蜂都是这样做的，无一例外。舍腰蜂会把捕来的第一只蜘蛛放在蜂巢的最下层，然后把自己的卵产在这只蜘蛛的身上。接着，它又会把以后陆续捉来的蜘蛛一只一只地往上摞。

舍腰蜂这样做有它的道理，因为这样的话，舍腰蜂幼虫就可以先吃掉下面那些死得较早的蜘蛛，然后再吃那些比较新鲜的蜘蛛。这样可以避免那些死蜘蛛因为放置时间太长而腐烂变质。

舍腰蜂总会把蜂卵头部那端放在蜘蛛身体最肥的地方，这样蜂宝宝一孵化出来就能吃到最柔软、最富营养的部位了。舍腰蜂的幼虫饱餐一顿之后，就开始作它的茧了。那茧就像是一个纯洁的白丝袋。这时舍腰蜂幼虫的身体里会流出一种像漆一样的东西，这种流动的液体会慢慢侵入白丝袋的网眼里，然后就会渐渐地变硬。这样白丝袋就有了一层光亮的保护漆。然后，幼虫又在茧的底端填一个硬硬的东西，作茧的工作便结束了。此时再来看这个茧，它已经呈现出琥珀一样的黄颜色了。

其实舍腰蜂的工作是很机械的，它的聪明似乎并不能处处体现。

有一次，我跟舍腰蜂开了个玩笑。舍腰蜂费了很大的力气把巢穴做好以后，便急忙去外面捉了一只蜘蛛回来。它把那只蜘蛛放进巢里，然后把自己的卵产在蜘蛛最肥大的部位上。这项工作完成之后，舍腰蜂便飞走，继续猎食去了。趁这个时候，我把舍腰蜂巢穴里的卵连同那只蜘蛛一起取了出来，我想看一看，舍腰蜂回来后见到自己的孩子和猎物丢失会有何反应。

我想它应该会发现自己的巢已经空了，然后会再重复第一次的工作，再产下一个卵。但是，当舍腰蜂带回第二只蜘蛛的时候，它好像并没有发现什么。它把刚刚猎获的蜘蛛放进巢里，然后竟非常坦荡地又继续去捕捉蜘蛛了。它把捕捉来的第三只蜘蛛放入巢内，然后又接着飞走了。就这样，舍腰蜂一次又一次地把捉到的蜘蛛扔进巢里。每次等舍腰蜂飞出去之后，我都会把它刚刚放进巢里的蜘蛛取出来，所以那个巢其实一直是空空的。可是，舍腰蜂并不理会，它仍然不断地去捕捉蜘蛛，然后放入巢里。

经过两天的奋斗，舍腰蜂共捉回了二十只蜘蛛，只是这些蜘蛛并没有在它的巢里，而是被我一只一只地取走了。舍腰蜂似乎并没有再去猎食的打算了，它开始小心翼翼地把巢穴封起来，不知道它是已经疲倦了呢，还是固执地以为自己的巢穴已经满了，因为按常规，舍腰蜂只有在蜂巢里装满了食物的时候才会封上巢穴的口。可现在它的巢空空如也，为何也按部就班地做完最后一道工序呢？这个小玩笑只能说明昆虫的智慧还是很有限的。

关于舍腰蜂，我还有一个疑问，那就是它来源于哪里。舍腰蜂喜欢把巢建在有火炉的地方，烟囱里的热气可以使它潮湿的泥巢很快变干。但是，令人疑惑的是舍腰蜂在人类出现之前就已经存在了，在人类之前，它们又生活在什么地方呢？我企图在旷野里寻找它们的巢穴。经过一番努力，我终于在一些乱石堆里找到了几个十分陈旧的舍腰蜂的巢。原来它们也曾经把巢建在平滑的石头下面。

我认为舍腰蜂有可能是一个“侨民”，它来自干旱炎热而且缺水的沙漠，那种地方雨水稀少。舍腰蜂可能是被风卷到这个地方来的，因为它们觉得这个地方不够暖和，所以才开始寻找人类居住的地方，在温暖的火炉附近安了家。这样就能解释舍腰蜂的生活习性了。

舍腰蜂的故乡一定是在非洲，因为据说在那里的石头下面，经常能发现舍腰蜂同类的巢穴。我们可以设想，在很久很久以前，舍腰蜂们是经过了西班牙，又越过意大利，历尽千辛万苦，长途跋涉才来到我们这里的。

它们从世界的南边来到世界的北边，从遥远的非洲，来到欧洲，最后又来到了马来群岛。然而，无论走到哪里，它们都始终保留着一样的嗜好，那就是建造精致的泥巢，捕捉美味的蜘蛛，寻找人类带烟囱的屋顶。

斑纹蜂

在矿蜂家族中有一种斑纹蜂，这种蜂的身材和黄蜂差不多。斑纹蜂的身上有红色的斑纹，雌蜂的斑纹尤为鲜艳美丽，黑色和褐色的条纹环绕着它们细长的腹部。

斑纹蜂常常把巢建在比较结实的泥土里。比如，园子里平坦的小路就可以成为它们最为理想的地基。而且，每只斑纹蜂都有自己单独的房间，这个房间是不允许其他蜂进入的。如果谁想闯进它们的房间看看，那可就别怪主人不客气了，它们会让那个外来者尝尝自己的“剑”的厉害的。

斑纹蜂非常勤劳。每到四月，它们便开始筑巢了。地面上那一堆堆新鲜的小土山便是它们劳动的见证。如果仔细观察，我们就会发现土堆顶部不断有新的土被扔出来，可见斑纹蜂正在坑的下面忙碌着。它们在地底下建筑自己的巢穴。每只斑纹蜂的巢不到三厘米长，呈椭圆形，内壁非常光滑。斑纹蜂还在自己巢的内壁涂了一层

唾液，这层唾液就像油纸一样保护着巢，可以防止雨水渗进巢里。巢穴里许多小巢整齐地排列着，这些小巢与地面之间还有一个公共通道连接着。这个通道其实是一根几乎垂直的轴，大概有铅笔那么粗，有二十厘米到四十厘米深。

五月时鲜花盛开，到处洒满了灿烂的阳光。这些在矿下忙碌的“矿工”也该出来采蜜了。田野里的蒲公英、野蔷薇、雏菊等都在向这些小蜜蜂们招着手，它们很欢迎这些勤劳的小伙伴。斑纹蜂们兴高采烈地在花丛中采集着花蜜和花粉，不一会儿，它们便满载而归了。回到地下王国后，斑纹蜂会先把尾部塞进自己的小巢，刷下花粉后再转过身，然后把头钻进小巢，把花蜜洒在花粉上。虽然斑纹蜂每次采回的花蜜和花粉都少得可怜，但是，积少成多，经过一次次的采运，小巢里就被这些食物填满了。

等食物储备得差不多了，斑纹蜂就会把食物搓成一粒粒豌豆大小的“小面包”，这些“小面包”外面是甜甜的花蜜，里面是没有什么味道的干花粉。这些“小面包”是斑纹蜂为它们的后代准备的：“小面包”外层的蜂蜜是早期的食物，里面的花粉则是小蜜蜂后期的食物。

食物加工完，斑纹蜂就开始产卵了。产完卵后，斑纹蜂并不像其他蜜蜂那样立即把小巢封起来。它还要继续去采蜜，并看护自己的卵。当自己的卵要作茧化蛹时，斑纹蜂才把所有的小巢用泥封好。如果不出意外，大约两个月后，小蜜蜂们就会破蛹而出，飞到花丛里玩耍了。

不过，意外还是有可能发生的。在斑纹蜂的巢周围，经常埋伏着

一些强盗。甚至连一些小得微不足道的蚊子，都会觊觎斑纹蜂的巢。这些蚊子看上去既凶恶又奸诈，它们整个身子还不到七毫米，小小的脸上长着红黑色的眼睛，还长着许多刚毛，长长的腿看起来非常纤细。

蚊子通常先在斑纹蜂的巢穴附近找一个比较隐蔽的地方，潜伏起来，密切观察着斑纹蜂的动静。等看到斑纹蜂带着采集的花蜜和花粉回来时，蚊子便会偷偷地紧跟在斑纹蜂的后面。

到了家门口，斑纹蜂会一个俯冲，钻进巢穴。蚊子便会在巢穴入口处停下来，纹丝不动地盯着里面。此时，斑纹蜂也发现了这个不怀好意的家伙，于是和它对视。它们似乎都很镇定，丝毫没有开战的意思。其实，只要斑纹蜂稍微动用一下武力，就会很容易地把这个企图破坏它巢穴的蚊子打败，无论用嘴咬，还是用刺扎，它都可以使这个入侵者遍体鳞伤。但是，敦厚的斑纹蜂并没有那么做，它似乎默许了蚊子埋伏在自家门口。这个可恶的小蚊子当然也知道斑纹蜂的厉害，但是它却没有表现出丝毫的恐惧，也没有半点想要离开的意思。

最后，斑纹蜂无暇顾及这个入侵者，把食物放好后就又飞走了。蚊子见斑纹蜂已飞远，便立即进入巢穴。因为这些小巢都还没有封好，所以蚊子可以在里面恣意妄为。它偷吃了一些花蜜和花粉后，便会从容地选择一个巢，在里面产下自己的卵。不等主人回来，蚊子便已经心满意足地逃走了。不过，它也不会走远，而是仍然藏匿在附近，以便寻找再次盗窃的机会。

几个星期过后，斑纹蜂的巢里已经是另一番景象了。花粉团被吃

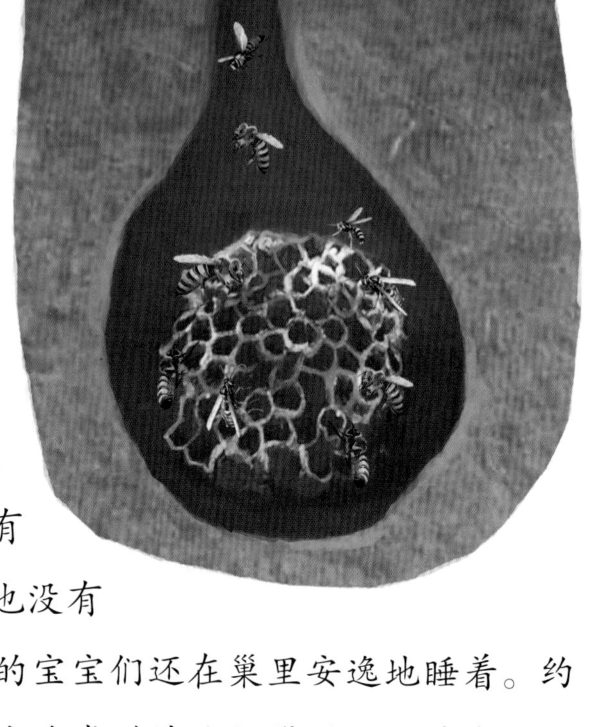

得一片狼藉，小巢里面蠕动着几条尖嘴的小虫，那并不是斑纹蜂的幼虫，而是那个“盗贼”蚊子的后代。在这些尖嘴小虫中间，有时也会有几只斑纹蜂的幼虫，但是这些可怜的小虫如今已经消瘦得几乎干瘪了。过不了几天，斑纹蜂的幼虫就会悲惨地死去，它们的尸体便会被蚊子的幼虫一口一口地吞食。

斑纹蜂母亲并没有意识到蜂巢里面发生了这样大的变化，它既没有把自己巢里的这群陌生幼虫杀掉，也没有把它们驱逐出去。它一直以为自己的宝宝们还在巢里安逸地睡着。约莫自己的孩子该作茧了，斑纹蜂便会非常谨慎地把巢封好。其实，这时蜂巢里已经空了，那些蚊子的幼虫也早已寻机飞走了。这个可怜的斑纹蜂母亲竟一无所知！

如果斑纹蜂的家没有遭到偷窃，即没有发生意外的话，这时将会有十几只小斑纹蜂诞生了。这些小蜂并不另外挖掘隧道以建造新家，而是继续生活在母亲挖的巢穴里。小蜂们共用那个公共的通道，通道的尽头是它们各自的家，每个家又有一些小房间，那些小房间是它们自己建造的。小蜂们各自忙碌着，互不打扰。它们在通道里很礼貌地互相让着路，进洞口时也会很有秩序地排着队，它们看上去总是忙而不乱。

如果仔细观察，还会发现一件很有趣的事情。当一只斑纹蜂采蜜回来，刚到家门口时，洞口处就会有一块活门降下来。当这只蜂进入洞口以后，那个活门又会升上去，把洞口堵上。当洞里面有斑纹蜂出来的时候，那个活门也会降下来，等那只蜂飞出来后，活门又升上来堵住洞口。那个活门究竟是什么东西呢？它为什么能上下动呢？

原来，那活门是一只斑纹蜂，它用自己的头顶住了洞口，当其他的斑纹蜂要进出洞口时，它便会使自己的身体下降，先让出一个通道，等别的蜂通过后，它再用头重新顶住洞口。可见，它就是斑纹蜂这个大家庭中的警卫，它的职责便是守住洞口，以免外敌入侵。这只斑纹蜂与其他斑纹蜂有所不同，它的头很扁，深黑色的衣服上有一条条的纹路，身上没有了绒毛，也没有了美丽的花纹。它是一只年迈的老斑纹蜂，也是那些正在忙碌工作的斑纹蜂的母亲。它现在虽然已经老了，可还是要用全力来保护这个家，成为一个尽职尽责的警卫。

一只蚂蚁嗅到了蜂巢里蜂蜜的香味，凑了过来，可是刚到洞口，就被那位警卫吓得打起了退堂鼓。幸亏蚂蚁跑得及时，要不那守门的老斑纹蜂就会毫不客气地攻击它。樵叶蜂也常常会打斑纹蜂的主意，因为它们不怎么会挖隧道，所以，总想去占据斑纹蜂的巢。可是，等樵叶蜂到了

斑纹蜂的巢穴洞口，它还没有立稳，便已经惊动了守门的老斑纹蜂。于是老斑纹蜂立即冲出洞来，在门口舞动几下，好像是在警告，这个洞已经有主人了。樵叶蜂只好离开，另外寻觅住处。如果守门的老斑纹蜂不飞出来的话，樵叶蜂也难以入洞，因为老斑纹蜂会用自己的头紧紧地顶住洞口的。

任何想非法进入斑纹蜂巢穴的家伙，都不会轻易得逞的，这都是因为有老斑纹蜂的严密守卫。

有时候守门的老斑纹蜂也会和另外一只老斑纹蜂发生争执。七月中旬，我们会看见年轻漂亮的斑纹蜂在花丛中忙碌地采着蜜。而一些失去了活力的老蜂，从一个洞口飞到另一个洞口，它们看上去像迷了路一样。

这可怜的老斑纹蜂其实就是那些被可恶的小蚊子蒙骗而失去家庭的斑纹蜂母亲。当老斑纹蜂发现从自己的巢里钻出来的是可恶的蚊子时，才弄清了真相。可这又有什么用呢，它已经是无家可归的老者了。它只好悲伤地离开自己的巢穴，到别的蜂巢里，希望在别人家能谋一个管家或者警卫的职务养老。可是，很不幸，那些幸福的家庭都已经有了一个看家的老斑纹蜂了，而且每个守门的老斑纹蜂对这个要来抢自己饭碗的孤蜂都充满了敌意。为了争夺这个职位，老孤蜂决定和守门的老蜂进行一场决斗。守门的老蜂毫不示弱，飞出来接受了老孤蜂的挑战。一场恶斗之后，往往是那流浪的老孤蜂身心疲惫，败下阵来。

朗格多克蝎子

有时候翻起石头，你会发现一只样子既强壮又极为恐怖的多足纲虫子。这种虫子的尾巴卷在脊背上，螯针的顶端挂着一滴毒液，双钳展开，伸出洞口。这可怕的虫子就是朗格多克蝎子。

毒针是蝎子的有力武器，但是蝎子在攻击和捕捉一般的小猎物时，并不轻易动用这一武器。在这些猎物面前，蝎子只需要使用它那有力的螯钳就可以把猎物送入嘴里。不过，要是那猎物想拼力挣扎，那么蝎子就会将尾巴卷向身体前面，然后用毒针轻轻蜇刺猎物，那可怜的猎物就会一动不动地任它宰割了。看来，毒针在蝎子进食时只不过是起辅助作用的。不过，当蝎子遇到强敌时，它的毒针就派上大用场了。为了看看蝎子的毒性有多大，我便打算给它找来一些强劲的昆虫对手，给它制造一些勇猛作战的机会。

于是，我捉来一只朗格多克蝎子，把它和一只狼蛛放在一个大口玻璃瓶里。它们都有毒针，最后谁会把谁吃掉呢？狼蛛虽然没有蝎子那样强壮，但是，却

十分敏捷，可以灵活地攻击和躲闪，所以，在开战之前，这场战争胜负难料。

两个对手刚刚相遇，狼蛛便立即半直起身，张开淌着毒液的毒钳，摆出一副不可一世的架势。那么朗格多克蝎子呢？它只是将两个螯钳伸出来，然后不慌不忙地靠近对手，用螯钳的两个趾的末端轻而易举地抓住了狼蛛，让它动弹不得。狼蛛拼命地挣扎，它的钩状螯肢不停地一开一合，可这一切只是徒劳，因为它已被蝎子长长的螯钳死死地抓住了，这样它与蝎子之间就有了一段距离，它已无法对蝎子构成任何威胁。

接着，蝎子从容地将尾巴翘起，把毒针刺入狼蛛的胸部。它并不是一下子刺穿对方的身体，而是不紧不慢地将尾巴一点点推进狼蛛的身体，同时还微微地抖动身体并转动它的毒针。毒针刺入狼蛛的身体以后，还要在那个伤口处停留一会儿，应该是为了让更多的毒液流入狼蛛的身体吧。受伤的狼蛛开始抽搐，很快便死去了。

接下来，那肥壮的狼蛛便成了朗格多克蝎子的美食。通常，朗格多克蝎子在其活动的区域很少有机会猎获这种肥美的猎物。所以，在如此肥美的食物前，蝎子即刻开始享用。它先吃掉猎物的头部，然后一点一点地蚕食其他部位，整整一天时间它都在享用这顿丰盛的宴席。

既然连强壮的狼蛛都不是蝎子的对手，那么那些柔弱的纺织姑娘——角蛛、彩带圆网蛛、圆网丝蛛……又如何抵挡得住蝎子呢？它们刚一见到蝎子便已经吓得六神无主了，竟把自己吐丝织网这一独门绝技都忘了。若是它们能及时吐出丝，或许还能把蝎子捆绑起来。但是，在敌人的威慑下，它们束手就擒了。接下来，蝎子又可以美餐一顿了。

然而对于居住在附近的螳螂来说，蝎子很少有机会去骚扰它们，只有在螳螂产卵的时候，蝎子才有可能去偷袭。这是因为蝎子虽然善于攀爬墙壁，但是在摇晃的树枝上，它的攀爬本领就无法施展了。

为了看到蝎子和螳螂决斗的场景，我决定人为地给它们制造一个机会。于是，我把朗格多克蝎子和螳螂放在一个罐子里，让这两位能够同场竞技。

蝎子和螳螂相遇了。蝎子首先发起进攻，为了节约毒液，它只是先拍打了一下对手。很快，螳螂被蝎子的螯钳夹住了，它努力张开带锯齿的前腿，并展开带纹饰的翅膀，摆开一副凶狠的姿势。可是，这不但没能使螳螂吓住对方，反而给对方的进攻提供了便利。蝎子的毒针趁机狠狠地刺向螳螂的两条带有锯齿的前腿，直到毒针刺入螳螂的身体。在伤口处停留了片刻之后，蝎子才把毒针拔了出来，这时针尖上还挂着一滴毒液。螳螂已经屈起了腿，全身抽搐起来。它的肚子不停地跳动，尾部也不停地颤抖，只有它那细长的触须、小小的嘴巴和带有锯齿的前腿一动不动。没过多久，螳螂就彻底一动不动了。

我认为，这次蝎子只是凭运气刺中了螳螂身上一个极其脆弱的部位，所以才使对手死得这么快。如果蝎子刺中的是螳螂的其他部位，那么结果又会怎样呢？于是，我把另一只毒囊里装满毒液的蝎子和一只肥胖的雌螳螂放在了一个罐子里，想看看它们之间会不会有更加激烈的搏斗场面。

开战了，肥胖的雌螳螂半立起身，转动着脑袋，还用双翅摩擦出声音。它先发制人，用带锯齿的前腿紧紧抓住了蝎子

的尾巴，使蝎子无法用它的独门武器。不过，渐渐地，螳螂有些力不从心了，再加上内心的恐惧，它显得疲惫了，于是松开了前腿。这时，蝎子便趁机将毒针刺进了螳螂的腹部，螳螂立刻瘫软下来。

后来，我又制造机会让几只螳螂和蝎子单打独斗。有一次，螳螂的一条锋利的前腿刚被刺伤，便立即瘫痪了，接着另一条腿也不能动弹了。随后，其他的腿也都蜷曲起来，肚子也开始抽搐。不久，这只螳螂就死掉了。还有一次，一只螳螂的一条腿的腿节和颈节之间的连接处被蝎子刺中了，螳螂前面的四条腿顿时蜷曲起来，翅膀痉挛着张开，好像还要摆出威慑对方的姿势。可是，它的前腿开始胡乱地动起来，触角、触须和肚子，甚至尾部的附属器官也都不停地抖动起来。就这样，受伤的螳螂垂死挣扎，一刻钟过后，便一动不动死去了。看来，无论蝎子刺中螳螂的哪个部位，螳螂最终都难逃死亡的结局。我们再找只蝼蛄来跟它较量较量吧。蝼蛄是一种专咬作物根系的虫子，所以是普罗旺斯的园丁们所痛恨的一种昆虫。要是把它放在手心里，它会用像鼹鼠一样带齿的前爪乱刨，使你的皮肤生疼。因为蝼蛄生活在土壤肥沃的花园里，而蝎子也多居住在贫瘠的岩石坡，所以它们平常是没有什么机会碰面的。

现在，它们在我的安排下对视着。不一会儿，蝎子便开始向蝼蛄进攻了。蝼蛄也并不示弱，它摩擦着翅膀，发出一种特别的声响，就像在演奏一曲战歌。蝎子当然没有耐心倾听蝼蛄那美妙的音乐，它使劲儿地甩起自己的尾巴，攻向蝼蛄。蝼蛄的胸部有一副拱形的坚固铠甲，可用于保护脊背。但

是，在这副坚不可摧的甲胄后面有一个展开了的褶皱，那上面有一层光滑的皮肤。蝎子瞅准了，即刻把毒针刺向那里。蝼蛄便像遭了雷击一般猝然倒地。蝼蛄倒地之后还蹬了几下腿，前腿已经瘫痪了；触须缩成一团，分开，又合在一起；触角轻轻地抖动着；肚子猛烈地抽搐。两个小时过后，这只粗俗的害虫和狼蛛、螳螂一样悲惨地死去了，只不过它挣扎的时间要长一些。

现在，蝗虫家族中最有活力的灰蝗该上场了。它和蝎子共处一室，蝎子好像有点儿害怕靠近这个好动的家伙，灰蝗似乎也很厌战，想要离开。它不停地跳跃着，可它一跳起来就被玻璃罩挡了回去，有时竟落在蝎子的背上。蝎子躲闪着，不想碰到这个“怪物”。最后，蝎子实在忍无可忍了，便狠狠地朝落下来的灰蝗的肚皮刺了一针。灰蝗的身体立即剧烈抖动起来，它的一条后腿即刻掉了下来，另一条腿也瘫痪了。它停止了蹦跳，前面的四条腿也不停地抽动着。这种痉挛持续了很长时间，并且不断加重，不过，蝗虫还是挣扎到第二天才死去。

接着，蝗虫家族的另一个成员长腿蚱蜢也前来挑战。它长着圆锥形的脑袋，看起来很不好对付，但是最后也落得和灰蝗一样的下场，挣扎了几个小时以后也死了。之后，葡萄园里的螽斯登场了。它也被蝎子刺到了，立即发出痛苦的叫声。不过，它还是硬撑着。两天过后，它想挪动那已经不听使唤的腿。我用葡萄汁喂了它，它喝下以后身体有些好转。不过，命运还是未能改变，这只螽斯在受伤后的第七天便死了。

从这些死去的昆虫看，它们只要被蝎子刺到，都未能免死，即使它们中有的非常强壮。它们中有些被蝎子刺中后在短时间内就死去了，但大多数都经历了长时间的挣扎。后来，大蜻蜓和蝉也加入了实验，但结果一样，它们在被刺中后也都没能逃脱死亡的厄运。

鞘翅目昆虫都装备着角质装甲，只有胸甲间有狭窄的接缝。如果它们遭遇蝎子，结果会如何呢？蝎子通常随意出击，几乎找不到鞘翅目昆虫的软肋，而且也很难刺穿它们的装甲。蝎子能一刺即中的部位只有一个，那就是鞘翅目昆虫有鞘翅保护的柔软的上腹。于是，我用工具把它们的鞘翅和翅膀掀去，使它们的上腹裸露出来，然后把它们放在蝎子面前。结果，它们全都在蝎子的毒针下丧了命。

那么，当蝴蝶遇到蝎子，会是什么样子呢？一只金凤蝶和一只海军蛱蝶被蝎子的毒针刺伤后立即死去了。大戟天蛾和条纹天蛾没有挣扎多久也猝死了。不过，大孔雀蝶却出乎我的意料。蝎子在大孔雀蝶布满柔软绒毛的身上刺了几下，也不知道是否真的刺进了它的体内。于是，我把大孔雀蝶肚皮上的绒毛拔光，使它的皮肤裸露出来。这回我清楚地看到蝎子的毒针刺进了大孔雀蝶的皮肤，但是大孔雀蝶依旧安然无恙。随后，我把这只被刺的大孔雀蝶放入一个金属纱罩，它就紧紧地抓住纱罩，在那里一动不动地待了一整天。它的翅膀大大张开，身体也没有抖动。第二天情况仍是这样。它的爪钩住网纱，一直吊在网罩上。我将它从网罩上拉了下来，并让它仰卧在桌子上，它的身体开始痉挛起来，是不是要死了呢？然而，这个生命垂危的大孔雀蝶又起死回生般地站了起来，它又回到了网罩上，重新吊在那里。下午时，我又一次将它从网罩上拉下来，仍然让它仰卧，它的翅膀轻轻地抖动了一下，立即又顺势爬起来，爬到网罩上。唉！还是让这个可怜的昆虫安宁片刻吧。直到大孔雀蝶被刺的第四天，它才从网罩上掉了下来，产下了卵。这只雌蝶战胜临终前的痛苦，竟是为了要在临死前产下卵。

与大孔雀蝶比起来，蚕蛾可算是个小个子，但它抵抗毒液的能力丝毫不亚于大孔雀蝶。大孔雀蝶和蚕蛾是不完整的昆虫，它们与其他蝴蝶，特别是那些采集花粉的蝴蝶不同，它们没有口器，不吃任何食物。所以，它们只能活短短的几天，这仅有的几天时间就只是用来产卵繁殖。它们的寿命如此短，所以，机体并不敏感，也就不容易受到伤害了。

在节肢动物家族中，千足虫对蝎子来说并不陌生。在园子里，我们经常可以看到蝎子们以千足虫和石蜈蚣为食，蝎子的强悍无可非议。不过，现在我要让蝎子和多足纲里最厉害的角色蜈蚣会一会。

我把蜈蚣和蝎子放在一个装了沙子的广口瓶中。蜈蚣把身体紧靠在大瓶的边缘，它那弯曲的身体就像一条波浪形的带子。它晃动着长触角在空中探测着，突然碰到了那只一动不动的蝎子，蜈蚣竟吓得后退起来，但它绕了一圈又回到了蝎子身边。当再一次碰触到蝎子后，它又快速地逃走了。这时，被惊动了的蝎子

摆开架势，它把尾巴弯起，张开螯钳。又绕回来的蜈蚣在惊慌中落入了蝎子的螯钳中，它的头颈被蝎子夹住了。蜈蚣扭动着柔软而细长的身体，蝎子夹得越来越紧。最后，蝎子动用了毒针，在蜈蚣的侧面刺了三四下。蜈蚣的毒钳也张得大大的，企图去反击蝎子，但是它没有成功。蜈蚣的身体后部在挣扎，拼命地扭动，但是它始终无法挣脱。这两个虫子之间的争斗空前激烈。

在它们斗争的间隙，我忙把它们隔离开来。蜈蚣舔了舔流血的伤口，几个小时以后，它竟恢复了活力。第二天，我又把它们放在一起。它们开始了新一轮的战斗，蜈蚣又被刺中了几下，血流了出来。这时蝎子往后撤退了，好像是怕蜈蚣对它实施强有力的报复。不过，那受了伤的蜈蚣并没有打击报复，它沿着圆形的大玻璃瓶逃走了。后来，我就没有继续看下去，也不知道它们之间又发生了什么，或许又战斗过吧。第三天，蜈蚣变得很衰弱了。第四天，蜈蚣快要死了，蝎子只是安静地盯着它。最后，蜈蚣还是死了，并被蝎子肢解了。

螳螂、蝼蛄、蜈蚣……上面提到的这些虫子，被蝎子刺伤以后，死亡的时间并不相同，有的立即死亡，有的还要挺上好几天，为什么会有如此的差别呢？大概是因为它们的身体结构不同吧。相同等级的昆虫的存活期都是平衡而稳定的。越是高级的昆虫死亡得越快，低级的昆虫还能拖延一段时间，而粗俗的千足虫却能维持很长一段时间。这个推断正确吗？现在我还不知道蝎子尾部毒囊中隐藏的秘密，所以，尚不敢断定。

寻找枯露菌的甲虫

枯露菌是一种生长在地底下的蘑菇。有一种甲虫非常善于寻找这种小蘑菇，并啃噬它们。这种小甲虫十分美丽，它的身躯又粗又小，肚皮上长着一小片绒毛。此外，这种雄甲虫的头上还长有一个美丽而威武的角。

我们一家人都喜欢到一个长满蘑菇的松林里游玩。在那里，我发现了这种甲虫。那个松树林非常美丽，尤其是在秋高气爽的日子，在那里会大有收获。那片松林非常热闹：松林里的老树上有喜鹊的巢；饶舌的小鸟儿们在欢快地歌唱；兔子们翘着短尾巴，互相追逐、嬉戏；林间的小河缓缓流淌。中午，我们就在这片松林中野餐，一边吃着东西，一边聆听着微风吹过枝头而奏出的美妙音乐。

孩子们把这里当成乐园，尽情地享受着这里的一切。而我则把精力集中到那些会寻找蘑菇的甲虫身上。那些甲虫的洞到处可见，而且洞口是敞着的，在洞口边还堆着一小圈疏松的泥土。我试图用小刀把它们从洞里挖出来，可是连挖了好几个洞后，我才发现这些洞都是空的。原来，甲虫们已经搬家了。显然，它们是在这里完成了一些工作后，便迁居到别处了。看起来，这些洞穴建得比较简单，所以，甲虫可以随时离开。我也挖了一些居住着甲虫的洞，但是里面通常只有一只甲虫。可见，它们的洞并不是供家庭使用的，而是那些独身甲虫的居所。有些洞里的甲虫正抱着一块小蘑菇啃，显然它已经吃完了一部分，现在很累了。不过，它还是紧紧地抱着蘑菇，生怕被人抢了。这种蘑菇可是它的宝贝，从它周围许多吃剩的碎片也可以看出，这只甲虫已经美美地吃过一顿了。

我把甲虫抱着的一小块蘑菇捏起来仔细察看后发现，它跟枯露菌很像，应该是一种很小的地下菌。从这一点来看，我们就应该明白这种甲虫为什么要经常换居所了。小甲虫喜欢在静静的黄昏，从旧居中爬出来，悠闲自在地一路低吟，一路探寻。它仔细地检查着土地，探究地下所埋的东西。它凭着灵敏的嗅觉可以知道哪个地方会埋着自己爱吃的那种菌。一旦它判定某一处地下有菌类，便会一直往下挖，总能找到那种菌。等洞里的菌吃光了，甲虫就该搬家了。从当年的秋季到第二年的春季，这种甲虫就这样在不断的探寻和搬迁中过日子，虽然有些辛苦，但是这段时间是菌类生长的季节，所以甲虫们心甘情愿。

最让人感到奇怪的是，这种甲虫是怎样在地上探寻到地下生长的菌的呢？这种菌并没有什么特殊的气味，甲虫真的是依靠嗅觉吗？也许这种聪明的甲虫有自己独特的办法，我们人类至今也无法知晓其中的奥秘。

金步甲

金步甲是消灭毛虫的能手，所以被人们称为“园丁”，这是对它的褒奖。但是我要向大家介绍的却是金步甲残忍的一面：金步甲能吞吃一切它所能战胜的猎物，甚至会吞食自己的同类。听起来是不是很可怕？

春天来了，我到离家不远的荒野里捉了二十多只金步甲，把它们都放在一个装有少量土的大玻璃瓶里。

有一天，我在一棵梧桐树下又遇到一只金步甲，便小心翼翼地把它捏了起来，仔细一看，才发现它的鞘翅末端已折断。这个小甲虫为什么会受伤呢？也许是刚刚跟同伴打了一架吧。幸运的是，它伤得并不重。我把它也放进了那个大玻璃瓶里，让它和那二十多只金步甲居住在一起。

接着，我又往瓶子里放了一些蜗牛、蚯蚓和毛虫之类的小虫，因为这些都是金步甲喜欢吃的。我想，如果那些健全的金步甲吃饱了，或许就不会再欺负这只受伤的伙伴了。可是，当我第二天再来看望它们的时候，那只受伤的金步甲已经死了。它的腹部已被掏空，只剩下

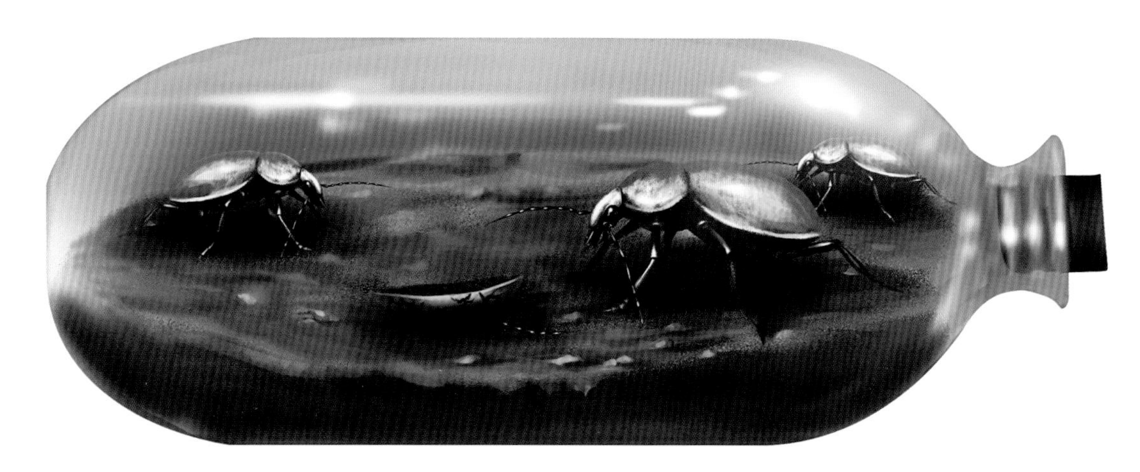

一个空壳，但是它的腿、头和胸却毫无损伤。我惊讶的同时，还产生了很多疑问：为什么这些并不饥饿的金步甲，仍然要把自己受伤的伙伴吃掉呢？如果这只金步甲并没有受伤，它的同伴会不会与它和睦相处呢？

通过观察，我发现瓶子里的那些金步甲在一起生活得还算和睦，几乎不曾打斗过。它们吃饱了就把自己的半个身子埋在土里，彼此挨得很近，待在各自的土窝里打着盹儿。我打开瓶口的盖子时，那些小家伙们立刻被惊醒了，它们离开土窝，四处奔逃。不过，当它们互相碰撞时，却并不发生冲突，似乎彼此间和睦的关系已经很稳固了。那么，它们这种和睦的关系会不会永远维持下去呢？答案是否定的。

就在六月初的一天，我发现瓶里的一只金步甲死了。它跟最开始死掉的那只金步甲一样，肢体都没有脱落，只是腹部被掏空了。从诸多情形来看，它在生前没有受过伤。几天过后，又有一只金步甲遭到了同样的厄运。它腹部朝下待在沙子堆上，看上去完好无损，就好像是吃饱了在休息一样。可我翻过它的身体时才发现，它已经是一个空壳了。没过多久，又有一只金步甲也以同样的方式被杀了。

就这样，瓶里的金步甲一只只地死去，我对此充满了疑虑。这些金步甲是怎样吃掉自己同伴的呢？它们为什么要吃掉自己的同伴呢？为了弄清楚事情的真相，我开始更加密切地观察那些金步甲的活动。功夫不负有心人，终于有两次，我看到了金步甲对它的同伴实施暴力。

第一次，我看到一只雌虫在摆弄一只雄虫（雄虫的体形要比雌虫小一些，所以很容易辨认出来）。雌虫进攻雄虫时，先撩起雄虫的鞘翅，然后从背后咬住雄虫的腹部末端。此时的雄虫并不虚弱，可是它却没有进行激烈的反抗，只是试图把身体从雌虫嘴部的小钩上挣脱出来。看起来，雌虫和雄虫像是在进行一场拔河比赛，雄虫一会儿前移，一会儿后退。十几分钟过后，那只雄虫突然挣脱开，急急忙忙地逃走了。如果它最后没有挣脱开，大概早已经成为另一个牺牲者。

第二次，我又看到了与上一次非常相像的场景。这次仍然是一只雌虫从雄虫的后面展开进攻，雄虫也拼命地想逃脱，可是任它怎样努力，都没有成功。最后，雌虫在雄虫的腹部豁开了一个大口，然后把头钻进去，啃食它硬壳底下的软组织。那只雄虫浑身不停地颤抖。但雌金步甲没有丝毫的怜悯之情，它把头深入雄金步甲胸腔中狭窄的地方，把里面的肉质打扫干净。最后，那只雄金步甲死了，只剩下一对抱合在一起的鞘翅，还有被掏空的前半个身子。这些遗骸被静静地丢弃在一旁。

接下来的日子里，我经常看到那个大瓶子里有新的雄金步甲的遗骸，最后瓶子里只剩下五只雌虫了，而且那些被吃掉的金步甲全部都是雄金步甲。根据这段时间的观察结果，我能肯定：那些雄金步甲都死于这五只雌金步甲之手，它们先被残忍地剖腹，然后被掏空。每当

雌金步甲发动攻势时，雄金步甲总是不采取任何反击，只是消极地躲闪。其实，如果雄金步甲拼力反抗，是很可能战胜雌金步甲的，也不至于落得个被剖腹的下场。

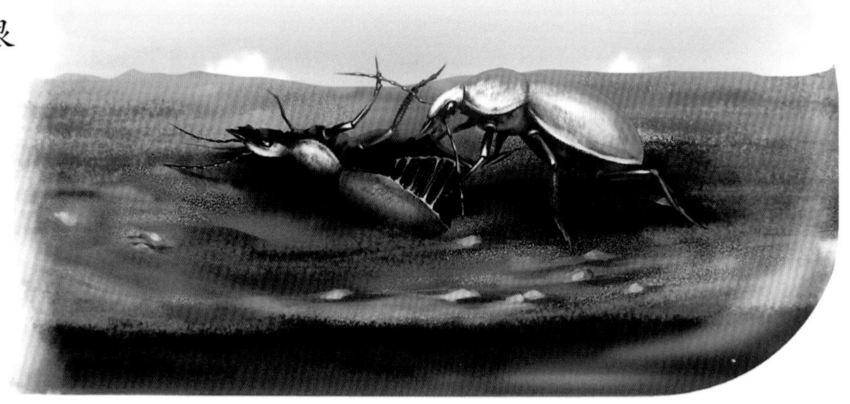

那么，为什么雄金步甲对前来咬食它的雌金步甲如此宽容呢？这种宽容不禁让我想起了那些甘愿被雌螳螂吞吃的雄螳螂，还有那些在婚姻终结时无怨无悔地把自己的身体献给伴侣的雄朗格多克蝎子。在飞蝗类的昆虫中，也存在雌虫吞食雄虫的例子，但是，它们显得温和得多。因为，它们通常是等自己的伴侣死后才去吞食的，而并不是在对方还活着的时候，就硬生生地吃掉。

金步甲喜欢吃害虫，因此被称赞为保护菜园、花圃的乡野卫士。那么金步甲都会吃哪些害虫呢？它们又是如何来享用那些美食的呢？我在大玻璃瓶里养的那二十多只金步甲曾为我研究这些问题提供了莫大的帮助。这些金步甲待在大玻璃瓶里，阳光把它们的身子照得暖暖的，它们把肚子埋在沙土里，不停地磨蹭着，就好像是在摩拳擦掌，准备要大吃一顿一样。我也很乐意在给它们的食物上不停地变换花样，以得知它们爱吃哪些东西。

我一开始给那些金步甲吃的是松毛虫。当我把松毛虫放进瓶子里时，那些原本在瓶底打盹儿的金步甲们，好像嗅到了美味猎物的气味，立即清醒过来。有一只金步甲首先向松毛虫冲了过来，接着又有两三只金步甲紧随其后，后来所有的金步甲都活跃起来，有的甚至从沙土里猛地就钻了出来。这支浩浩荡荡的金步甲队伍，向着柔弱的松毛虫展开了进攻。柔弱的松毛虫哪里抵挡得住这些恶魔们的攻击，眨眼间

就被金步甲们撕成了碎块。金步甲们有的咬住松毛虫的头，有的咬住背，有的咬开肚子……松毛虫体内鲜绿的汁液流淌了出来。松毛虫奋力地挣扎着，可是它已无路可逃。有少数比较聪明的松毛虫钻进沙土里，暂时保住了性命，可它一旦想要钻出来透透气，却又难逃厄运，仍会被金步甲们置于死地。金步甲们撕扯着松毛虫，拽下一块肉，便马上跑到一旁，避开其他的同伴，独自去享用。一块肉吃完了，它又会马上回去再撕一块。正当它再次叼着一大块肉想溜到一旁慢慢吃的时候，不巧正碰上几个回去取食的同伴，它们毫不客气地去咬那块肉，拉拉扯扯地争抢着。抢食者与被抢者各不相让，最后那块肉又被撕成几小块，几只金步甲便各自吞吃起来。几分钟的时间，松毛虫就被消灭殆尽，战场上只剩下了更加威武的金步甲和松毛虫的碎渣。

毛虫中有像松毛虫那样身上不长刺的，也有全身长着刺的，比如刺毛虫。金步甲对松毛虫有着如此强烈的食欲，它们对刺毛虫的反应又如何呢？刺毛虫全身的毛刺很密，那些毛刺是黑红色的，看起来非常坚硬。我把刺毛虫放进了那个大玻璃瓶内。最初，金步甲和刺毛虫相安无事，金步甲对那些满身带刺的家伙并不感兴趣。过了几天，有几只金步甲试着去打探这些“新朋友”的

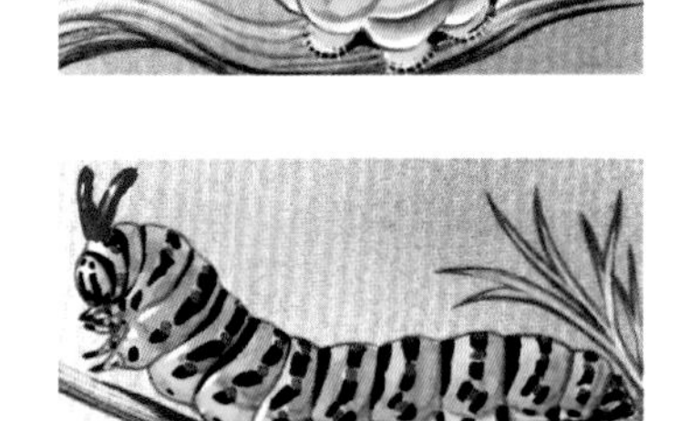

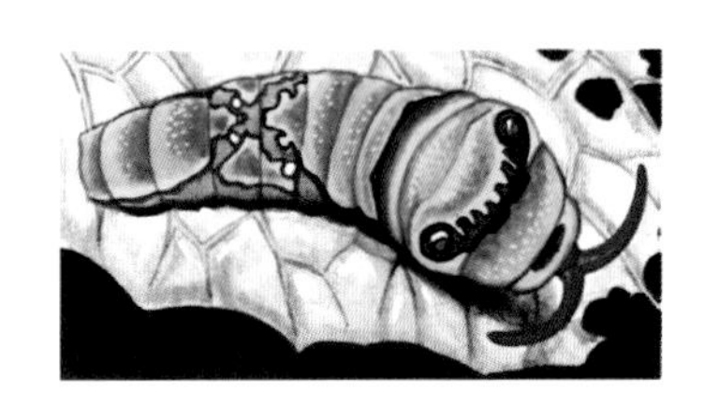

底细，看看它们的毛刺到底有多坚硬。它们围绕着刺毛虫转了几圈，慢慢地靠近，但是，刺毛虫一旦用它们那又厚又长的毛刺抵挡这种进攻时，金步甲就不得不退了回去。

自从把刺毛虫放进大玻璃瓶里，我就再也没有给金步甲们放入任何其他的食物。金步甲们好几天都没有进食了，应该已经饿得发慌了。这时，金步甲们只能再次壮起胆子，向那些刺毛虫发起攻击。先有四只金步甲把一只刺毛虫围了起来，刺毛虫不知道应该先去抵挡哪一只金步甲。就在它还犹豫不决的时候，金步甲们已经开始互相配合着分别从它的前面和后面发起了联合攻击。最后刺毛虫还是被制服了，那些长刺最终没有保住它的性命。

金步甲喜欢吃各类毛虫，只要那毛虫的体形不是太大，也不是太小就好。因为如果毛虫太大，金步甲会难以对付，太小的它们又不屑于去猎食。另外，像那些不喜欢在地上爬行，而是愿意待在高处的粉蝶毛虫，金步甲也总是望尘莫及的。因为金步甲既不善于爬高，也不怎么喜欢攀缘。

鼻涕虫是一种常常出没于夜间，喜欢偷吃嫩菜叶的毛虫，这种被人们讨厌的害虫也是金步甲们喜欢吃的。尤其是那种长得肥肥胖胖的灰色鼻涕虫，要是碰到三四只金步甲，便会很快被它们大卸八块并吞吃掉。

看来，金步甲确实是捕食毛虫的能手，这一点无可辩驳。除了毛虫，金步甲还有没有其他钟爱的美食呢？于是，我接着拿其他的昆虫做实

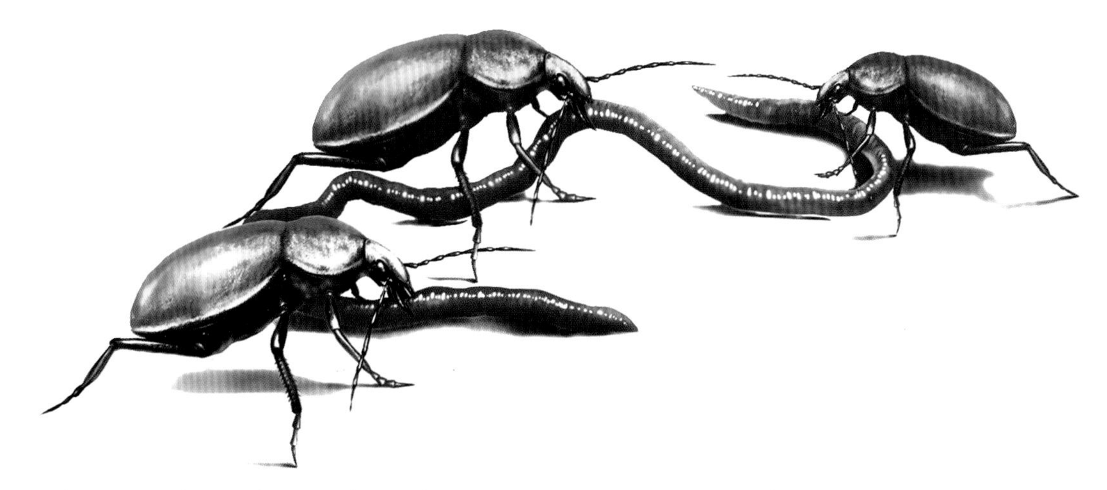

验。我又捉来几条蚯蚓放进了玻璃瓶里面，金步甲们一见到猎物便围堵了过来。粗壮的蚯蚓不停地扭动着身体，试图用这种办法甩掉那些正要发动进攻的金步甲，可事实上这些都是徒劳的。在金步甲们的轮番攻击下，蚯蚓身体上的那层坚硬的皮还是被撕裂了，身体也被扯成了几段。此时，所有的金步甲都围了上来，一起享用着胜利的果实。

金步甲也吃鞘翅目昆虫，只是在猎食的时候要费些劲，而且还要等待有利时机。我在大玻璃瓶里放了些金匠花金龟。十几天过去了，金步甲们也没有对它们采取任何行动。后来，我把金匠花金龟的鞘翅和翅膀都摘除了，再放回大玻璃瓶里，结果金步甲们即刻便将它们剖腹吞吃了。

难道真的是那坚硬的鞘翅使得金步甲对这类昆虫无从下口吗？我又把完好无损的大黑叶甲虫放入玻璃瓶中，金步甲们同样没有任何反应，当我摘掉大黑叶甲虫的鞘翅后，果然不出所料，金步甲们又把大黑叶甲虫剖腹，然后吃了个干干净净。

我们再来看一看金步甲们又是如何猎食蜗牛的。我把两只蜗牛放入大玻璃瓶底的细沙里，并让它们的口朝上。有几只饥饿的金步甲试探着凑了过去，有的还尝试着轻轻地去咬那蜗牛，可这时蜗牛竟吐出泡沫来进行自卫，金步甲被迫喝了两口这种怪味道的泡沫，便再也没有什么胃口，只好离开了。看来这种泡沫真的起了作用，让蜗牛暂时保住了性命。不知道金步甲们会不会再次打蜗牛的主意呢？整整一天的时间，金步甲们再也没有去触犯那两只蜗牛。于是，我把蜗牛的外壳剥掉一小块，露出了它的肺部，把它们变成了没有完整甲壳保护的残疾者。然后，我再把它们重新放回玻璃瓶，发现猎物的金步甲们立刻对它们发起了进攻。一会儿工夫，五六只金步甲便把两只蜗牛抢食一空。

我又捉来一只完好的蜗牛，用凉水来刺激它，让它的头从壳里探出来。奇怪的是金步甲们并没有像我想象的那样扑过来猎食，这只蜗牛跟那些金步甲相处了一个下午和一个晚上，竟一点儿危险都没有。从种种实验的结果来看，金步甲并不会攻击完好的蜗牛，只是吃一些伤残者。

后来，我发现金步甲除不吃鱼外，其他什么肉都吃，甚至吃鼹鼠肉，它们还真是不挑食啊！金步甲每每饱餐之后，都会再去喝点水，吃饱喝足之后，它们就会蹲在窝里休息，准备下一次的猎食。

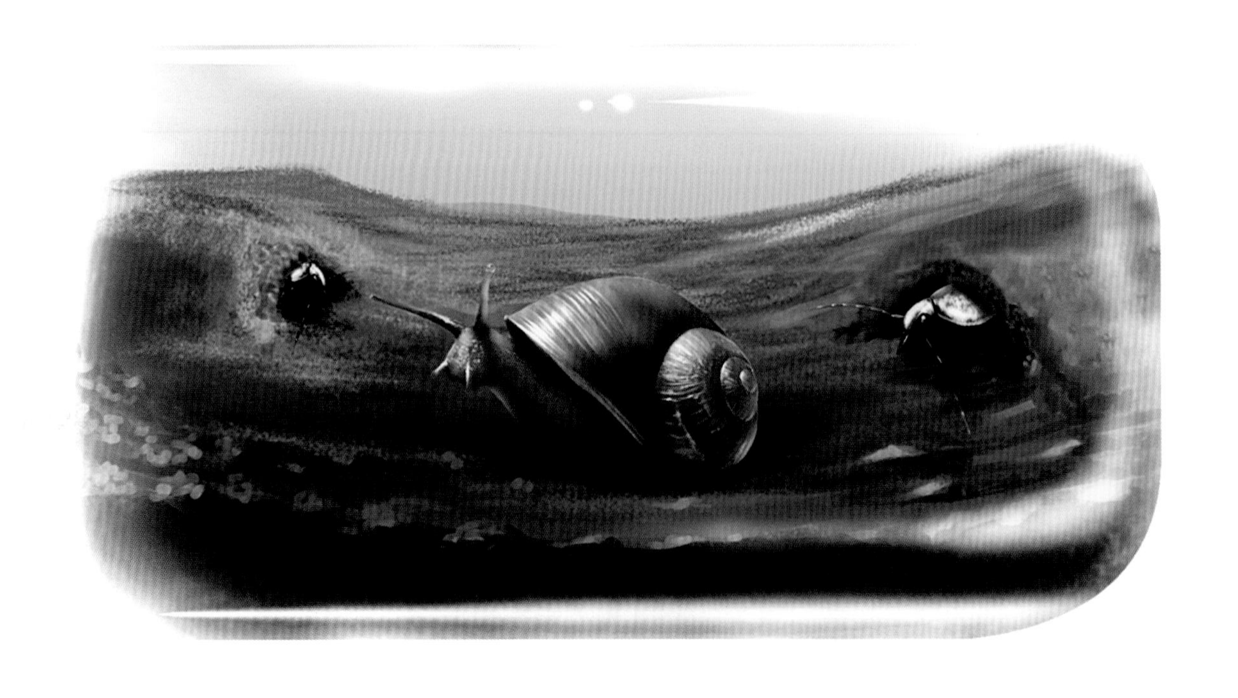

童年的回忆

在童年时代，我几乎时时刻刻和昆虫待在一起。我很喜欢把鳃角金龟和金匠花金龟放到一个扎了孔的盒子里，然后把这个盒子放到山楂树上，靠着山楂树的营养来喂养它们。我又对鸟巢、鸟蛋和那些张着黄色小嘴的雏鸟有着强烈的渴望。另外，五彩缤纷的蘑菇也使我无法移开视线。

当纯真的小男孩第一次穿上吊带裤，对看不太懂的书本产生迷恋时，那种兴奋感就像我第一次发现鸟窝和采到蘑菇的时候一样。下面我就来讲讲这其中发生的几件比较重大的事情吧，人的年纪一大就喜欢回忆过去。

我的好奇心开始摆脱曾经的迷茫状态，慢慢地苏醒过来，那是多么幸福而美好的时光啊！

这天阳光明媚，一窝正在午休的小鹑被一个陌生的路人吓得四散奔逃，它们很快就消失在荆棘丛中了。等一切重归平静后，在母亲的呼唤下，所有的小鹑又全都跑了回来，躲在了母亲的羽翼之下。

这个场景唤起了我对童年时代的回忆。往事有时就像这窝小鹑，它们总是不可避免地被生活中的荆棘粘掉羽毛。这其中也有不少被灌木丛碰疼了头的小家伙，它们连路都走不稳了。还有一些小鹑被闷死在荆棘丛的角落里，再也没有回来。当然，还是有一些小鹑没受到什么伤害，安然无恙地回到了母亲的怀抱。

然而，在岁月的利爪下，那些最富生气的记忆往往是那些最早发生的事情，因为它们已经在童年的记忆中留下了深深的痕迹，就像雕刻在青石板上一样。

我还记得那一天，我幸运地得到了一个苹果作为甜点，而且还拥有了十分难得的自由活动的时间。于是，我决定到我还没有去过的一个地方——一座小山上去看看。

那座小山的山坡上种着一排树，在大风的吹袭下，它们不停地摇摆着身体，好像随时都有可能被连根拔起。

透过我家的小窗户，我无数次看到这排树在暴风雨中绝望地摇摆。我弄不明白，它们为什么非要待在那里苦苦地受折磨呢？我一边欣赏它们的冷静与执着，一边又为它们的惊恐不安而感到难过。它们就好像我的好朋友，我总能看到它们。

每天清晨，太阳都会穿透黑暗来到我们的身边，给我们带来光芒。那太阳是从哪里来的呢？

我想，也许等我爬到山顶就能得到答

案了。于是，我努力地向上爬着。

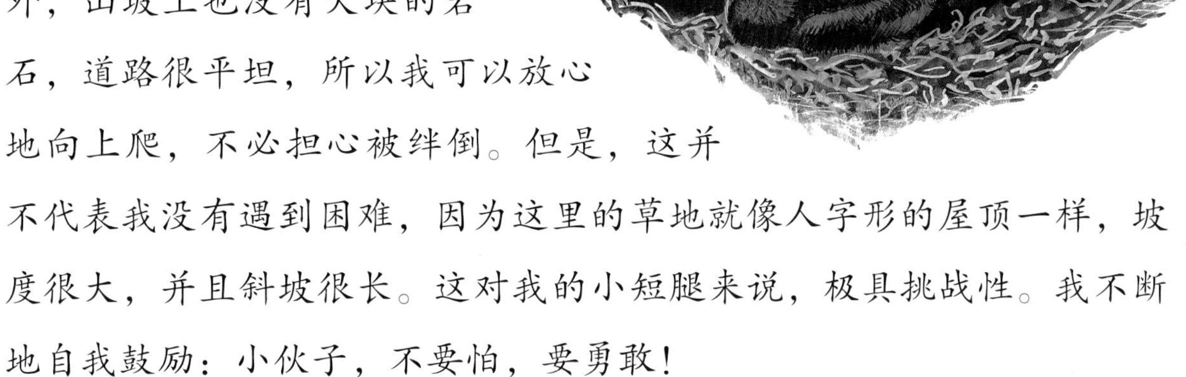

我很庆幸，我所踩到的都是被羊群啃过的稀稀落落的草地，没有一簇荆棘。也正因如此，我的衣服非常幸运地躲过了被刮破的命运。另外，山坡上也没有大块的岩石，道路很平坦，所以我可以放心地向上爬，不必担心被绊倒。但是，这并不代表我没有遇到困难，因为这里的草地就像人字形的屋顶一样，坡度很大，并且斜坡很长。这对我的小短腿来说，极具挑战性。我不断地自我鼓励：小伙子，不要怕，要勇敢！

咦？好像有什么东西从我的脚边掠过。哦，原来是一只藏在石板下的美丽的鸟儿！我的脚步惊动了它，它急匆匆地飞走了。

幸运的事就这样发生了，我发现了一个用羽毛和细草搭成的鸟窝，这可是我第一次见到鸟窝，也是第一次感受到鸟儿带给我的快乐。鸟窝里一共有六枚鸟蛋，它们紧紧地挨在一起。蛋壳是蓝色的，非常漂亮，就好像在染料里浸泡过。一时间，我完全沉醉于这美丽的事物之中。于是，我停下了前进的脚步，趴在地上仔细地观察起来。

这时，那只飞走的雌鸟又飞了回来，嘴里还不断地发出焦急的叫声。它惊慌地从一块石头上飞到另一块石头上。

那个时候的我还不知道什么是同情，完全理解不了一个母亲焦急的心情，脑子里想的全部都是怎样抓小动物。我想到，两周之后鸟蛋们就会变成小鸟了，所以，我要在它们变成小鸟之前把它们抓住。当然，这一次我没有空手而归，我拿到了一枚鸟蛋，以证明我伟大的发现。我怕鸟蛋会被打破，所以就采了一些苔藓，然后把鸟蛋放在苔藓上面，小心翼翼地握着。

就让那些在童年里没有真正地体会过第一次找到鸟窝时的那种狂喜感觉的人，尽情地指责我吧。

为了防止鸟蛋被我不小心摔破，我决定不再向上爬了，等改天再到山顶上去看太阳是从哪里出来的吧。于是，我非常小心地开始下山。等到了山脚下，我碰到了一位牧师。他看到我小心翼翼的样子，仿佛是在搬运一件无比神圣的东西，最后，他的目光落到了我的手上，并问我："我亲爱的孩子，你手里拿的是什么？"

我非常忐忑地张开手，那枚躺在苔藓里的鸟蛋就暴露了出来。

"呀，是'岩生'！"牧师吃惊地说，"你从哪里找到的？"

"我是在山上的一块石板下找到的！"我诚实地回答道。

在牧师的不断询问下，我羞愧地承认了自己的小错误，告诉他，我是在无意间发现那个鸟窝的，并不是专门冲着它去的。而且，鸟窝里一共有六枚鸟蛋，我只拿了这一枚。我准备等小鸟们都孵出来以后，再去掏鸟窝。

"哦，孩子，你不可以这样做！"牧师说，"从一个母亲的身边夺走它的孩子是不对的，你应该去呵护那个脆弱无辜的小家庭，让小鸟们健康快

乐地长大。等它们长大了，会飞到我们的田野中去，帮助庄稼除害虫。如果你是个好孩子，以后就不要再去碰那个鸟窝了。”

我答应了牧师的要求，他满意地继续散步去了。

也正是这一次，我懵懂的意识里种下了一颗美好的种子。

牧师的一番话，让我意识到掏鸟窝是一种非常不好的行为。尽管我还不清楚鸟儿是怎样帮助庄稼消灭害虫的，但是，我已经依稀地知道了让母亲伤心是不对的。

另外，牧师的话还使我产生了一个疑问：他在刚见到我时，为什么管我手里的鸟蛋叫“岩生”呢？直到几年后我才知道了答案，原来，“岩生”是一个拉丁语词汇，意思是“生活在岩石中”。我记得，当我趴着观察鸟蛋时，那只雌鸟的确是从一块岩石飞向了另一块岩石，而那个鸟窝也确实是搭在一块岩石底下的。

我在一本书中进一步了解到这种鸟叫作土坷垃鸟，它们喜欢生活在岩石下面。在耕种的季节，它们总是从一块泥土飞到另一块泥土上，搜索着隐藏在土地中的虫子。后来，我又了解到这种鸟在普罗旺斯语中被称为白尾鸟。多么形象的一个名字啊！一听就让人想到它们在田野间展翅飞翔时露出的白蝴蝶似的尾巴，简直美极了。

牧师不经意间说出的一个词，却为我打开了一道通往一个世界的大门——一个拥有自己真实名称的草木和动物的世界的大门。不过，我现在还是不说整理这些浩瀚如烟海的词汇的事，暂时只回忆一下“岩生”这个词就好了。

在我们村庄周围的山坡上有许多果园，那里的苹果和李子都成熟了，远远望去就像是一片鲜果瀑布。一道道矮墙把层层梯田围了起来，矮墙上长满了密密麻麻的苔藓。

在斜坡下，有一条小溪，人们一步就能跨过去。偶尔有一两处水

面较宽不能一步跨越的地方，水面也总会露出一些平坦的石头来，让人们踩着过去。在这条小溪上，母亲们永远不必担心孩子会跌落到深水旋涡中，因为这里最深的地方也没有没过膝盖。

啊，我亲爱的小溪，你是多么的清新，多么的清澈，多么的安详！虽然我后来也见过很多壮观的河流，也见过那一眼望不到边的大海，但是，在我的记忆里，它们都不能够和你相比，因为你是第一个在我的脑海中留下深刻印记的神圣诗篇。

一位非常聪明的磨坊主打起了这条流经牧场的小溪的主意。他在半山坡上挖了一道沟，这样，小溪的水就有一部分流到了一个蓄水池里，从而推动磨盘工作。由于这个蓄水池旁经常会有人经过，所以，磨坊主就在那里建了一堵围墙，把蓄水池围了起来。

一天，我出于好奇，骑在小伙伴的肩膀上，从那堵脏兮兮的长满草的围墙高处向里看，一眼望去，我看到了一潭深不见底的死水，水面上漂浮着黏糊糊的苔藓类植物。在那苔藓植物的缝隙里，我看到一种黄色的蜥蜴在自由地游动着。

后来我才知道，那不是蜥蜴，而是蝾螈。在我的童年记忆中，它就像眼镜蛇和龙的孩子，也就是那些我常常在故事里听到的吓人的怪物。所以，一看到它们，我就吓坏了，赶紧从小伙伴的肩膀上爬了下来。

沿着这个蓄水池继续往下走，水又汇合成了河流。两岸的胡杨和白蜡树都弯着腰，树叶交织在一

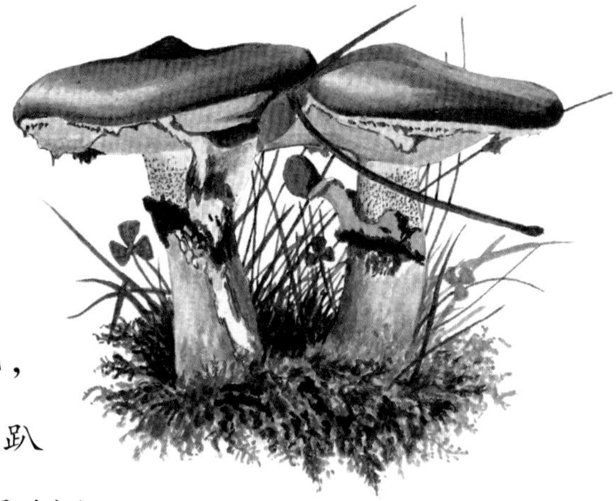

起，形成了一个绿荫穹隆。它们那盘绕的树根和交错的枝叶则形成了门厅，门厅里是一条幽暗的长廊，那里生活着很多水生动物，红脖子鳀鱼就生活在那里。

我们从门口慢慢地往里走，不一会儿，我们就发现了红脖子鳀鱼，于是我们就趴在地上静静地观察着。这些小鱼的喉部是鲜红色的，真是好看极了！它们成群结队地逆流而上，鳃帮子还一鼓一瘪的，就好像是在不停地漱口。要想在流动的溪水里保持身体不动，它们只需轻轻地抖动一下尾巴就可以了。

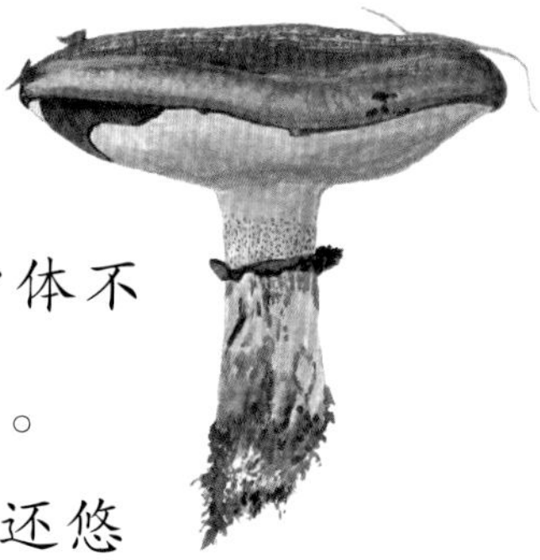

一片树叶随风飘落，落到了水里，刚刚还悠闲地在水里游泳的小鱼们瞬间就不见了。

在小溪的另一边，是一个山毛榉树林，那些山毛榉树的树干既光滑又笔直，好像一根根大柱子。几只小嘴乌鸦在茂密的树林里一边呱呱地唱着歌，一边拔下几根被新毛取代的旧羽毛。地上长满了绿绿的苔藓，就像一条地毯。我欢快地走在这条柔软的地毯上，不久就看到了一个还没有打开菌盖的小蘑菇，它真像一个鸡蛋！

这是我第一次采到蘑菇，我拿着它翻来覆去地看着，好奇地研究着它的构造。也正是由于我的这种难以抑制的好奇心，才让我更加想要观察它、了解它。

很快地，我又找到了更多的蘑菇。它们形状不一，大小不等，颜色各异，让我这个刚刚才采到蘑菇的新手大开眼界。这些蘑菇有的像一个小铃铛，有的像一个大纺锤，有的又像一个大漏斗，真是好玩极了。在这里，我还看到了一些马上就能变成蓝色的蘑菇和一些爬着虫子的烂蘑菇。

还有一种蘑菇长得很像梨子，它的伞顶上有一个像烟囱的圆孔。当我用手指轻轻地弹它的肚子时，那个烟囱里就会冒出烟来。这是我见过的最有趣的蘑菇了。

于是，我采了很多这种蘑菇，并装进了我的兜里，以方便我随时拿出来放烟玩儿。但是，蘑菇里面的烟是有限的，等烟放完了，蘑菇就会变成一个类似棉花绒的东西。

这个小树林给我带来了无尽的欢乐。自从第一次在那里发现了蘑菇后，我就一次又一次进入到那里。也就是在那儿，在小嘴乌鸦的陪伴下，我知道了很多关于蘑菇的知识。

不知不觉中，我采了很多蘑菇回家，但是，家里没人愿意吃我采的蘑菇。有一种蘑菇叫作“布雷道尔”，它在我们家乡的名声很坏，大家都不喜欢它，据说，如果吃了它就会中毒！于是，母亲毫不留情地把它从餐桌上清理掉了。

当时的我非常不理解，为什么长得那么好看的蘑菇却是那么可怕呢？但是，我还是相信了父母的经验，尽管我在不知情的情况下和这种有毒的东西打过交道后并没有受到什么伤害。

从那之后，我依旧光顾那个小树林。为了能

够更方便地分辨出不同的蘑菇，我发明了一种分类方法，把我发现的那些蘑菇分成了三大类：第一类蘑菇的底部都长着环状的叶片，在我发现的蘑菇中，这类蘑菇占了大多数；第二类蘑菇长着类似于猫舌头上那些尖尖的小东西；第三类蘑菇的底面长着一层厚垫，厚垫上有很多不容易被人们看到的洞眼。

令我感到意外的是，很久以后，我在一本书中发现我所谓独创的把蘑菇分成三类的方法其实早就已经被别人应用了，并且这些蘑菇都有自己的拉丁名字。然而，这些并没有让我感到失落，反而使蘑菇的形象在我心中变得更加高大起来。我想，正是因为它们很重要，所以才能拥有名字。

从这本书中，我还知道了那个会冒烟的蘑菇的名字叫作狼屁。我非常不喜欢这个名字，因为听起来一点儿都不文雅。不过，在它的旁边还有一个注解，标的是它的另一个名字——丽高释东，这个名字看起来体面多了。但是，这也只是体面罢了，因为我后来发现，在拉丁文中“丽高释东”的意思就是“狼屁”。

在植物志里像这样取得并不好听的名字还有很多，古人留下来的植物学说很多都没有顾及文明道德的要求，给很多植物取的名字都很不文雅。在这一点上，我们现代人要比古人严谨得多。

那曾经对蘑菇产生独特好奇心的童年时代啊，现在离我是多么的遥远！贺拉斯曾经发出感叹——岁月如梭。这一点儿也不假，尤其是当生命快要到达尽头的时候，你会感觉到它流逝得更加迅速。

曾经的岁月就好像欢快的小溪水，它悠然地穿越山坡，顺着坡面轻松地流淌。但是，现在的它已经失去了往日欢快的步伐，变成了即将奔向尽头的急流。时光飞逝，我们还是好好地珍惜时间吧。

当黑夜即将来临时，樵夫们赶紧把最后几捆木柴捆好，背回家。已经步入晚年的我，也像是这片知识森林里的樵夫，也要赶紧把那几捆木柴整理好。

那些我自童年时代就喜爱的蘑菇们，在不久的将来会面临怎样的命运？时至今日，我都不曾远离过它们。在秋天晴朗的午后，我拖着沉重的步子去看望它们。那一簇簇的红色珊瑚菌、像柱子一样的伞菌及那些大脑袋牛肝菌，让我怎么看都看不够。

我的脚步最后停在了塞里昂。塞里昂四周的山上除了大片的栎树、野草莓和迷迭香，还有很多五颜六色的蘑菇，让我看得眼花缭乱。这些年，这些蘑菇让我产生了一个荒诞的想法，我打算把那些做不成标本的蘑菇画下来，以方便后人研究。

于是，我就开始按照蘑菇的实际尺寸，把山坡上大大小小的蘑菇都绘制了下来。我并不懂水彩画的高超技巧，但是这并不要紧，只要摸索着去做就可以了，毕竟什么事都得有第一次。刚开始的时候会遇到一些麻烦，但是慢慢地就会越来越好。和每天费尽心思地爬格子写作比起来，画画倒更能起到消愁解闷的作用。

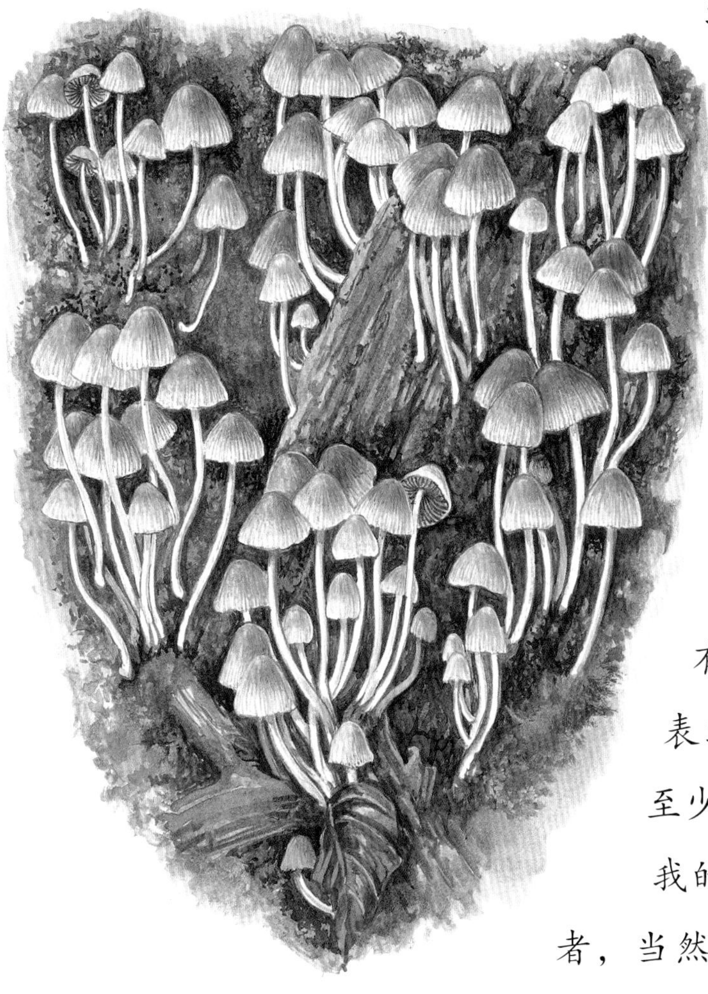

现在，我已经绘制了几百幅蘑菇图，我画出来的蘑菇和实际的尺寸、颜色都一样。我相信我的收藏具有一定的价值，或许它在艺术表现方面还有很多不足，但它至少是真实的。

我的这些蘑菇图引来了一些参观者，当然，他们都是我的父老乡亲。

一到周日，他们就会来欣赏我的作品。他们难以相信，在没有凭借任何圆规和模版的情况下，我竟然能画出这么美丽的图案。他们总能叫出我画的蘑菇的名字，这说明我画得还是很像的。

然而，这些耗费我无数劳动才得来的一大摞水彩画，它们的命运最终会如何呢？也许在刚开始的时候，家人还十分珍惜我的这份遗物，但是时间长了，这些画会被当成累赘，从一个箱子换到另一个箱子，从一个房间转移到另一个房间，老鼠不断地啃咬它们，使它们沾满污渍。最后，在我某个远房外孙的手里，它们被剪成方块纸用来折纸鹤，这些都是不可避免的事。我曾经抱着极大的热情，以自己最喜爱的方式对待的东西，最终却遭到现实无情的践踏。

爱吃蘑菇的昆虫

在这本书中，假如我一直讲自己喜爱的蘑菇，而不涉及昆虫，那就显得有点儿不合适了。

大家都知道，菌类中有很多是可以直接食用的，而有些却带有剧毒，不能吃。在采蘑菇的时候，人们普遍认为：凡是被虫子咬过的蘑菇都没有毒，而那些没被虫子咬过的千万不能采。人们的这个结论只看到了事情表面，并没有考虑到不同的动物对食物的消化能力不同，而这一点正是我要研究的。

在动物界中，昆虫，尤其是幼虫，是吃蘑菇的主力军。我们可以根据它们吃蘑菇的不同方法把它们分成两类：一类是真的吃蘑菇的昆虫，它们一点点啃咬、咀嚼、吞咽着蘑菇；另一类则是先把蘑菇弄成粥，然后再吸食，比如蛆虫。

据我所知，喜欢啃咬蘑菇的昆虫是很少的，盔球角粪金龟就是这少数中的一员，它啃咬蘑菇的方式非常有趣。这个小家伙叫起来很像小鸟在唱歌，它以生长在地下的蘑菇为食，而生长在地下的真菌块菰又是它的最爱。我曾经在它的洞穴里找到过一个块菰，大概有榛子那么大。我很想知道盔球角粪金龟的幼虫都吃些什么，所以我试着饲养它们。我给这些幼虫准备了一个住所——一个装满新鲜沙土的罐子，为了防止它们逃跑，我又在罐子的顶上罩上了一个网罩。

但是，我找了好久都没有找到真正的地下蘑菇和块菰，最后只好用了几个长得有点像块菰的真菌，如马鞍菌、珊瑚菌等来饲养它们。我找来的这些块菰的替代品都是非常有营养的，但是这些小虫子却都拒绝食用。经过几次实验，我了解到它们会吃地下蘑菇、块菰和茯苓这三种食物。

相较于盔球角粪金龟，衣蛾幼虫的取食范围就广泛得多了。衣蛾幼虫长约五毫米，身体是白色的，头部又黑又亮，这种幼虫在大部分菌类中都能够找到。菌柄是它们最喜欢吃的部分，因为菌柄有一种说不出的滋味。它们沿着菌柄一点一点地往上吃，一直吃到菌盖上。牛肝菌、珊瑚菌、乳菇和红菇是它们最常居住的地方。不过，除个别菌种外，它们是不挑食的。这些弱小的衣蛾幼虫绝对称得上菌类最主要的开发者。在那些被它们糟蹋过的蘑菇下面，它们会织成一个个小小的白色的茧，然后在茧里慢慢地蜕变，最终变成一种不怎么起眼的蛾。

一些实验表明，衣蛾幼虫和蛆虫的口味与我们人类是完全不同的，它们尤其喜欢那些令我们害怕的毒菌。而对于那些我们认为非常美味的蘑菇，比如红鹅膏菌，它们却拒绝接受。这种菌因为十分美味，所以古罗马人称它为恺撒伞菌。

在我们吃过的各种菌中，恺撒伞菌是最漂亮的。它刚刚顶破干裂的泥土，冒出头时，还是一个被菌托包裹住的椭圆形小球。渐渐地，小球裂开了，透过裂痕，我们能看到部分橘黄色的球体很像一个煮熟的鸡蛋。把它的外皮剥掉后，它就成了一个去掉蛋壳的鸡蛋。初生的伞菌就好像是一个顶部被剥去了蛋白而露出一部分蛋黄的鸡蛋。因此，当地人又称它为“蛋黄”。很快，菌盖就会完全舒展开，摸起来像绸缎般柔软，看起来比金色的苹果还要耀眼。

然而，面对如此美味而又漂亮的恺撒伞菌，蛆虫们却无动于衷。我曾做过一个实验，把蛆虫关在瓶子里，除果酱似的恺撒伞菌外，我不给它们任何吃的。就算是这样，蛆虫们仍然不愿意碰这种伞菌。试想，假如我们按照常规的想法，让昆虫来帮助我们识别蘑菇是否有毒的话，那我们岂不是要错过这么好吃的蘑菇了吗？

还有一种像红鹅膏菌一样美味的鹅膏菌，它的外表是灰色的，所以我叫它小灰菌。不论是蛆虫还是那些衣蛾幼虫，都拒绝碰它。当然，那些有毒的鹅膏菌，如豹皮鹅膏菌、春鹅膏菌、柠檬鹅膏菌等，也都被它们拒绝了。

总之，无论是哪种鹅膏菌，蛆虫都会拒绝食用，只有鼻涕虫偶尔才会咬上一两口。我不知道它们为什么会拒绝这么美味而又没有毒性的菌类。难道是因为缺少了某种香辛料，不好吃？实际上，生的鹅膏菌的味道确实不怎么样。

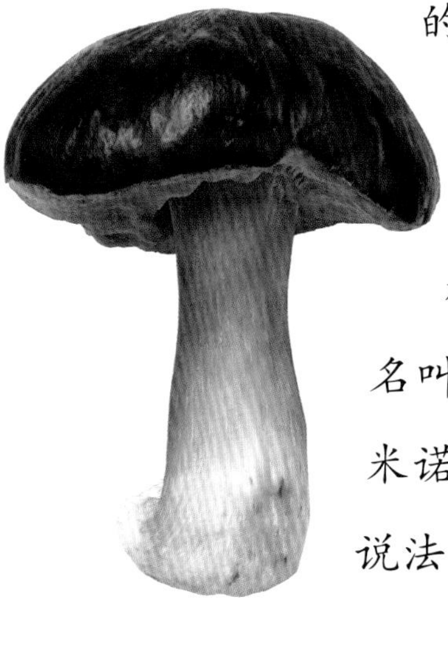

那种辛辣味的菌类又能带给我们什么呢？松林中生长着一种边缘卷成涡形并长有卷毛的菌，名叫羊乳菌。因为它味道辛辣，所以，人们称它为“多米诺绥司”，意思是“能够引起腹痛的食物”。这个说法一点儿都不夸张，你要是没有一个非常特殊的胃，

肯定是吃不了这种菌的。然而，蠕虫就有这样特殊的胃。对这种令我们望而生畏的食物，它们却吃得津津有味。

那么虫子到底喜欢什么样的辛香料呢？事实上，它们根本不在意这些。在松林里还有一种非常好看的乳菌，它是橘红色的，像个漏斗，周围镶着一圈圈的纹线。这种菌和羊乳菌不同，它不仅没有辣味，而且吃起来还十分美味。然而，对于虫子来说，无论是辛辣无比的羊乳菌，还是这种温和可口的乳菌，吃起来都没什么区别。所以，无论是温性的，还是刺激性的、辣味的，还是无滋味的，对虫子来说都是一回事。

很多人认为乳菌是一种非常美味的东西，我觉得这样说有点儿夸张。确实，乳菌是一种可以食用的菌类，但它的纤维很粗，不利于消化。我的家人就不喜欢用它做菜，顶多是把它泡在醋里，当作咸菜。总之，那些赞美的话夸大了它的实际价值。

让我们接着说昆虫的胃吧。是不是那种介于柔软和坚硬之间的食物更合它们的胃口呢？想要知道这一点，我们可以研究一下橄榄树伞菌。这种菌的表面是一层漂亮的枣红色，我觉得这个名字并不是很适合它，因为我曾在杏树、黄杨树、李树等很多树底下采到过这种菌。它有一个非常突出的特点，那就是它能发出磷光。

当然，橄榄树伞菌只有底面才能够发出微弱的白光，这种光和萤火虫的光很相似。它们发光是为了庆祝婚礼和散播孢子（用以繁殖下一代）。尽管这种光叫磷光，却和化学中的磷没有关系，而是一种非常缓慢的燃烧现象，或者说是一种比较急促的呼吸。

昆虫对这样的菌类会有什么反应呢？会被它们发出的“信号”所吸引吗？事实上，蛆虫、衣蛾幼虫和鼻涕虫完全不会碰这种会发光的蘑菇！不要盲目地认为这些昆虫拒绝的原因是这种橄榄伞菌中含有毒素。事实上，对于世界上最有价值的菌类（我们家乡的人称它为“贝里古洛”），虫子们也照样不感兴趣，它们并不喜欢这些被我们当作美味佳肴的东西。

讲到这里，我觉得没有必要再继续论证下去了，因为得到的答案都是一样的。通过上述例子我们可以了解到，昆虫吃不吃哪种蘑菇，根本无法正确地指引我们哪种蘑菇能吃，哪种蘑菇有毒。昆虫的胃和我们的胃是完全不同的，在我们看来有毒不能吃的蘑菇，它们却吃得津津有味；而我们视为美食佳肴的蘑菇，它们却拒之千里。根据昆虫吃东西的习惯来判定蘑菇的毒性，是非常不明智的做法。

萤火虫

萤火虫是大家都很熟悉的一种昆虫，它的肚子顶端会发出微弱的光亮，就好像是挂了一盏小灯。在宁静的夏夜，经常会看到它们在草丛中游荡。

萤火虫长着三对短短的腿，它们利用这三对小短腿迈着碎步跑动。雄性萤火虫到了成虫时期，会长出鞘翅，就像其他的甲虫一样。而有的雌性萤火虫则永远都保持着幼虫阶段的形态，无法享受飞翔的快乐。

萤火虫有着色彩斑斓的外衣，它的身体呈棕栗色，胸部是柔和的粉红色，其圆形服饰的边缘则点缀着一些鲜艳的棕红色小斑点。

别看萤火虫体格弱小、艳丽动人，它却是个地地道道的肉食动物。而且它的捕食方法很独到，甚至有时显得有点恶毒。萤火虫的捕食对象多为樱桃大小的蜗牛。萤火虫在捕食时会像医生进行外科手术一样，先给猎物注射一针麻醉剂，使它失去知觉，然后再慢慢享用。

为了更好地观察萤火虫捕食蜗牛的情景，我在实验室里的广口玻璃瓶中放进一些草、几只萤火虫和一些变

形蜗牛，然后耐心等待。终于，萤火虫开始靠近它的猎物，在蜗牛的身上打探着。蜗牛只把自己的外套膜的一点儿赘肉露在壳的外面。此时，萤火虫亮出了它的麻醉工具，这个工具非常微小，不借助放大镜是看不到的。这个工具由两片锋利的大颚组成，就像是两颗弯曲的獠牙，獠牙上还有一条细钩。萤火虫就用这个简单的工具在蜗牛的外套膜上屡次轻轻敲击。

此时的萤火虫依然是温和的神态，丝毫没有凶恶的表情，看上去像是在亲吻它的小伙伴。萤火虫每刺一下都要停一小会儿，它总是不慌不忙，很沉得住气。其实这样刺上五六下，蜗牛就已经动弹不了了，但是萤火虫并不肯就此罢休，它仍要再继续刺上几下。

我曾经做过一个实验，当萤火虫在一只蜗牛的外套膜上刺了五六下之后，我把那只蜗牛拿出来，并用一根针去刺它微露出的那部分，被针刺的那部分肌肉并没有一点儿颤动的迹象。这只蜗牛是不是已经死了呢？我决定再继续实验和观察下去。

我把那只表面上看已经死去的蜗牛隔离出来，并坚持给它洗淋浴，这样坚持了两三天，那只一直昏迷不醒的蜗牛竟然慢慢苏醒过来，又恢复了知觉。这时我用细针来刺它的时候，它立刻就有了反应。这只蜗牛又可以爬动了，它晃动着触角，就像是已经把前几天发生过的事情忘得一干二净了。

在人类懂得在外科手术中使用麻醉剂之前，昆虫界的一些小生物就已经懂得了怎样去麻醉猎物。这些小昆虫往往都有高超的麻醉招数，它们会用自己的麻醉工具去击刺猎物的身体，从而麻痹它们的中枢神经，当

猎物失去知觉以后，再把它们慢慢收入腹中。

萤火虫为什么一定要先让蜗牛全身麻醉以后再去猎食呢？这可是有一定原因的。如果蜗牛总是在地面上爬行，此时无论它是否把柔弱的身体缩在壳里面，萤火虫都可以轻而易举地对其进行攻击。因为蜗牛背上的壳并没有盖，所以萤火虫可以在壳的开口处毫不费力地击刺它内部的肉体。

不过，蜗牛并不只是在地上爬行的，它还经常待在高处，喜欢吸附在高高的树枝或者植物的茎秆上和光滑的石面上。这些地方，真可谓天险，蜗牛只要紧紧地吸附在这些物体上，就可以让那些不怀好意的侵害者无计可施。不过，蜗牛要是稍一松懈，使它壳的圆形开口与它的吸附物之间有一点点缝隙，萤火虫便有机可乘了。无论缝隙有多小，萤火虫都会抓住时机，将它的麻醉工具迅速地刺进蜗牛的身体。这时，萤火虫会乘胜追击，接连再刺上几针，直到蜗牛一动不动。

萤火虫是怎样享用蜗牛的呢？它并不是通过咀嚼器官来磨碎食物的，而是将猎物转化成稀薄的流质，然后再吸食的。不管是多大的蜗牛，都由一只萤火虫来完成对它的麻醉，然后萤火虫的同伴们陆续赶来，它们用自己嘴里的两个弯钩向蜗牛体内注射一种液汁，这种液汁可以将蜗牛肉变成液体。萤火虫们经过几次轻轻的刺咬，蜗牛的肉就变成了肉粥。然后萤火虫们便用那弯钩来吮吸蜗牛壳里的液体。萤火虫享用完猎物后，还会清扫自己的头部、身体。难道它们身上有刷子吗？这就要来看一看它们独特的身体结构了。

萤火虫不仅仅在草木的枝干或者光滑的石面上麻醉蜗牛，还要在那种危险的地方把它吸食干净，这对于萤火虫来说应该是个高难度的动作。要是没有特殊的身体构造，萤火虫怎么能这样轻易地捕获和吸食猎物呢！

通过观察玻璃瓶中的萤火虫，我看到它总是小心翼翼地在玻璃壁上待着。玻璃瓶中的蜗牛经常会爬到瓶口处，而瓶口是封着的。蜗牛就用一种有点黏性的液体吸附在玻璃瓶口处。然而，只要是有人稍微一触动玻璃瓶，蜗牛就会脱离玻璃的表面，坠落到瓶底。

萤火虫也常常会爬到瓶口处，但是要完成这个攀爬的任务，仅靠它腿部的力量是不够的。不过萤火虫有一种爬行器，足以弥补它腿力的不足。

萤火虫在玻璃瓶口盯着蜗牛，蜗牛一旦与玻璃之间有一点点缝隙，萤火虫便不失时机地刺向蜗牛，然后把它化成流质。等萤火虫喝得饱饱的以后，蜗牛壳也就完全空了。但是，这个空壳依然粘在玻璃片上，不会脱落。而且，壳的位置也不会有一点儿改变。蜗牛就这样没有一丝反抗，不知不觉地被宰割了。

萤火虫必须要有一种有力的器官，让它不至于在还未触及猎物时便已从高空坠落。很显然，它那有些笨拙的腿脚是不够用的，那肯定就需要一种辅助器官。

我用放大镜去观察一只萤火虫，发现在萤火虫身上确实长着一种特别的器官。就在萤火虫身体的下面，有一些短小的细管。这些细管拢在一起，形成一束，就好像是一朵蔷薇花。

正是这些小细管帮助萤火虫牢牢地吸附在光滑的表面上，这些小细管在萤火虫爬行的过程中也起到了很大的作用。

当萤火虫停留在光滑的表面时，它就会散开那些小细管，利用它们的黏性而牢牢地附着在那些它想停留的支撑物上。当萤火虫想在光滑表面爬行时，它便让那些小细管相互交错地一张一缩。

那些构成蔷薇花形的小细管并没有分成一节一节的，但是，它们每一根都可以向不同的方向随意地转动。那些小细管除吸附光滑的表面，以及在危险处爬行外，它还具有第三种功能，那就是能当海绵刷子使用。萤火虫饱饱地吸食一顿后，当它休息的时候，便会利用这种自动的小刷子，在头上、身上到处进行扫刷和清洁工作，这样既方便又卫生。萤火虫之所以能够如此自如地利用身体的这一器官，主要是因为那些细管有着很好的柔韧性，使用起来相当便利。

萤火虫在饱餐之后，便会舒舒服服地休息一会儿，然后再用刷子一点一点地从身体的这一端刷到另外一端，而且非常仔细，几乎每个部位都不会遗漏掉。可以说，它是一种非常爱清洁、注意个人卫生的小动物。

萤火虫最显著的特征之一是它的取食方式，另一个就是它腹部挂着的那一盏小灯。如果说萤火虫的猎食让我们看到了它的残忍，那么夏夜里它发出的点点光芒便会让人觉得它十分可爱了。我们来仔细看一下雌性萤火虫的发光器官吧。

雌性萤火虫的发光器长在身体的后三节。其中较前面的两节上的发光器是带状的，最后一节上的发光器则是两个新月形状的小点。带状的发光器和点状的发光器可以发出很明亮的亮光。其中带状发光器是成年的雌性萤火虫所独有的，也是发光亮度最强的一部分。而雄性萤火虫只有后面的点状小灯，因此发出的亮光要显得昏暗得多。雌性萤火虫从刚出生到成熟这一段时期，它的发光器只是腹部的那个点状地带。而当它要婚配生子时，则要点起带状的大灯，点亮这盏灯标志着雌性萤火虫蜕变及发育时期的结束。而对于其他的昆虫来说，它们成熟的标志却是长出翅膀，可以在空中飞行了。

有的雌性萤火虫并不会长出翅膀，它的带状灯光的亮起则是它的交尾期临近的信号。雄性的萤火虫在完全发育后，外形就会发生变化，它会长出翅膀和翼鞘。雄性萤火虫刚一孵化出来，也会亮起它腹部昏暗的灯光。在萤火虫的家族中，腹部的光亮是伴随它们的一生的，也是雌雄虫都具有的，这点光可以透过萤火虫的身体，在它的背部和腹部都可以看得到。而亮度较强的光只有雌性成虫才能发出，这种光只有在腹部才可以看到。

我曾经在显微镜下观察过这两条发光的带子。在萤火虫的皮上，有一种白颜色的涂料，形成了很细很细的粒状物质，光就

发源于这个地方。在这些物质的附近，还分布着一种非常奇特的器官，它们都有短短的干，上面还生长着很多细枝。这种枝干散布在发光物体的上面，有时还深入其中。

萤火虫能够发光，是氧化作用的一个很好的例证与说明。萤火虫的发光就是氧化作用的结果。那种形如白色涂料的物质，就是发生氧化作用以后剩下的。氧化作用所需要的空气是由连接着萤火虫呼吸器官的细细的小管提供的。至于那种发光物质的性质，目前还没有人确切地知道。

那么，萤火虫可不可以控制自己的发光呢？比如，它能否随心所欲地点亮或熄灭、增强或减弱所发出的光呢？如果可以的话，它又是怎样做到的呢？

原来，一些外界刺激会影响萤火虫气管的运作，从而对发光产生影响。这还要考虑到两种情况：一个是成年雌萤火虫才有的大光带，另一个是所有萤火虫都拥有光点。萤火虫腹部最后一节的两个小光点，只要受到外界的一点点刺激，就会突然完全熄灭。我在夜间捕捉小萤火虫时，本来可以清楚地看到那个在草秆上发光的“小灯笼”，可是只要不经意弄出一点点动静，那个“小灯笼”就立刻熄灭了，我只得放弃这个捕捉对象。不过，成年雌萤火虫的光带即使受到了强烈的刺激，也不会有什么变化，或者只是有轻微的变化。

我捉了一些雌萤火虫，把它们关在一个较大的钟形金属罩里。我在金属罩旁边放了一枪，那声音竟然对萤火虫毫无影响。它们似乎什么也没有听到，或是听到了，仍置之不理。它们的光亮依然如故，没有丝毫的变化。于是，我又换了一种方法试探。我把冷水洒到雌萤火虫的身上，但是，这种方法也失败了。各种刺激居然都不奏效。没有一盏灯会熄灭，顶多是把光亮稍微停一下。然后，我又拿了一个烟斗，往金属罩里吹进一阵烟。这一吹，那光亮停止的时间长久了一些。还有一些竟然熄掉了。但是，很快那些小灯便又亮了。等到烟雾全部散去以后，那光亮便又像刚才一样明亮了。假如把它们拿在手掌上，然后轻轻地一捏。只要你捏得不是特别重，那么，它们的光亮并不会减少很多。

从各个方面来看，毫无疑问，萤火虫确实能够控制并且调节它自己的发光器官，随意地使它更明亮，或更微弱，甚至熄灭。

到现在，我们还没有什么办法能让萤火虫们全体熄灭光亮。这就说明萤火虫确实可以控制并且调节自己的发光器官，让光发生变化。不过，在某种环境之下，萤火虫可能会失去这种自我调节的能力。例如，从萤火虫发光的地方割下一小块皮来，它照样会发光。如果把这块皮放在有氧气的水中，光亮也不会减弱。但如果把这块皮放进已经煮沸的水里，光亮会渐渐熄灭。因为那里已经没有了氧气。这正好证实了，萤火虫发出的光是氧化作用的结果。

雌性萤火虫发光是用于吸引异性的。每当夜晚来临，雌萤火虫便飞到高处的枝条上。然后，它会扭动自己的尾部，跳起激烈的舞蹈。只见它的尾巴一会儿朝左，一会儿朝右，朝着各个方向转。那些正好从此路过的雄性萤火虫便会很轻易地发现这盏不断闪烁的小灯。

雄性萤火虫也有一种器官，可以让它那微弱的光传到远处。它的护甲可以胀大成盾形，并伸到头部前面去，就像灯罩一样，可以把光芒聚集起来，使其亮度增强。雌雄萤火虫在交配时，彼此的光亮都会减弱，甚至熄灭。交配过后，雌萤火虫就会产卵。但是萤火虫丝毫没有家庭观念，雌萤火虫随意把卵产在任何地方，例如地面上、草叶上等。而且，它产完卵后，就弃之不顾了，任它们自生自灭。

萤火虫的卵也是会发光的，它们还在母亲的腹部两侧待着的时候，就已经会发光了。不久，卵就孵化出幼虫了。萤火虫的幼虫，无论是雌虫还是雄虫，它们腹部的最末一节上都有小灯。在寒冷的季节，它们会钻进细腻松散的泥土中，即使在很浅的泥土里，它们也还是亮着微弱的灯光。大约到四月的时候，它们就会爬出地面，继续生长发育，直到成熟。

成年的雌虫会亮起它那盏明亮的灯，吸引异性。它们的灯光舞会会如期举行。

萤火虫发出来的光，虽然十分灿烂，但同时它又是很微弱的。那种平静而柔和的光一点儿也不会刺激人的眼睛。看过这种光以后，你便会很自然地联想到，这些小虫简直就像那种从月亮里面掉落下来的一朵朵可爱的小花儿，它们还带着月亮的光辉。它们使整个夏夜充满了诗情画意的温馨。

卷心菜毛虫

卷心菜是我们大家都很熟悉的一种蔬菜，它的历史很悠久，在人类所食用的蔬菜中，它应该是最古老的种类之一了。在人类开始吃卷心菜之前，它们就已经在这个地球上存在了，没有人知道它们究竟是什么时候出现的。对人类而言，卷心菜是很有价值的。不仅仅是人类，还有一种动物也与卷心菜有着非比寻常的关系。这是一种最普通的大白蝴蝶的毛虫，由于它是靠卷心菜生长的，所以被叫作卷心菜毛虫。

这种毛虫吃卷心菜和与卷心菜相似的植物的叶子，比如花椰菜、白菜、大头菜等。卷心菜毛虫吃与卷心菜同类的植物，这些植物都属于十字花科。白蝴蝶的卵一般只产在十字花科植物的叶子上。但是它们并没有什么植物学的知识，怎么会分辨出哪些植物是属于这一科的呢？以前我要是想判断一种植物是不是十字花科的，就要去查一下书，现在我只要看一下这植物上面是不是有白蝴蝶留下的痕迹，便可以大致做出判断了。

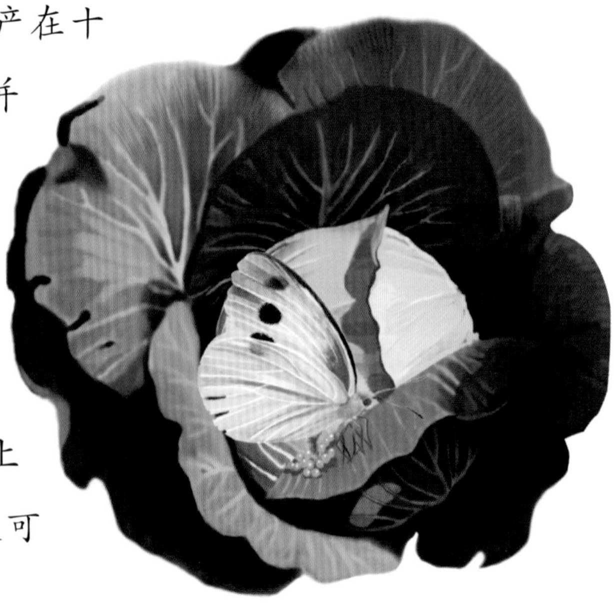

白蝴蝶每年要成熟两次，四五月时一次，十月时为第二次成熟，而这个时候，也正是卷心菜成熟的时候。所以当园丁们要收获卷心菜的时候，也正是白蝴蝶快要出来的时候了。

白蝴蝶喜欢把卵产在卷心菜叶子朝阳的一面，有时候也产在叶子背阴的一面。它的那些卵是黄色的，一般都聚集成一小片。大概一个星期的时间，那些卵就会变成毛虫。

毛虫出来后，首先要做的就是把自己的卵壳吃掉。因为卷心菜的叶片上有蜡，所以十分滑。因此，毛虫要吐出一些丝缠在身上，这样在菜叶上走路时就不会滑倒了。毛虫要做出这样的丝就需要一种特殊的材料，这材料就是它的卵壳。

不久，幼虫就开始吃菜叶，卷心菜便难逃厄运了。我在实验室里养了一群卷心菜毛虫的幼虫，不到两个小时的工夫，那些小东西就把一大堆卷心菜的叶子吃光了，只剩下了叶子中央的粗大叶脉，可见它们的胃口有多好。这些贪吃的毛虫只知道闷着头吃，偶尔伸伸胳膊挪挪腿，休息一下。

有时候，几条卷心菜毛虫并排在一起啃食菜叶，它们会一起把头抬起来，然后又一起把头低下去，就好像是听了统一的口令，那样子非常滑稽可笑。不知道它们的这种动作到底意味着什么。是在训练作战能力呢，还是在显示它们在温暖的阳光下吃食物的快乐呢？总之，在这些幼虫变成胖虫子之前，它们就只有这么一种训练项目。

这样争分夺秒地吃了一个月，那些小虫子终于开始转向别的工作了。它们朝各个方向爬去，一面爬，还一面仰起前身，好像在向空中

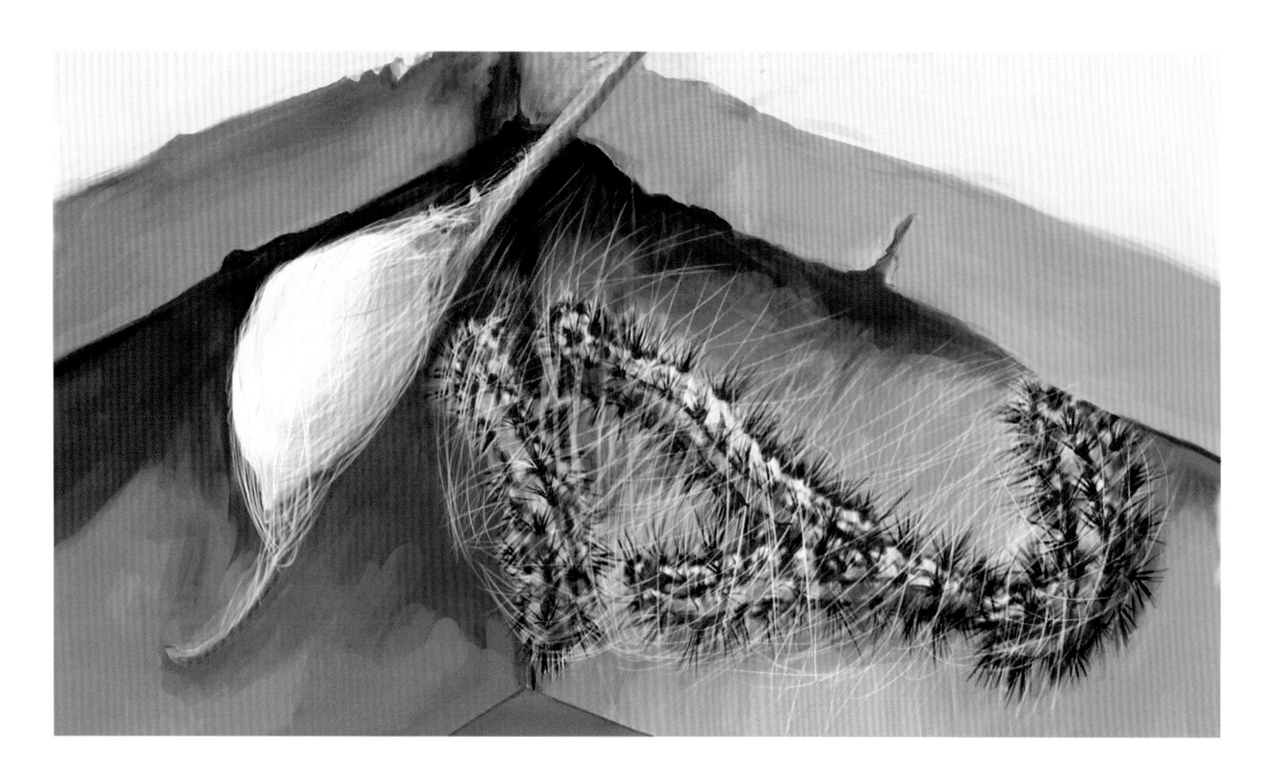

探索着什么。

天气越来越冷了，我将一群卷心菜毛虫放入温暖的花房。有一天一大早，我去看它们时，却找不到它们了。花房的门平时都是开着的，难不成它们集体逃跑了？于是，我到花房外面寻找，最终在花房附近的一处墙角下发现了它们。它们都栖息在屋檐下的墙角里，大概是想把那里当作过冬的居所吧。现在，这些卷心菜毛虫看起来非常壮实，也很健康，它们应该是可以抵御严寒的。

就在这个墙角里，卷心菜毛虫们织起茧子来了，它们一条条都变成了蛹。到了第二年的春天，一大群白蝴蝶便从茧里飞了出来。

卷心菜毛虫可以大量繁殖，如果任其发展的话，那我们很快便没有卷心菜吃了。不过，事情并不像我们所想象的那样悲惨，因为卷心菜毛虫也有天敌。它们的天敌长得非常细小，总是喜欢埋头苦干、默默无闻，所以连许多菜农都不认识，即使看到毛虫天敌在菜园里徘徊，也不会去留心观察它们，更不会想到原来这些微不足道的小东西竟对保护卷心菜做出了如此大的贡献。

正是因为这些小东西长得很细小，所以，科学家们称它们为“小侏儒”，那我们也这样称呼它们吧，因为我也想不出用什么更好听的名字来称呼它们。

“小侏儒”们是怎样工作的呢？原来，当卷心菜毛虫在菜叶上产下橘黄色的卵以后，它们便会立刻围过去，把自己的卵产在卷心菜毛虫的卵膜表面。通常情况下，往往会有好几个“小侏儒”把卵产在同一条卷心菜毛虫的卵上面。一条毛虫的卵大概要比一只“小侏儒”的卵大六十五倍。

当这个卷心菜毛虫的卵孵化后，小毛虫并没有感觉到痛苦，它还是照常去吃菜叶，照常去四处寻找作茧的场所。但是，渐渐地，那条卷心菜毛虫就会变得精神萎靡，行动起来非常无力，并一点点消瘦下去，最终走向死亡。原来，它悲惨的命运早就已经注定，因为就在它还是卵的时候，那一大群“小侏儒”就进入了它的身体。随着它慢慢长大，“小侏儒”们不断地吸它身体里的血，直到“小侏儒”们要从毛虫的体内出来时，这条毛虫的生命也就走到了尽头。“小侏儒”们从卷心菜毛虫的身体里出来后，就开始作茧。

春天的时候，在菜园里的墙上或者篱笆脚下的枯草上，我们可以看见许多黄色的小茧，聚集成一堆一堆的，每一堆都有榛子仁般大小。那些茧便是“小侏儒”们的茧。

在小茧的旁边，往往会有一条卷心菜毛虫，当然那条毛虫是死的，而且其尸体已经残缺不全。这条毛虫的残体就是“小侏儒”们吃剩下的，“小侏儒”们吃了毛虫之后才能慢慢长大。最后，那些小茧会变成蛾，破茧而出。

精致图文·全新版

VISUAL BOOKS

[法] 法布尔 / 著　文心 / 编译

图鉴

天 地 出 版 社 | TIANDI PRESS

目录

★瓢虫

瓢虫体色鲜艳，身上有黄、红或黑色斑点。按照斑点的个数，瓢虫又可分为二星瓢虫、四星瓢虫、六星瓢虫、七星瓢虫、九星瓢虫、十星瓢虫、十一星瓢虫、十二星瓢虫、十三星瓢虫等。

瓢虫集体过冬

在寒冷的冬日，瓢虫会选择集体过冬，但它们并没有固定的庇护场所。有时它们会藏身于树叶之下，有时会栖息于树干之中，彼此之间挨得紧紧的，相互取暖。

瓢虫幼虫

瓢虫的幼虫体长而柔软，在花草间疯狂捕食就是它们的全部生活。瓢虫从幼虫变为成虫，是一个十分艰难的过程。在这个过程中，它们的身体要经历分解、重组、调整和修饰。

瓢虫化蛹

瓢虫一生要经历 5~6 次蜕皮。每次蜕皮，身体都会增长一些。等积蓄够了能量，瓢虫便进入了虫蛹阶段。瓢虫通常选择在叶子上化蛹，在那里，它会进行一次伟大的蜕变。

瓢虫的食物

瓢虫爱吃蚜虫，可谓蚜虫的天敌。每天，瓢虫都会在花草之间游弋，捕食蚜虫。根据瓢虫的这个特性，一些地方的农民用瓢虫来防治蚜虫，均取得了不错的效果。

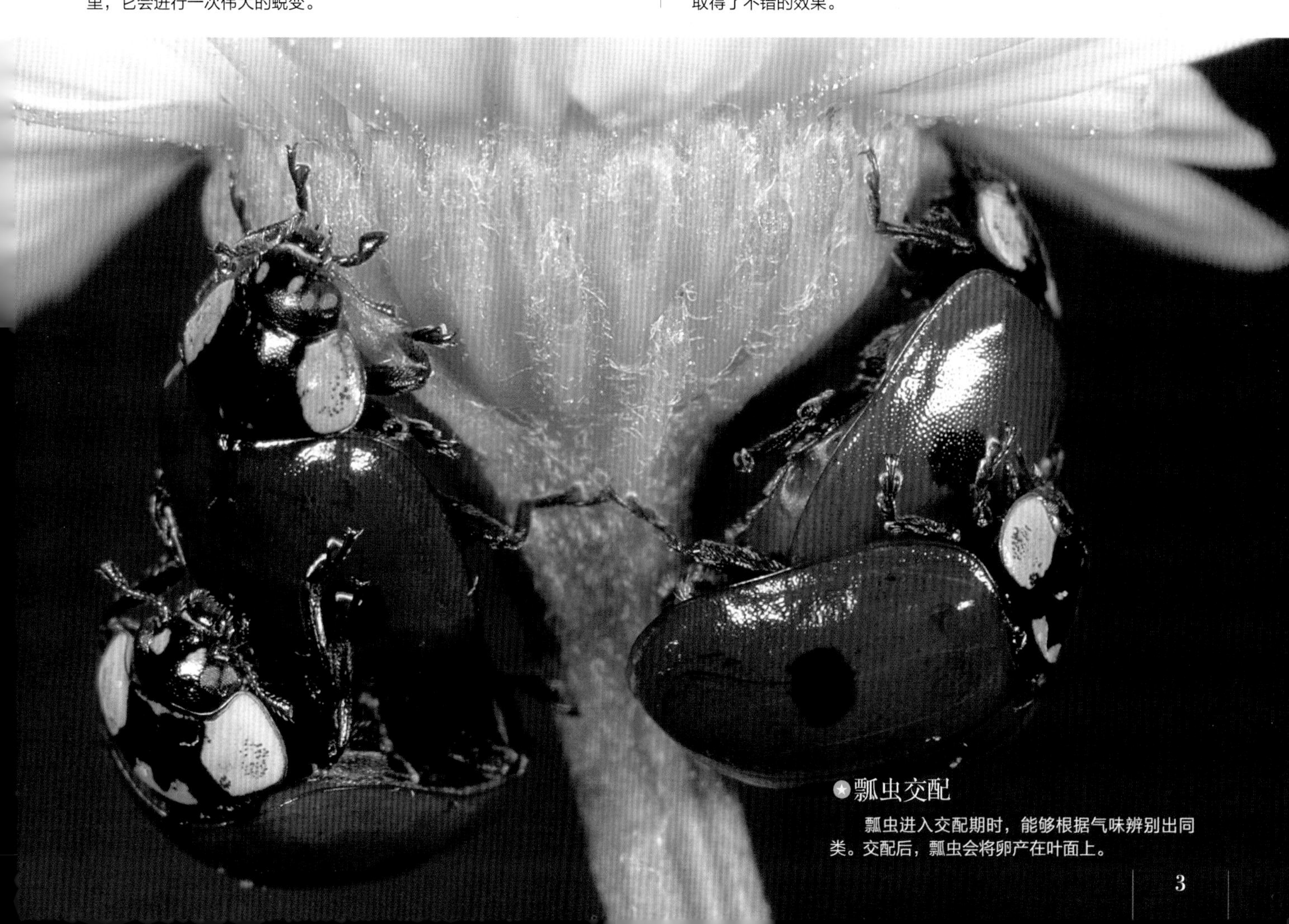

瓢虫交配

瓢虫进入交配期时，能够根据气味辨别出同类。交配后，瓢虫会将卵产在叶面上。

短毛斑金龟

短毛斑金龟全身遍布斜状或竖立的长绒毛，这些长绒毛多呈灰黄色、黑色或栗色。短毛斑金龟飞舞时，看起来就像熊蜂。这是一种访花昆虫，主要在花朵上活动。

朝鲜黑金龟

朝鲜黑金龟，又名大黑鳃金龟子，主要活动于北方地区，昼伏夜出，具有趋光性和假死性，喜欢未腐熟的厩肥。朝鲜黑金龟是一种害虫，主要为害苹果、梨、桃等一些果树，以及各种蔬菜的根苗。

金花金龟

金花金龟，又名玫瑰金龟子，特别喜欢吃玫瑰花，因此而得名。金花金龟主要分布在欧洲中部和南部，是一种益虫，它的幼虫主要生活在堆肥、叶霉或朽木上，可以帮助制造肥料。

▲铜绿丽金龟

铜绿丽金龟因体呈铜绿色而得名，它们喜欢晚间出来活动，是一种害虫，主要为害茄科、豆科、十字花科和葫芦科蔬菜及其他作物。

◀小青花金龟

小青花金龟呈椭圆形，稍扁，背面多为绿色、暗绿色或黑褐色，身上带有不规则的白斑点。小青花金龟通常白天活动，喜欢吃花瓣、花蕊，嫩芽及嫩叶，是园艺作物的害虫。

▲蜣螂

蜣螂，又名屎壳郎、推丸、推车客、推粪虫、推屎爬、铁甲将军等。蜣螂为大中型昆虫，体呈黑色或黑褐色。因为以动物的粪便为食，蜣螂又被称为“自然界的清道夫”。

▲会飞的蜣螂

蜣螂是一种会飞翔的昆虫，它的膜质的后翅隐藏在坚硬的前翅下，只有在飞行时才会展开。

★蜣螂滚粪球

蜣螂常用腿将部分粪便制成一个粪球，然后滚动粪球，将其藏起来。通过这种方式，蜣螂为自己及孩子提供食物。

▼雄性蜣螂之间的搏斗

蜣螂交配前，雌蜣螂会在粪块下先打一个洞，在那里等待雄蜣螂的到来。雄蜣螂之间会为争夺与雌蜣螂的交配权而争斗，直到把对方挤出去为止。

▲蜣螂的繁殖

蜣螂交配后，雌蜣螂会把粪球做成梨状，然后在梨状粪球的颈部产卵。蜣螂孵出幼虫后，幼虫就以粪球为食，等粪球吃光时，幼虫也长大该破土而出了。

★双叉犀金龟

双叉犀金龟，又名独角仙，犀金龟科，因其有一只有力的角而得名，又因为角的顶端分叉，所以被称作双叉犀金龟。它们具有观赏价值和极高的药用价值。

长戟大兜虫

长戟大兜虫，犀金龟科，是世界上最大的昆虫之一，雄虫体长能达到 18 厘米，角长能达到 7 厘米。

▲蒙瘤犀金龟

蒙瘤犀金龟，犀金龟科，是一种大型甲虫。雄虫的头部长有一个向后上方弯曲的大角突，前胸背板后部呈现瘤突状。雌虫头部则没有角突。

▼三角犀金龟

三角犀金龟，犀金龟科，因其长有三只长角而得名。

★锹形虫

锹形虫是一种大型的夜行性甲虫，体表光滑，有着黑色或红褐色的甲壳。多数生活在树木的缝隙中，吸食树木汁液、果实汁液和花蜜。狐狸、刺猬、喜鹊和啄木鸟是它们的天敌。

★雄性锹形虫

雄性锹形虫生性好斗，不仅个头大，还有着极大的带锯齿的上颚，这是它们抢夺地盘、争夺配偶的强大武器。在搏斗中，它们甚至可以用这一对大钳子把对手掀翻在地。

★锹形虫的繁殖

锹形虫在有树汁的地方聚集，求偶交配。交配后，雌虫会把卵产在腐木的缝隙、根部或者自己挖掘的腐木洞穴里。

▼锹形虫幼虫

锹形虫幼虫的形状就像字母“C”，它们生活在枯木中，以枯木为食。锹形虫是完全变态昆虫，一生必须经历卵、幼虫、蛹及成虫四个阶段。

▼雌性锹形虫

雌性锹形虫的上颚较短，主要用途是在腐木上挖掘用来产卵的洞穴。另外，雌虫的个头也比雄虫小了很多。

★象鼻虫

象鼻虫是鞘翅目中最大的一科，也是昆虫中种类最多的群体。它们因为长着大象一样的“鼻子”而得名，但所谓的“鼻子”其实是它们的口器。

象鼻虫产卵前的准备

象鼻虫在产卵前会先用长长的“象鼻”在植株上钻出一个管状的洞穴，作为安置卵的地方。

象鼻虫的幼虫

象鼻虫的幼虫呈乳白色或淡黄色，它们的头部发达，能够蛀食谷物和植物的根、茎。

象鼻虫觅食

长长的口器是象鼻虫觅食的利器，它们以五谷杂粮和香蕉、棉花等经济作物的茎、叶、芽作为食物。

★磕头虫

磕头虫是一种有趣的昆虫，当它被捉住的时候，会不停地磕头。事实上，它这并不是在磕头，而是躲避危险、试图逃走的本能反应。磕头虫并没有强健的后足，但它前胸腹面有一个像合页一样的机关，这让它成为跳高能手，它甚至能跳过自己身高的 50 多倍。

吉丁虫

吉丁虫是一种十分漂亮的甲虫，它们颜色鲜艳，有金属光泽，因此获得了一个响亮的名字——宝石甲壳虫。成虫有极强的飞行能力，喜欢栖息在阳光充足的地方。幼虫又扁又长，喜欢蛀食树木，甚至能够让树皮爆裂，因此被称作爆皮虫。

★萤火虫

萤火虫是一种小至中型昆虫，全世界约有 2000 种。萤火虫多分布于热带、亚热带和温带地区，以花粉、小昆虫、蜗牛为食。这是一种夜行性昆虫，尾部有发光器，能够发出黄绿色的光。

★天牛

天牛因触角长、力气大、飞行能力强而得名。天牛是植食性昆虫，全球都有分布，但热带地区最多。它们最大的特点是拥有一对比身体还长的夸张的触角，这对触角不仅可以自由转动，还能向后搭在背上。多数天牛还能发出咔嚓的锯树声，因此有“锯树郎”的绰号。

皮蠹

皮蠹是一种小型甲虫，背部通常覆盖着绒毛或鳞片。这是一种害虫，它们主要以谷物、皮毛、羽毛、毛发、角质等为食，但也正因为这一饮食特性，它们常被用来清理骨头标本的碎末，还不会损害标本。

窃蠹

窃蠹是一种小型甲虫，呈椭圆形或卵圆形，颜色呈褐色或黑色，受到惊吓时会把脚缩起来装死。窃蠹在全球均有分布，是一种臭名昭著的害虫，主要为害烟草、药材、家具、图书等。

中华萝藦叶甲

中华萝藦叶甲是一种数量大、分布广泛的甲虫。它们的身体呈卵形，颜色呈蓝绿色或蓝紫色，并有金属光泽。这类甲虫主要寄生在茄子、芋头、甘薯、曼陀萝等的植株上，以叶片为食。

步甲

步甲，也叫步行虫，因为善于爬行而得名，全世界约有25000种，分布十分广泛。这种虫子多为深色，常常有金属光泽，它们不善于飞行，喜欢在地表活动。

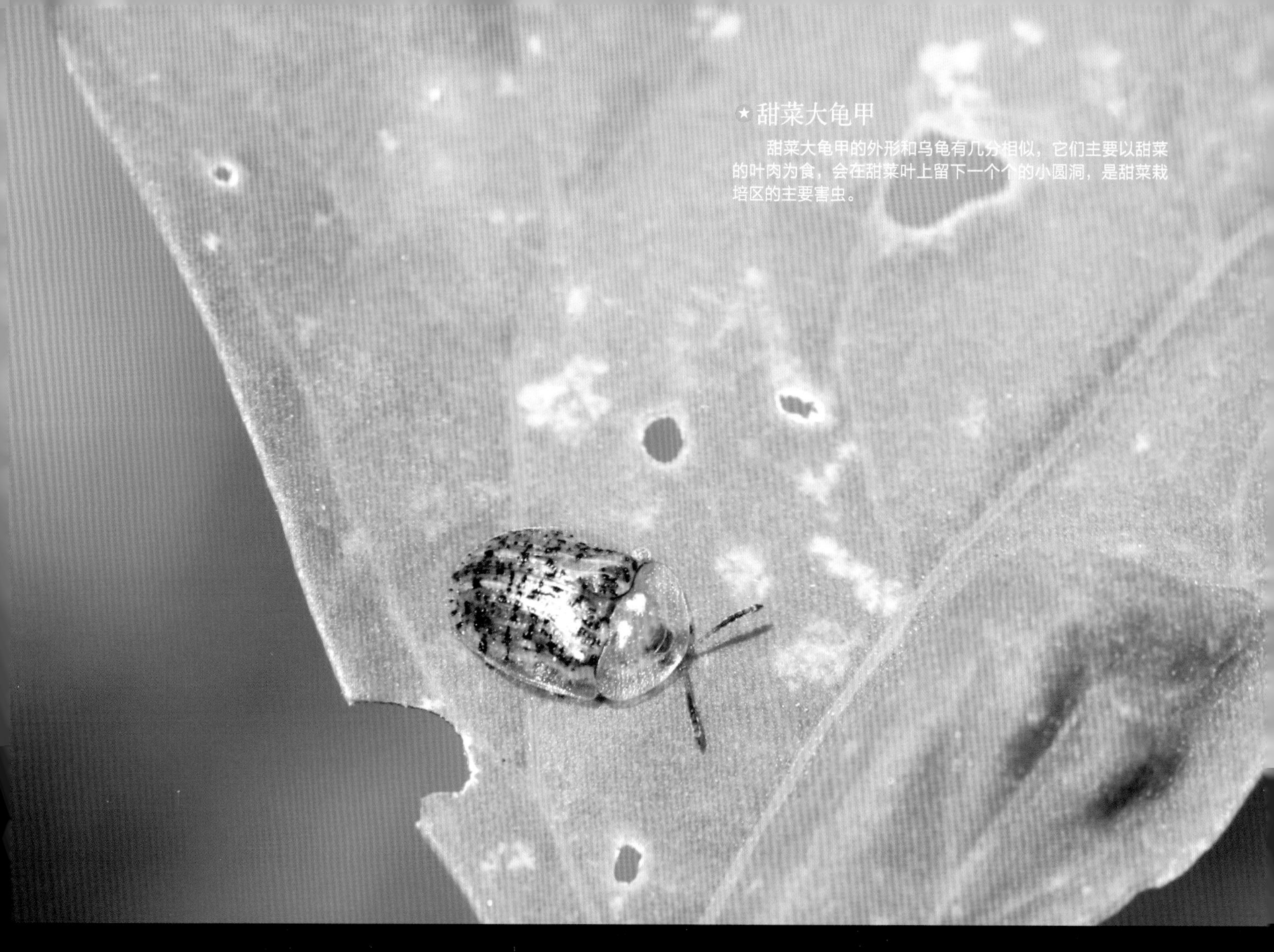

甜菜大龟甲

甜菜大龟甲的外形和乌龟有几分相似，它们主要以甜菜的叶肉为食，会在甜菜叶上留下一个个的小圆洞，是甜菜栽培区的主要害虫。

中华虎甲

中华虎甲是一种肉食性甲虫，会捕食各种昆虫和小型动物，我国南北方都有分布。它们全身都散发着金属光泽，翅膀发达，善于飞行。在山间小道上，人们经常可以看到它们迎面飞来，所以又把它们叫作“拦路虎”。

蚁甲

蚁甲是一种长相酷似蚂蚁的甲虫，它们喜欢栖息在阴暗潮湿的地方。这是一种很贪吃的甲虫，植株上、岩石下、垃圾堆里，经常可以看到它们觅食的身影。

▲兰花螳螂

兰花螳螂因形态与兰花相似而得名。兰花螳螂很会伪装，它们往往趴在花上等待猎物上门，并会根据花色的深浅来调整自己身体的颜色，这便于它们猎捕到食物。

◀枯叶螳螂

枯叶螳螂因其颜色酷似枯叶而得名。枯叶螳螂身上的这种保护色，一则可以使其逃避天敌，二则可以帮助其更好地觅食。

▼薄翅螳螂

薄翅螳螂因其双翅薄如纱般而得名。这种螳螂的显著特点是它的前腿上有黄黑斑点，前腿尖呈嫩黄色。主要捕食棉蚜、叶蝉、蝼蛄等。

魔花螳螂

魔花螳螂，又被人们称为“螳螂之王”，外表艳丽，体形较大，数量稀少，可以模仿花朵，是自然界中十大怪异昆虫之一。

螳螂交配

螳螂交配后，有的雌螳螂由于饥饿，会吃掉雄螳螂，这样可以使雄螳螂的精液持续注入自己体内，确保卵子受精。研究证明，吃掉雄螳螂后，雌螳螂产出的后代数目要多 20%。

螳螂的蛹

螳螂的蛹常挂在树干上。不同种类的螳螂，其蛹的形状是不同的。次年夏天，从螳螂的蛹中能够孵化出数百只若虫。若虫经过几次蜕皮，就发育成成虫了。

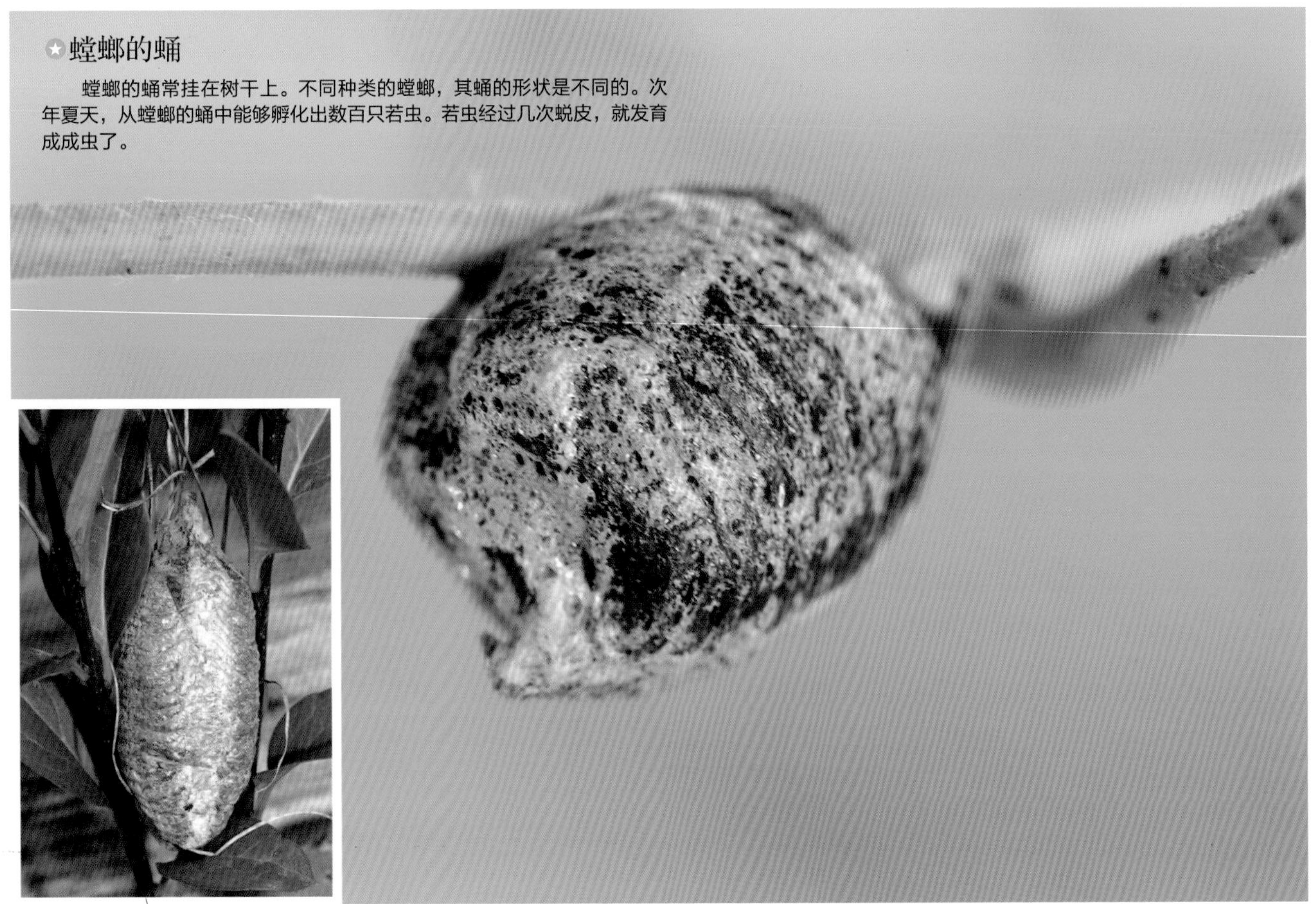

螳螂的前臂

螳螂的前臂上有两把“大刀”，上面各有一排特别坚硬的锯齿，末端处又各有一个钩子，专门用来捕获猎物。

螳螂捕食

螳螂是食肉昆虫，喜欢捕捉活虫，能消灭很多害虫，是一种益虫。螳螂中的一些种类，甚至还攻击小鸟、蛙类等小动物。

◀ 刺蛾

刺蛾大多呈黄褐色和暗灰色，身体上布满了绒毛和厚鳞。主要于夜间出来活动，具有强烈的趋光性。幼虫体上有刺和毒毛，人触及后，皮肤会红肿，非常疼痛，“刺蛾”的名称便是由此而来。

▼ 蚕蛾

蚕蛾身体庞大，但两对翅膀较小，飞行能力不强。这是一种可以食用的蛾子，据记载，唐朝时期，皇室视其为一种珍贵的补品。

豹灯蛾

豹灯蛾身体很大，但并无毛。颜色非常鲜艳，前翅呈白色和棕色，后翅呈橙色。由于所吃的植物散发出一种很难闻的气味，豹灯蛾因而能躲避掉鸟类的捕食。

豹蛾

豹蛾体呈白色，翅膀上面有很多黑色的斑点，主要在夜间飞行。这是一种害虫，主要为害落叶树的主干和根部，致使树木的生长受到严重的阻碍。

★ 蜂蛾

蜂蛾是一种长喙天蛾，在外形方面很像蝴蝶，拥有长长的喙管和膨大的触角；在发声方面很像蜜蜂，能发出清晰的嗡嗡声。此外，它和蜂鸟也非常相似，故又被称为蜂鸟蛾。这种奇特的昆虫，在我国北方并不多见。

夹竹桃天蛾

夹竹桃天蛾是一种中大型蛾子，因主要寄生于夹竹桃树上而得名。颜色呈橄榄绿色。幼虫贪食幼苗的叶片以及嫩茎，但并不危害大树。成虫主要于夜间活动，飞翔能力很强，具有趋光性。

地毯尺蛾

地毯尺蛾是尺蛾科的一种。地毯尺蛾休息的时候，将翅膀平展在栖息面上，很像一层地毯，它也因此得名。

尺蛾

尺蛾体形中等，它的身体一般细长，翅膀较薄，前后翅面很宽大，当静止不动的时候尺蛾常将翅膀平展在身体两侧。多数尺蛾夜间活动。这是一种害虫，主要为害树木。

美国白蛾

美国白蛾是一种中型蛾子，复眼呈黑褐色，腹部多呈白色，前后翅均为纯白色。这种昆虫繁殖能力很强，而且危害特别严重，常常把树木的叶片蚕食得干干净净，严重影响树木的生长。

斑蛾

斑蛾身体狭长，口器发达，后翅颜色较深，体具虹彩光泽，形状有点儿像蝴蝶。飞翔能力较弱，常于白天在花丛间飞行。这是一种害虫，主要为害树木。

△阿特拉斯蛾

阿特拉斯蛾，又称皇蛾，被认为是全世界最大的蛾子，最大的翅膀有400平方厘米，前翅最长达30厘米。大多数此类蛾子都以栗色为主色，身体呈三角形，前后翅的边上长有黑色的眼线纹。

▽孔雀蛾

孔雀蛾长相非常漂亮，呈褐色或棕色，身体中间有锯齿形的线，翅膀的周围有一圈灰白边，两个前翅和两个后翅中间则各有一个大“眼睛”。这种蛾子是由一种很漂亮的毛虫变成的。它们以吃杏叶为生。

天蚕蛾

天蚕蛾体形较大，颜色鲜艳，前后翅的中间均有眼状纹或者眉形斑，有的种类后翅还有长长的尾突，非常漂亮。天蚕蛾是一种产丝益虫，主要吃树叶。

菜粉蝶

菜粉蝶是一种常见的蝴蝶，它对环境的适应能力很强，在全国各地都能见到。它的幼虫就是菜青虫，寄食各种植物，是农作物的一大害虫。成虫不吃菜叶，只吸食花蜜。

南美大闪蝶

南美大闪蝶是一种色彩斑斓的大蝴蝶。它们的翅膀会显现出蓝色，这是因为光透过翅膀上的鳞片发生了折射。这种蝴蝶喜欢吃发霉果实的汁液，比如芒果、荔枝、猕猴桃。

大帛斑蝶

大帛斑蝶是一种飞行缓慢的大型蝴蝶，它们的翅膀展开后能达到 12~14 厘米，上面布满了黑白相间的斑纹。

柑橘凤蝶

柑橘凤蝶是一种十分美丽的蝴蝶，它的翅膀呈淡黄绿色，上面排列着黑色的斑纹。成虫以花蜜为食，幼虫蛀食柑橘植株的芽和叶，是柑橘种植区的常见害虫。

蓝凤蝶

蓝凤蝶，也叫黑凤蝶，它们的翅膀为黑色，并呈现深蓝色的天鹅绒光泽。

▲ 长尾弄蝶

长尾弄蝶喜欢栖息在耕地或湿地，它们长着长长的尾巴，触角顶端有明显的弯曲。

▼ 波纹眼蛱蝶

波纹眼蛱蝶是以它的形态特征命名的一种蝴蝶，我国广东、台湾多见。它们的翅膀呈淡灰褐色，上面分布着波状纹和眼状纹。

金凤蝶

金凤蝶因色彩明艳华丽而得名，被誉为“能飞的花朵”。它们喜欢生活在繁茂的花木丛中，以花粉和花蜜为食。这种美丽的大蝴蝶，具有很高的药用价值和观赏价值。

帝王蝶

帝王蝶，也叫黑脉金斑蝶，它们的翅膀展开后有 10 厘米左右，上面分布着黑色和橙色的斑纹。帝王蝶每年都要进行南北迁徙，这是它们与其他蝴蝶最大的不同。

★蜉蝣

蜉蝣是最古老、最原始的有翅昆虫。身体小而细长，头部小，触角短，复眼发达。蜉蝣的幼虫以藻类等水生植物为食，会在水中度过漫长的 1~3 年。当它们进化为成虫时，消化系统就会消失，无法再进食，只能活几个小时至几天，因此有“朝生暮死”之说。

▲ 蟑螂

蟑螂，学名蜚蠊，全球目前已发现约 4000 多种。它们是世界上最古老的昆虫之一，曾经和恐龙生活在同一个时代。蟑螂的身体呈扁平状，黑褐色，头部长有丝状的触角。它们的足虽然很纤细，却能够跑得飞快。

◀ 蟑螂的饮食特性

蟑螂是一种杂食性昆虫，饮食爱好十分广泛，人类的各种食物如米饭、糕点、面包、瓜果等都是它们的美食。但在各种食物中，又香又甜的面制食品对它们最有吸引力。除了食品，蟑螂还咬食其他物品，如木制家具、棉毛制品、皮革制品、书籍纸张等。

蟑螂的繁殖

蟑螂是一种繁殖能力极强的昆虫，雄性蟑螂一生交配多次，雌性蟑螂一生只交配一到两次，一次交配就可以终生繁殖。交配后的雌蟑螂每隔七到十天就能产出一个卵鞘，里面包裹着十几粒至几十粒卵。一只雌蟑螂一年可以繁殖数万只后代。

蟑螂的蜕变

蟑螂从若虫长到成虫，要经过多次蜕皮，它们蜕皮的次数和成长的速度会受到气候、食物等因素的影响。比如：德国小蠊要经过 6~7 次蜕皮，美国大蠊要经过 10~12 次蜕皮。蟑螂是不完全变态的昆虫，它们的一生要经历卵、若虫和成虫三个时期。

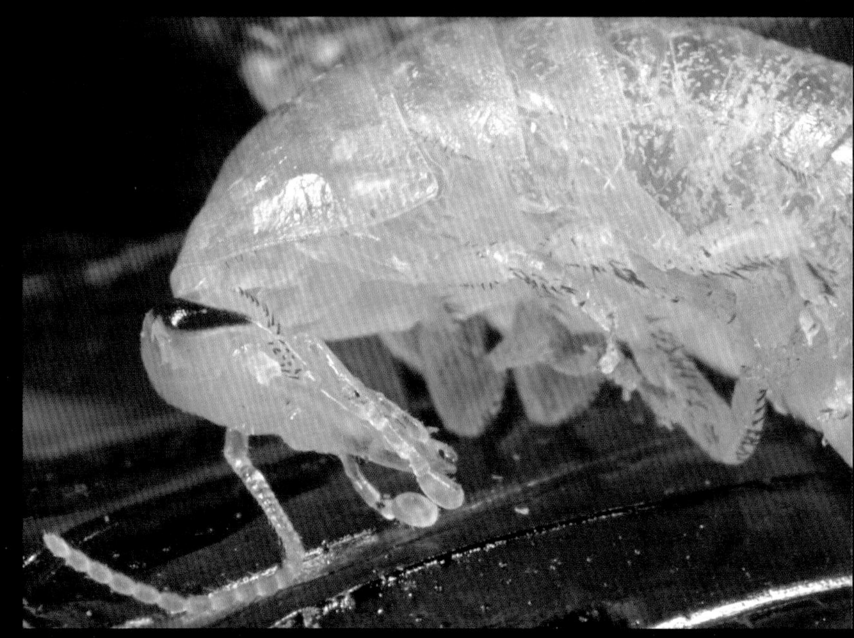

跳蚤

跳蚤是一种小型无翅昆虫，多寄生在哺乳动物和鸟类的身上，以吸血为生。粗壮的后腿赋予了它们跳跃的本领，它们甚至能跳过相当于自己身长 350 倍的距离。

虱子

虱子是一种没有翅膀的小型昆虫，主要寄生在人类、其他哺乳动物和鸟类身上。虱子以血液、毛发和皮屑为食，常常会传染疾病。目前，经虱子传染的疾病主要有回归热、流行性斑疹伤寒、战壕热等。

△竹节虫

竹节虫身体细长，很像细树枝，当它的 6 只足紧靠身体时，又很像竹节，它也因此而得名。竹节虫的身体呈深褐色、绿色或暗绿色。全世界共有 2200 多种，多栖息于深山、密林中。竹节虫是一种害虫，主要为害森林和农作物。

▽竹节虫的饮食特点

竹节虫是植食性昆虫，主要吃灌木和乔木的叶片。在大洋洲，竹节虫主要吃尤加利树叶。有时候，大批的竹节虫会给树木带来毁灭性灾难。

竹节虫的伪装技巧

竹节虫非常善于伪装，当它栖息在树枝或竹节上时，完全就像是树枝或竹节；当它爬到植物上时，又能模仿植物，使自己的体形与植物相吻合。因此，它不易被天敌发现，能够很好地保护自己。

竹节虫的卵

竹节虫通常将卵产于地上，卵外面包裹着坚实的囊，看起来很像种子。卵要经过 1~2 年才能孵化成若虫。

白蚁

白蚁，又名大水蚁，因为它们通常在下雨之前出现，所以会有这个名字。白蚁的身体呈扁圆状，且较柔软，多为白色、淡黄色与赤褐色。白蚁有长翅、短翅和无翅三种类型，其中，有翅白蚁的前后翅等长，而且翅长远远超过身体的长度。

白蚁掉翅

每年到了繁殖期时，长翅型白蚁就会从巢中飞出来进行交配，但交配时它们的长翅膀会脱落，散落一地。

白蚁的卵

白蚁具有很强的繁殖能力，一般由蚁后负责产卵，在生殖的鼎盛时期，蚁后一昼夜可以产卵多达 10000 枚，一生可以产卵 5 亿多枚。

▲ 白蚁冢

白蚁冢是白蚁为自己筑的巢，最高的可达 9 米，形成塔的形状，和冢相似。白蚁冢很坚固，风刮不倒，雨浇不垮。里面有产卵室、育幼室、隧道、通风管等，可供数百万只白蚁栖息。

▼ 木栖性白蚁的侵蚀性

白蚁中的木栖性白蚁喜欢食用木质纤维，它们常常在有木的地方筑巢，以利于就地取食，这给树木造成了很大的侵蚀性，对树木的生长非常不利。

木匠蚁

木匠蚁，又名木蚁，它们喜欢在林木上、房屋的横梁上筑巢，在木材里做通道。它们喜欢吃食物的碎屑，有时也会捕捉其他昆虫吃。

黑蚁

黑蚁主要产于云南、广西及大小兴安岭一带。黑蚁含有人体所需的多种营养成分及微量元素，具有药用价值。

日本弓背蚁

日本弓背蚁是一种比较常见的蚂蚁，头部较大，通体黑色，有些个体的颊前部、唇基、上颚等部位呈红褐色。这种蚂蚁主要在地下筑巢，以小昆虫和植物的分泌物为食。

子弹蚁

子弹蚁是南美洲特有的一种大型蚂蚁，主要分布在亚马孙地区的雨林中，体长可达 3 厘米。子弹蚁蜇人剧痛无比，它也因此而得名。子弹蚁喜欢单独觅食，主要以小型的蛙类为食。

切叶蚁

切叶蚁主要分布在中美洲和北美洲，它们是一种真菌种植者，喜欢从树木上切下叶子，然后带回巢穴里进行发酵，为的是食用叶子上长出来的蘑菇，所以又名蘑菇蚁。

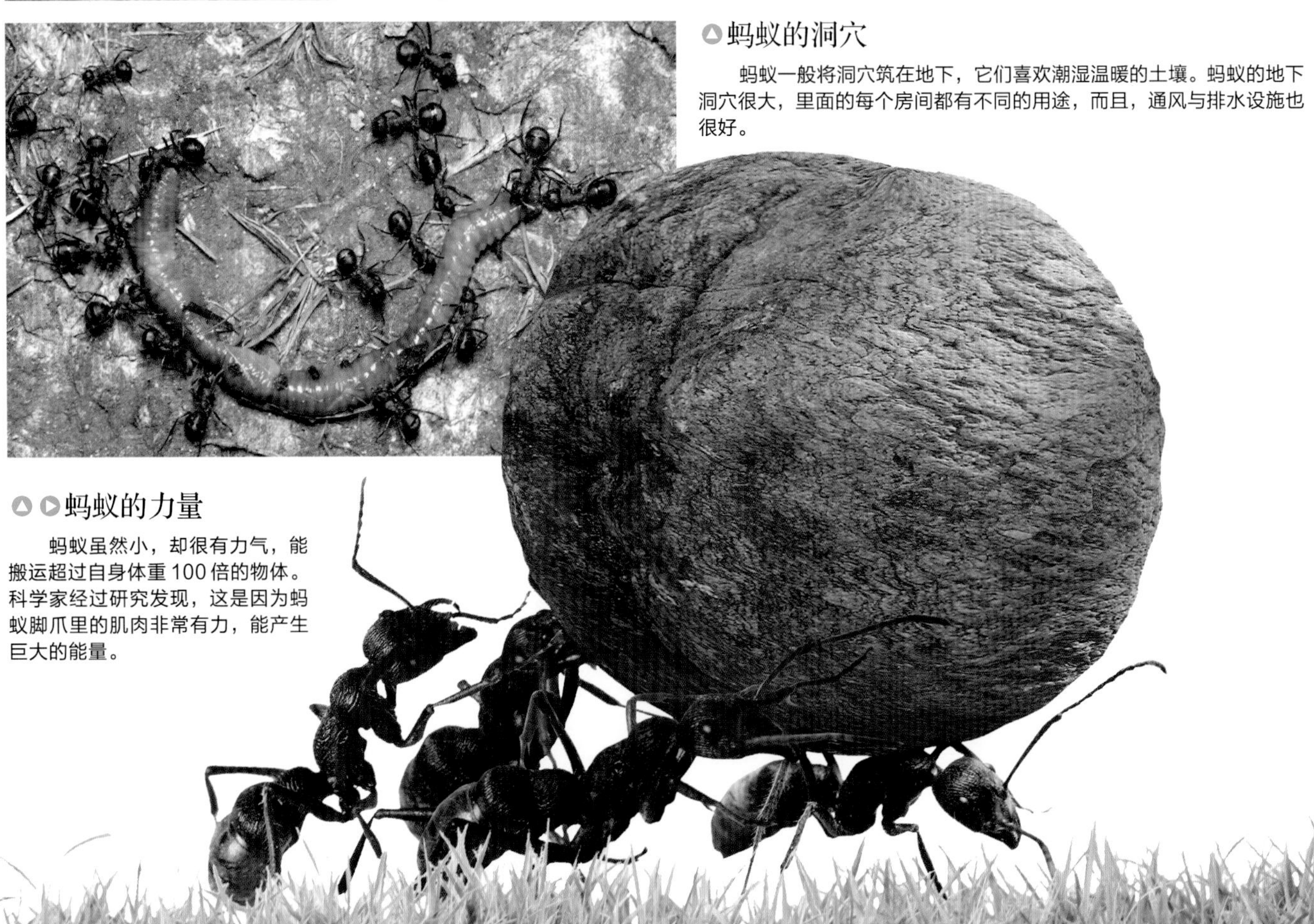

蚂蚁的洞穴

蚂蚁一般将洞穴筑在地下，它们喜欢潮湿温暖的土壤。蚂蚁的地下洞穴很大，里面的每个房间都有不同的用途，而且，通风与排水设施也很好。

蚂蚁的力量

蚂蚁虽然小，却很有力气，能搬运超过自身体重 100 倍的物体。科学家经过研究发现，这是因为蚂蚁脚爪里的肌肉非常有力，能产生巨大的能量。

蚂蚁的触角

蚂蚁的触角很奇特，上面长有非常灵敏的嗅觉器官，不仅能够辨别气味，还能够辨别气味来源的方向。而且，蚂蚁的触角可以传递信息，当一只蚂蚁发现了食物后，它会通过触角将这些信息传递给别的蚂蚁。

蚂蚁的若虫

蚂蚁的若虫为乳白色，呈不规则的椭圆形。一个若虫往往会得到 2~4 只蚂蚁的照顾。

蚂蚁的食物

有些蚂蚁特别喜欢吃蚜虫，它们会把蚜虫贮存起来以备食用，甚至还能从蚜虫身上抽取一种含糖的物质作为自己的食物。

梨茎蜂

梨茎蜂，也叫剪枝虫、剪头虫，专吃梨树的嫩梢，是梨树的主要害虫。它的身体细而长，呈黑色，翅膀透明呈淡黄色。雌蜂腹部有锯齿状的产卵器。

沙蜂

沙蜂是一种以沙土筑巢的蜂。它的身体是黑色的，并带有黄色、橙色与红色的斑纹。“细腰”是沙蜂的一个显著特点，它的腹部前端呈细柄状，后部逐渐加粗。

▲ 青蜂

青蜂，又名杜鹃蜂、红尾蜂，它们的身体呈蓝色、绿色或紫色，并有金属光泽。青蜂是一种寄生蜂，它们常常把卵产在其他蜂类的巢里，青蜂幼虫孵化以后，就以巢里的食物为生，有时它们还会吃掉其他蜂类的幼虫。

★ 马尾蜂

马尾蜂体长约 19 毫米，触角呈丝状，和身体一样长。雌蜂尾端的产卵管长约 150 毫米，就像马尾一样，故有“马尾蜂”的名号。它是一种有益的寄生蜂，把卵产在蛾类的幼体上。

★紫木蜂

紫木蜂主要分布于甘肃、新疆、西藏、内蒙古等地。雌蜂体长约 25 毫米，翅膀闪耀着紫色的光泽；雄蜂体形较小，长约 20 毫米，翅膀呈紫褐色。

★蜜蜂

蜜蜂是一种会飞行的昆虫，它们的身体呈黄褐色或黑褐色，上面生有密密的绒毛。蜜蜂喜欢在花丛中飞行，它们不仅可以制造蜂蜜，而且还可以在采花粉的过程中传播花粉，是一种对人类有益的昆虫。大部分蜜蜂喜欢群居，内部分工明确。

黄蜂

黄蜂，又叫胡蜂或蚂蜂，种类繁多、分布广泛。它们有着膜质的翅膀，飞行速度很快。雌蜂尾部有一根长螯针，遇到危险时会发动攻击，并射出毒素，从而导致敌人过敏、中毒甚至死亡。黄蜂也是群居而生，分工明确；巢穴内部设施齐全，功能各异。

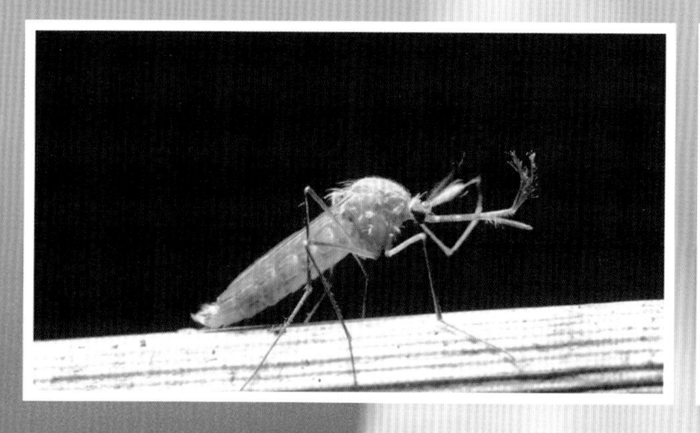

★蚊子

蚊子是一种纤小的飞虫，分布非常广泛，除了南极洲，各个大洲都有它的足迹。蚊子对人类最大的危害就是传播疾病，目前全球经蚊子传染给人类的疾病主要有登革热、疟疾、黄热病、丝虫病、流行性乙型脑炎等。

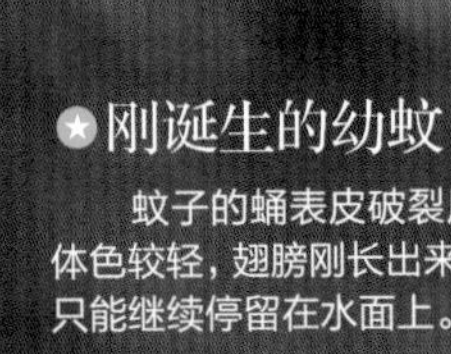

刚诞生的幼蚊

蚊子的蛹表皮破裂后，幼蚊就诞生了。刚诞生的蚊子体色较轻，翅膀刚长出来，由于还没有变硬，所以无法起飞，只能继续停留在水面上。

孑孓

孑孓即蚊子的幼虫，主要生活在水中，以藻类为食。孑孓需要经过 4 次蜕变，才能成长为蛹，而蛹仍旧是漂浮于水面上。

雌蚊

雌蚊靠吸食人的血液为生。吸血时，雌蚊由于不能张口，并不能“咬”，只能“刺”，用 6 支像针一样的构造刺进人的皮肤。吸到血后，它们的卵巢才能得到发育，从而繁衍后代。

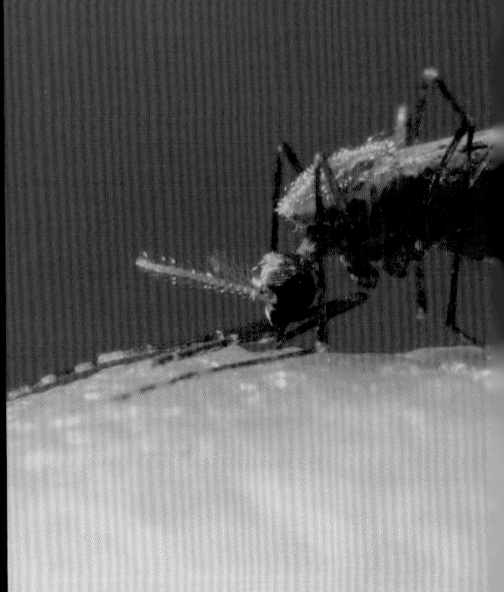

蚊子的交配

蚊子交配前，成群结队的雄蚊一般先在野外草丛中或者围绕着树顶、屋檐做群舞状，雌蚊看见后就会飞过去同雄蚊交配。蚊子交配通常在清晨或者傍晚进行。

雄蚊

雄蚊是“食素”的，它们喜欢吸食花蜜。除此之外，它们还很喜欢吸食植物的茎、叶和果子的汁液。

★ 食蚜蝇

食蚜蝇的典型特征是它的身上有黄色、橙色或灰白色的斑纹，很像蜜蜂或马蜂。体形有的较宽，有的则比较纤细。食蚜蝇喜食花粉与花蜜，并能传播花粉，经常在花丛中飞行。

麻蝇

麻蝇有一个突出的特征，那就是它的背上有三条黑纹。因为主要以腐烂的东西为食，麻蝇几乎就是肮脏的代名词。麻蝇属于卵胎生，雌蝇有的将幼体产于腐肉上，有的将幼体产于幼兽的皮上，成为寄生虫。

丽蝇

丽蝇一般为蓝色、绿色或黑色。丽蝇喜食花粉，是芒果这一作物的授粉昆虫；它的幼虫则喜食腐肉及粪便。丽蝇喜欢潮湿、松散的土壤，一般分布在热带及温带地区。

蜂蝇

蜂蝇是食蚜蝇科的一种，因为体形酷似蜜蜂而得名。正因为这一特性，蜂蝇能够有效地吓退前来入侵的敌人，所以它又被誉为自然界的“伪装高手”。

家蝇

家蝇是最普遍的一种苍蝇，在人类居所约占 90%。家蝇体表呈深灰色，腹部有的地方则为污黄色。家蝇的复眼突出，呈红褐色。家蝇虽然长有口器，但并不能叮咬，只能用来舐吸。在垃圾场、粪堆、果园附近，常有庞大的家蝇族群，严重影响了环境卫生。由于家蝇的足上带的病菌很多，所以它们还能传播疾病。

果蝇

果蝇因主要以腐烂的水果为食而得名。也有的果蝇以树的汁液和花粉为食物。果蝇主要栖息于果园、菜市场等地。由于易于培育，果蝇被大量应用在科学研究中。

微脚蝇

微脚蝇的体形较小，它们喜欢阴暗潮湿的环境，主要分布于低海拔山区，种类较少。

绿豆蝇

绿豆蝇具有舐吮式口器，主要以腐败的有机物为食，能传播痢疾等疾病。绿豆蝇只需交配一次，便可终生产卵。它的幼虫可以分解动植物，在生态系统中扮演着重要角色。

▲ 马蝇

马蝇的头比较大，身体表面长有细毛。马蝇一般生活在野外，它们将卵产在马、驴、骡子等动物身上，幼虫孵出后又会被这些动物舔毛时带到胃内，并寄生在那里。长大后，它们再往外爬。

▼ 寄蝇

寄蝇因幼虫专门寄生在其他昆虫的身体内而得名。在长相上，寄蝇很像家蝇。它们喜食花蜜，能传粉。除此之外，它们还喜欢吃蚜虫、介壳虫及植物的茎和叶所分泌的一种含糖的物质。

虻

虻，又名牛虻，是一种中、大型昆虫，呈黑色或棕褐色，体表多细毛，长得像蝇，主要生活在草丛中，靠吸吮人和兽的血液为生，因此能传播疾病。

飞行迅疾的虻

虻拥有非常强的飞翔能力，时速可以达到45~60千米。当看到有飞行的猎物时，虻便会以极快的速度飞冲过去，将之牢牢捉住。

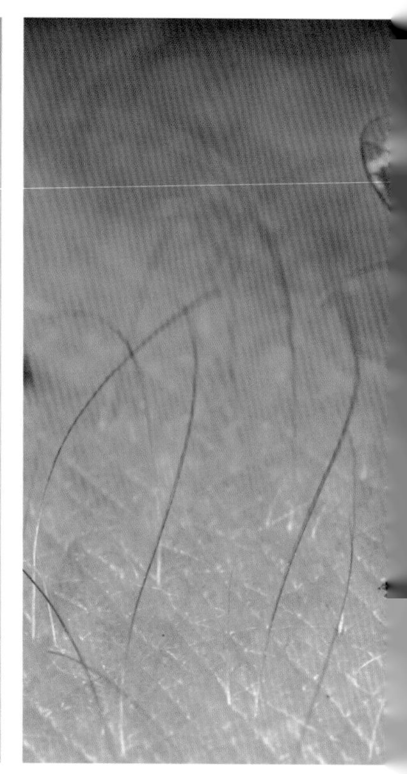

雄虻

雄虻喜欢吸食花蜜，常可于花丛中见到它们的身影。除此之外，它们还喜欢飞行于草丛和树林中，吸食植物的汁液。

虻的复眼

虻的复眼很大，而且具有金属般的光泽。图为雌虻的复眼，两眼之间有明显的距离，雄虻的复眼则是相连接的。虻的复眼周围长有很多粗大的刚毛，可以保护眼睛不受伤害。

雌虻

雌虻靠吸食血液为生，它们长有刺舐式口器，将人或动物的皮肤刺破后，由唇瓣上的拟气管来吸血。一般的雌虻一次可以吸血 20~40 毫升，一些大雌虻则一次可以吸血 200 毫升。

★ 螳蛉

螳蛉因为外形与螳螂相似而得名。它们身体细长，翅膀狭窄，前腿上有刺，能够像螳螂一样捕食猎物。

草蛉

草蛉的身体很柔软，呈绿色；翅膀很宽阔，呈透明状。它们以蚜虫、棉铃虫等为食，是田间的捕虫能手，常被用来防治农业害虫。

蚁蛉

蚁蛉长有狭长的翅膀，形态和豆娘十分相似。它们的触角较短，末端突出。蚁蛉的幼虫叫蚁狮，也就是我们熟知的“老倒”，它们藏在漏斗状的沙土窝下面，等待捕食掉进窝里的蚂蚁。

蝶角蛉

蝶角蛉是一种大型昆虫，外形和飞行的姿势都与蜻蜓十分相似。另外，它们的触角很长，末端膨大，与蝴蝶的触角很像。

丽色蟌

丽色蟌，又叫阔翅豆娘，它们的翅膀从根部逐渐加宽，呈褐黑色或褐红色，身体呈金属蓝绿色。

黑色蟌

黑色蟌，俗称黑豆娘，我国南北方都有分布。雄性黑色蟌的腹面呈黑色，背面是闪耀着金属光泽的绿色，两对翅膀漆黑闪亮，十分显眼。

★ 大红细蟌

大红细蟌是主要居住在欧洲的一种豆娘。这种豆娘的颜色很鲜艳，雄性的身体呈红色，雌性的身体呈黄色。

丹顶斑蟌

丹顶斑蟌的身体细长，是一种小型豆娘。它们的脸呈鲜艳的橙红色，身体上分布着蓝、绿、黄、黑等多种颜色的花纹。

莎草丝蟌

莎草丝蟌，也叫翡翠豆娘，这种豆娘有一个显著的特点，那就是它们栖息的时候翅膀通常是展开的，展开的角度大约是 45 度。

◎心斑绿蟌

心斑绿蟌是居住在欧洲的一种豆娘，它们的身体细长，呈蓝色，上面分布着黑色的斑纹。据说，心斑绿蟌是世界上最蓝的豆娘。

◎◎长叶异痣蟌

长叶异痣蟌主要分布在我国华北、东北地区，它们常常栖息在植物茂盛的池塘、湖泊附近。其中，雌性长叶异痣蟌颜色鲜艳，尾部有突出的淡蓝色。

★黑丽翅蜻

黑丽翅蜻的身体和翅膀呈黑色，并闪耀着蓝色的金属光泽。它们的翅膀像蝴蝶一样美丽，飞行姿态像蝴蝶一样优美，因此又被叫作“蝶形蜻蜓”。

蓝晏蜓

蓝晏蜓是一种较大的蜻蜓，色彩绚丽，体呈黑色，并有绿斑纹，雄虫的腹部有蓝斑点。雄虫常在空中盘旋，用身体撞击其他雄性，以守卫自己的地盘；雌虫则通常在水中、苔藓上或芦苇丛中产卵。

★异色多纹蜻

异色多纹蜻是一种小至中型蜻蜓。雄虫体色浅黄，翅膀上的脉纹呈黑色，腹部的黑斑断断续续；雌虫体呈黄色，翅膀呈红色透明状，腹部的黑斑连成了一条直线。

★红蜻蜓

红蜻蜓是最常见的一种蜻蜓，经常在水边的草丛里活动。这种蜻蜓很特别，它们虽然叫作红蜻蜓，但成熟的雌虫和未成熟的雄虫都是黄色的，不过，雄虫在成长的过程中会逐渐变为红色。

帝王伟蜓

帝王伟蜓是欧洲最大的一种蜻蜓。雄性的胸部呈苹果绿色，腹部呈天蓝色；雌性的胸部和腹部都呈绿色。它们常常在高空飞行，捕食蝴蝶、蝌蚪等小型动物。

黑寡妇蜻蜓

黑寡妇蜻蜓的体形中等，它们主要生活在北半球温带地区，经常栖息在旷野、河流和池塘等地方。它们的翅膀很特别，从根部到末端由黑色、白色和透明三部分组成。

四斑猎蜻

四斑猎蜻，也叫四斑掠蜻，因一对翅膀上有四个斑点而得名。它们主要分布在亚洲、欧洲和南美洲，是一种很常见的蜻蜓。

异色灰蜻

异色灰蜻的雄虫和雌虫差别很大：雄虫的头呈蓝色，身体呈灰色，尾端呈黑色；雌虫的头呈褐色，身体黄褐相间，尾巴黑、褐、灰相间。

中华稻蝗

中华稻蝗的身体呈绿色或黄绿色，左右两侧有褐色的花纹，是一种分布极为广泛的蝗虫。它们主要啃食玉米、高粱、水稻、小麦等的茎叶，会对农作物造成很大的危害。

东亚飞蝗

东亚飞蝗是较常见的蝗虫之一。它们的身体为黄褐色，分为头、胸、腹三部分，长有一对角质的前翅和一对膜质的后翅。东亚飞蝗有迁飞的习惯，当大量的成虫飞过，大片的庄稼就都被吃成了光杆。

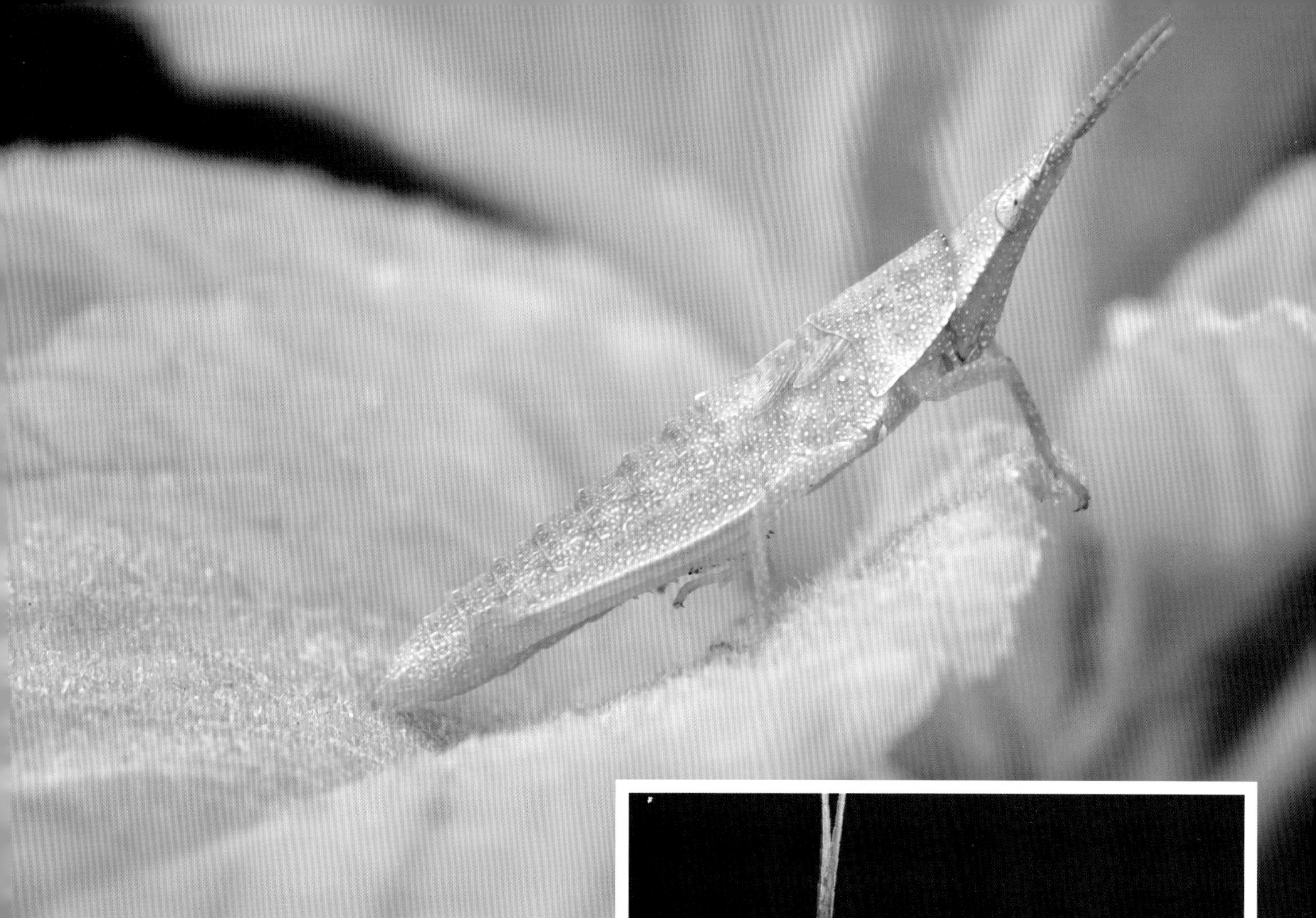

短额负蝗

短额负蝗与中华剑角蝗相似，但个头比中华剑角蝗稍小，头部也较短。另外，短额负蝗身上有淡黄色的小突起，后翅的根部呈红色。

中华剑角蝗

中华剑角蝗，又叫中华蚱蜢、东亚蚱蜢，它们的身体细长，呈绿色或褐色，后翅呈淡绿色，脑袋呈长圆锥形，脸部向后倾斜，头顶长着一对剑状的小触角。中华剑角蝗是一种害虫，主要啃食玉米、高粱、水稻、小麦等农作物。

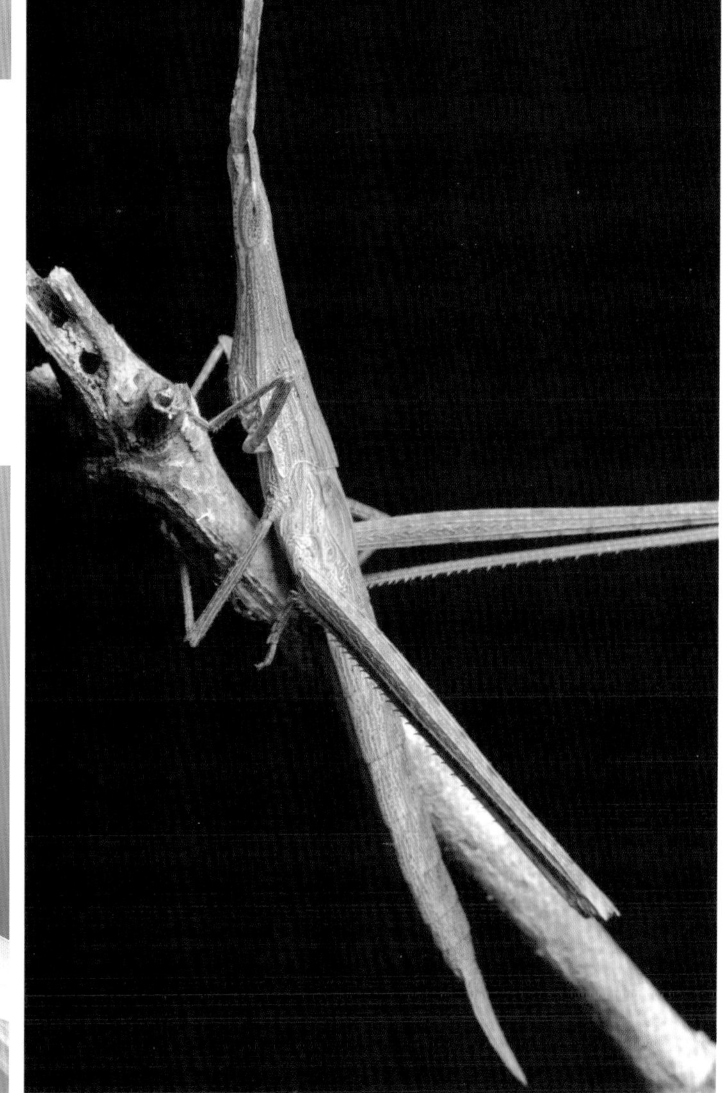

蝗虫的繁殖

在蝗虫的交配季节，雄虫会摩擦翅膀和后腿，从而发出声音，吸引雌虫前来交配。交配后，雌虫会把产卵管插入土中，然后把卵产下。

蝗虫的保护色

蝗虫的体色可以在适应环境的过程中不断演变，常常与环境融为一体，这样它们就能更好地把自己隐藏起来。

蝗虫的饮食特性

蝗虫是植食性昆虫，它们不仅啃食水稻、玉米等农作物的叶子，也吃各种树叶和草叶。这要得益于它们宽大的嘴巴和发达的下巴，为它们咀嚼叶片提供了方便。

△蝗虫的幼虫

雌性蝗虫产卵 21 天后，幼虫就孵化了，然后，它们会从土中爬出来，样子和成虫差不多，只是身体的颜色比较浅，而且也没有翅膀。

▽蝗虫的后腿

蝗虫的后腿强壮而有力，可以跳出比自身长几十倍的距离，凭借这个优势，它们可以避开天敌的袭击。

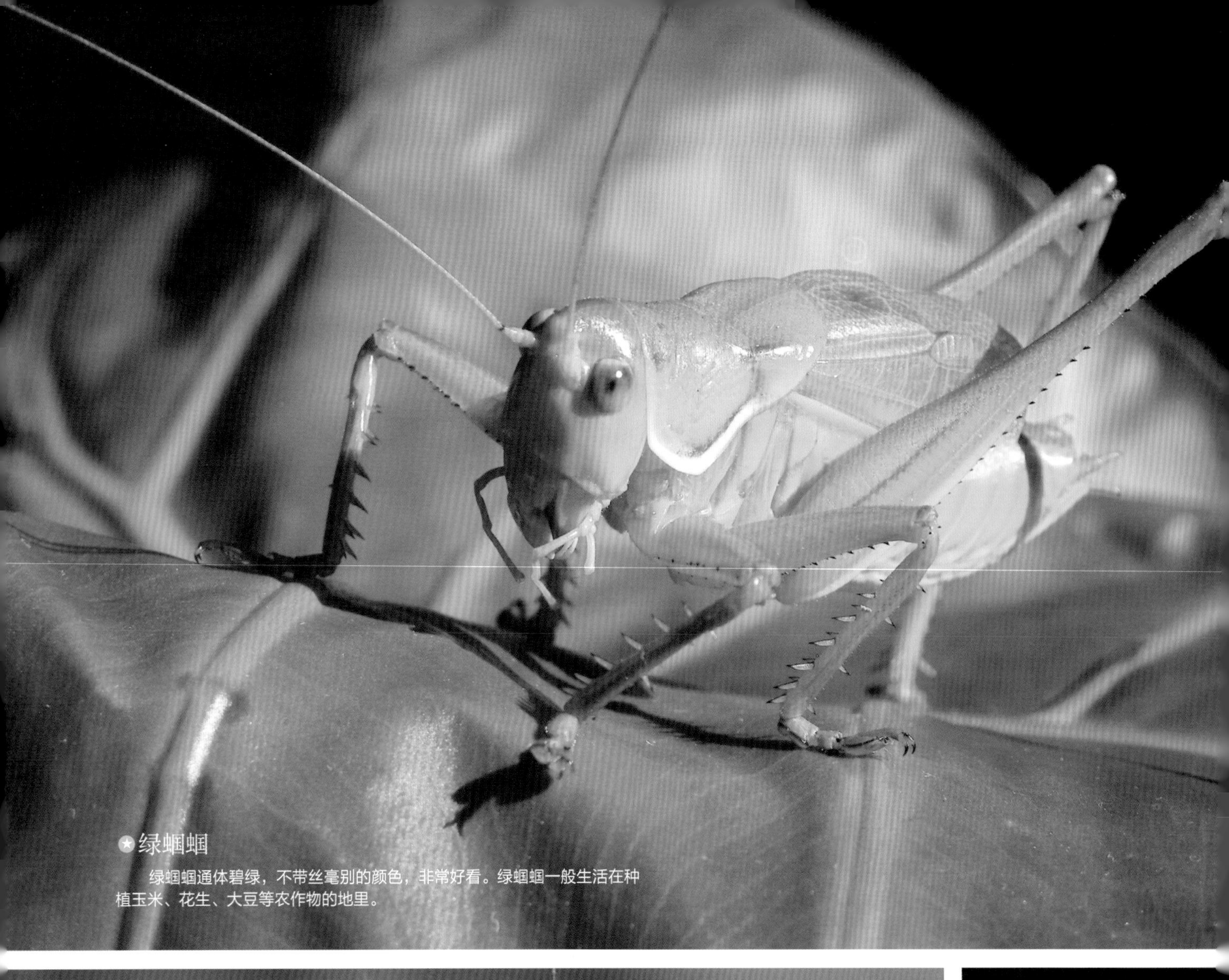

绿蝈蝈

绿蝈蝈通体碧绿，不带丝毫别的颜色，非常好看。绿蝈蝈一般生活在种植玉米、花生、大豆等农作物的地里。

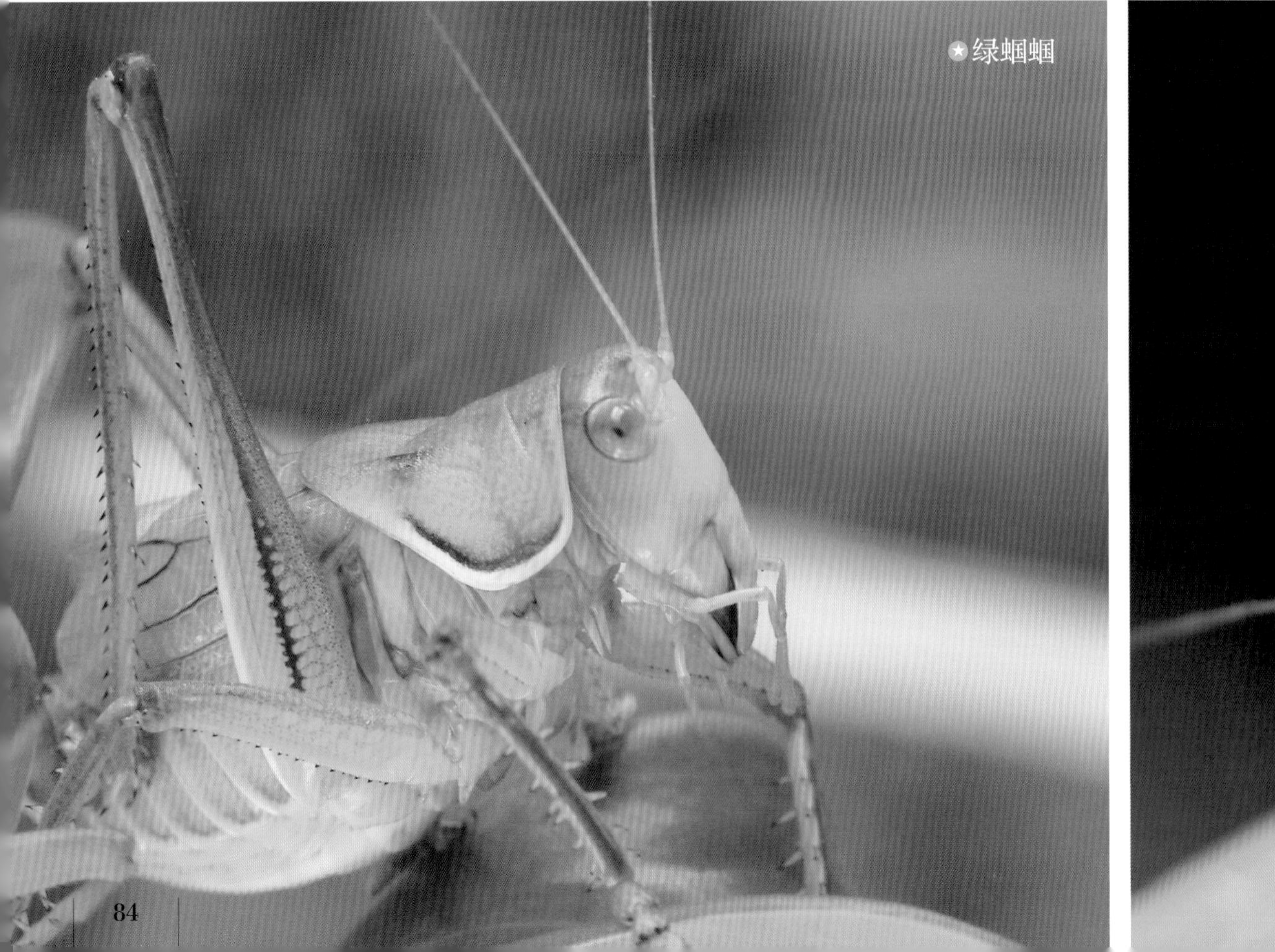

绿蝈蝈

黑蝈蝈

黑蝈蝈通体黑色，像铁皮，因此又称“铁皮蝈蝈”。黑蝈蝈主要生活在北京郊外的西山里，个头较大，鸣声响亮、有力、宽厚、沉稳，有大将风度。

红褐蝈蝈

红褐蝈蝈个头较大，头部、腹部和背部多呈褐红色，体色极美，但比较罕见。红褐蝈蝈主要生活在北方的燕山地区，它的鸣声响亮而强劲。

暗褐蝈蝈

暗褐蝈蝈的翅膀很长，超过了身体，多呈褐绿色，鸣叫声常是连续的“吱拉，吱拉”，因此又被叫作“吱拉子”。暗褐蝈蝈主要分布于我国北方，有的以小型昆虫为食，有的以植物为食。

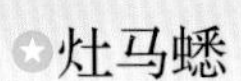

灶马蟋

灶马蟋是一种比较小的鸣虫，它们的体形较大，身体略扁，触角较长，通体呈黄褐色。因为身上有一种厨房里的油垢味，所以又被称作“灶蟋”。它们通常栖息于断壁残垣之间。

中华蟋蟀

中华蟋蟀体呈黑褐色，长约 2 厘米。中华蟋蟀是一种穴居蟋蟀，主要生活在地面下或砖石缝中，多于夜间出来活动。这是一种农业害虫，主要为害植物的根、茎与叶。

蝼蛄

蝼蛄较大，头部较尖，体表有细绒毛。蝼蛄主要生活于地下，它们的前足特别适合铲土，可以在湿土中钻 15~20 厘米，因此又有“土狗子”之称。这是一种害虫，它们咬食农作物的根部和茎叶，对农作物生长危害极大。

★多伊棺头蟋

多伊棺头蟋通体呈黑褐色，头部较奇特，头顶向前呈半圆形突出，就像棺材的前部，所以又被称为“棺材头”。多伊棺头蟋喜欢阴湿的环境，多栖息于草丛、泥土或墙脚下，叫声清澈响亮。

▲斗蟋

斗蟋体形中等，呈黑褐色，头部较圆。这种蟋蟀有两个突出习性：一是善鸣，鸣声宽洪，且能连续长鸣；二是好斗，彼此之间一旦碰到一起，就会开始打斗，直到分出个你死我活为止。

★油葫芦

油葫芦浑身油光闪亮，就像在油中浸泡了一样，而且，它们的鸣叫声也很特殊，就像是从葫芦里往外倒油的声音，所以被命名为“油葫芦”。油葫芦主要吃大豆、花生、棉花等植物的根、茎与叶，是一种害虫。

琉璃蝽象

琉璃蝽象，也叫蓝蝽，全身呈宝蓝色，并闪耀着强烈的金属光泽。这是一种肉食性昆虫，经常捕食一些身体柔软的小昆虫。

红脊长蝽

红脊长蝽的身体呈赤黄色，长椭圆形，背部的小盾片为黑色三角形，左右两侧则各有一个近似方形的大黑斑。这是一种植食性昆虫，主要为害油菜、白菜、葫芦、牵牛、刺槐、花椒等植物。

横纹菜蝽

横纹菜蝽的身体呈椭圆形，颜色呈黄黑或红黑相间，背部的小盾片上呈现出一个Y形的色斑。这是一种常见的害虫，它们主要以甘蓝、花椰菜、白菜、萝卜、油菜等蔬菜的汁液为食，影响这些蔬菜的正常生长。

蠋蝽

蠋蝽的身体呈黑褐色或黄褐色，腹部的颜色较浅。它们的爬行能力很强，善于捕食飞蛾、蝴蝶的幼虫和蚜虫。

广二星蝽

广二星蝽，也叫小二星蝽、黑腹蝽，头部呈黑色或黑褐色，身体呈黄褐色，背部小盾片的两个顶角处各有一个黄白色的芝麻状的小点。这是一种害虫，主要为害水稻、玉米、高粱、小麦、花生等农作物。

麻皮蝽

麻皮蝽，也叫麻纹蝽，身体呈黑色，上面布满了不规则的黄色斑纹，并带有褶皱和小刻点。它们在遇到危险的时候会放出臭气，从而趁机迅速逃走。

红蝽

红蝽是一种群居性昆虫，多生活在热带和亚热带地区。它们的身体呈卵圆形，背部有黑色和亮红色的花纹。

斑须蝽

斑须蝽，别名为斑角蝽、细毛蝽，头顶的触角黑白相间，身体为椭圆形，呈黄褐色，上面覆盖着白色的绒毛或黑色的小刻点。它们背部的小盾片很光滑，呈黄白色。

蝉

蝉，俗称“知了”，因为叫的声音像“知了”而得名。并不是所有的蝉都能鸣叫，只有雄性蝉的腹部有发音器，能发出连续不断的声音。蝉多分布于热带地区，主要栖息于森林、草原和沙漠中。

蝉的饮食

蝉的嘴像一根细长、坚硬的管，当饥渴的时候，蝉就会把嘴插入树干中，吸吮树的汁液。有趣的是，蝉能一边饮食，一边唱歌，两不相妨。

蝉的蛹

蝉的蛹在前两三年中是在地下度过的，靠吸食植物根中的汁液为生。积聚了足够的能量后，它会破土而出，爬到树上去，准备变成蝉。

金蝉脱壳

蝉蛹要变成蝉，需要脱掉外面的一层壳。蜕皮前，蝉蛹必须垂直面对树身，这样才能保证两个翅膀发育正常。蜕皮开始时，蛹的背上会出现一条黑色的裂缝，然后，蝉慢慢地从裂缝中爬出来。整个过程约需一个小时。

★蝉蜕

蝉由蛹变为成虫时，蜕去的那层外壳叫作蝉蜕。蝉蜕通常出现在树干上及叶片上。蝉蜕是一种中药，含有甲壳素及蛋白质，入肝和肺经，可以用来解表。

蚜虫

蚜虫是一种害虫，它们常常群聚于嫩茎、花蕾、叶片上，用刺吸式口器吸取汁液，从而导致叶片皱缩、枝干枯萎，甚至植株死亡。此外，蚜虫分泌的蜜露还会招引蚂蚁，引发煤污病和病毒病。